JN050710

はじめての
統計的
因果推論

はじめての
統計的
因果推論
林 岳彦
岩波書店

はじめに

この本はどういう本か

この本のタイトルは『はじめての統計的因果推論』です。はじめて因果推論を学ぶ人が、机とパソコンに向かって気合いを入れて学習するような感じではなく、スキマ時間などにもっと気軽に学べるような本があるといいな、と思って書かれた本です。

具体的な方針としては、数式があまり得意でない人もなるべくスッと「読んでわかる」ように、多くのことを**なるべく図とコトバによって平易に説明する**ことを心がけました。取り扱う事例も、電車の中で読んでいてもその筋を追えるような、暗算レベルでの四則演算しか含まない、極力シンプルな仮想事例をなるべく用いています[1)]。これらは、まずは、統計的因果推論における一連の基本的な考え方を、できるだけ直感的なイメージとして捉えてほしいと考えたからです。本書には数式も出てきますが、まずは**基本概念をコトバと図でイメージとして捉えた**あとに、その理解を**正確に咀嚼するために数式を参照する**、という位置づけになっています。

これは私見ですが、世の中の人間は「数式を読んで“味”を感じることができる人」と「そうでない人」の、どちらかに分類されると思います。前者の人は数式だけの本を「うまいうまい」と言いながら読み進めることができますが、数式がそれほど得意でない多くの人々(筆者もそうです)は、数式だけ読んでいても“味”がなくて、咀嚼に苦労することがあります。この本は、そうした後者の人のために、図やコトバを多くしてなるべく“味”を補っています。その意味では本書は、「最初から数式で説明してくれた方が早い」という方々にと

1) 日々のあれやこれやのため業務時間外の深夜にしか統計の勉強ができない方々も多いかもしれないと思いましたので、お風呂上がりのビール1缶程度の状態であればついていける程度のシンプルさを目指しました。

っては“雑味”の多い本になっているかもしれず、「あまり数式は得意ではないけれど、統計的因果推論の原理を理解したいよ」という方々にこそオススメできる本かもしれません。

また、この本の方向性としては、「統計的因果推論の手法自体に興味がある人」というよりも、「**分析や研究の対象のありようを深く理解したいという気持ち**があり、そのために統計的因果推論の手法がどう使えるのか、また、統計的因果推論から得られた結果はその対象の理解にとってどのような意義をもつのかに興味がある人」に向けて書かれています。その意味で、この本は「統計的因果推論という流行の解析ツールで、出会ったデータをバッタバッタと斬っていくぜ」という剣客タイプの人よりも、ある特定の研究テーマに継続的に関わりながら、そのテーマにおいて蓄積されてきた既存の質的・量的な知識と統計的因果推論を組み合わせて、より深く対象の理解に迫りたいタイプの人の役に立つ本であると考えています。

この本の解説の特徴は、統計的因果推論における一連の手法をできるだけ**ちがい**と**しくみ**の両面から見ていくことにあります。ここで「ちがい」は、ある介入によって世界に生じる差異のことを意味します[2)]。一方、「しくみ」は、我々が目にする「観察データ」の背景にある(だろう)生成メカニズムのことを意味します[3)]。本書の目的は、統計的因果推論のアプローチを「ちがい」と「しくみ」の両面から眺めることにより、分析対象の理解を巡る**さまざまな学術的アプローチのあいだのつながりへの理解**を深めながら、統計的因果推論を学ぶことにあります(BOX 0.1)。

本書の内容

本書は、3部構成になっています。まず第I部(第1～3章)は理論編ということで、因果効果の推論のための基本的な考え方を見ていきます。第1章では全

---

2) この「世界に生じた(かもしれない)違い」を取り扱う理論的なフレームワークとしては、ドナルド・ルービンらがその発展に大きく貢献した**潜在結果モデル**があります。

3) データ生成メカニズムを取り扱う因果推論の理論的フレームワークの代表的なものとしては、ジュディア・パールらがその発展に大きく貢献した**構造的因果モデル**があります。

ての基礎として、「特性の分布のバランス」の重要性を学び、つづく第2章では因果ダイアグラムとバックドア基準について、第3章では潜在結果モデルと無作為化について見ていきます。ここまで一通り読むと、因果推論の基本的な考え方を理解できると思います。

第Ⅱ部(第4~7章)では、さまざまな因果効果の推定手法の考え方を見ていきます。具体的には、層別化・標準化、マッチング、重回帰分析、傾向スコア法、差の差法、操作変数法などを見ていきます。これらを一通り読むと、因果推論のさまざまな推定手法についての包括的なイメージをつかむことができるでしょう。これらの内容は諸手法についての各論的な説明なので、もし難しさやかったるさを感じた場合には積極的に読み飛ばし、そのまま第Ⅲ部に進んでいただいても、総論的な理解に大きな支障はありません。(なお、本書は具体的な実装方法を詳しく記述した“レシピ本”タイプの本ではありません。実装指向の良書はすでにいくつかありますので、適宜そちらをご参照ください[4]。)

最後の第Ⅲ部(第8, 9章)では、第Ⅰ, Ⅱ部の内容を踏まえつつ、統計的因果推論において算出された「因果効果」は、いったい**何を意味し**、**何を意味しない**のかを見ていきます。第8章では、私たちが何気なく用いている「変数」とはいったい何なのかという論点を、第9章では「因果効果」という概念の解釈と、社会利用に関する論点を取り上げます。ここまで一通り読むと、「統計学や因果推論こそが最強である、みたいな理解は浅薄である」ことが理解できると思います。

また、より深く学びたい方向けに、第Ⅰ部の第3章からの続きの内容に対応するオンライン補遺も用意してあります[5]。オンライン補遺XAでは構造的因果モデルの枠組みを用いて、因果ダイアグラムと潜在結果モデルの理論的なつながりを説明し、XBでは「外生性とは何か」を、さまざまな理論的枠組みから説明しています。また、本書の他の章における発展的な論点のいくつかについても、オンライン補遺で解説を加えています。

---

4) 実装指向の書籍として、実装と理論を両方押さえたい場合には高橋[28]、手っ取り早く因果推論を実装してみたい場合には安井[36]が現時点(2023年9月)での私のお勧めです。

5) 本書の公式ページ(https://iwnm.jp/005842)にオンライン補遺へのリンクがあります。また、本書の内容に間違いや誤植があった場合には、本オンライン補遺に訂正情報が載る予定です。

最終地点までは全９章＋補遺２章の長い道のりとなりますが、全てを読むことで、統計的因果推論における原理、解析法、結果の解釈と利用について、一定の深い理解が得られる(と期待できる)内容が含まれています。おそらく、本書にはいろいろなタイプの読者の方々がおられると思いますので、それぞれのご関心と現在のスキルレベルに応じて、時に精読し、時につまみ読みし[6]、時に積ん読し、行きつ戻りつし、それぞれのペースでお読みいただければ幸いです。本書を紐解くことで、それぞれの読者のみなさまに「もし本書を読まなかったら到達できなかっただろう可能世界」への扉が開くことを願っています。

BOX 0.1 そもそもなぜ「ちがい」と「しくみ」の両面から見ていくのか

そもそもなぜ、統計的因果推論を「ちがい(差異)」と「しくみ(構造)」の両面から見ていくかについても、説明が必要かもしれません。

一般に、「因果」という概念を人間が捉えるときには、「原因側の違いによる結果の差を把握する」アプローチと、「原因から結果に至るプロセスをたどり理解する」アプローチがあります。

たとえば、初めて訪れた大きな教室において、壁にあるスイッチと照明の関係を把握したい状況を考えてみましょう。まず、「ちがい」に着目するやり方として、壁にあるスイッチを実際にオン・オフしてみて、対応する照明の点灯状態を見ることにより、そのスイッチのオン・オフという「原因側の違い」と、照明の点灯・消灯という「結果の違い」の対応関係から、それらの間の因果関係を把握する方法があります。一方、プロセスから因果をたどる方法として、スイッチの配線が照明までどう物理的につながっているかを理解することで、それらの間の因果関係を把握する方法も考えられます。大事なことは、これらの方法は対立的ではなく、相補的であることです。

壁にあるスイッチを実際にオン・オフしてみることは、それらの間の因果関係を把握する上で、おそらくもっとも効率的なやり方だと思われます。

しかし、たとえば何らかの不具合により照明が点かなくなってしまったときに、それらの対応関係の理解だけではその不具合を修復することは難しいかもしれません。一方、因果プロセスとしての「スイッチから照明に至る配線の構造」をたどることは、それらの因果関係を簡便に把握するためには少々迂遠な方法かもしれませんが、もし照明の不具合を修復する必要が生じた場合には、そのプロセス的理解こそが、問題解決の鍵となりえます。

ここで少し大きな話へと論理が飛躍しますが、これらの「プロセス的理解」と「原因―結果の対応の理解」の話は、学術的な分析における**理論と実証**の話にも重なる部分があります。一般に、潜在結果モデル(第3章)の大きな特徴のひとつは、因果プロセスをブラックボックスとして扱う(潜在結果が生じる内部構造は問わない)ことにあります。先のたとえを用いるなら、「スイッチから照明に至る配線の構造は問わない」のです。この特徴は、分析対象の特性によらず因果推論における解析プロトコルに一貫した見通しを与えるという、非常に大きな利点をもちます。

しかしその一方で、因果プロセスをブラックボックスとして割り切ってしまうことで、その分析対象に対してそれまで蓄積されてきた学術的知見とのつながりが見えにくくなってしまう側面もあります。分析対象の総合的な理解を目指す上では、この側面はあまり歓迎できないものであり、**分析や研究の対象をより深く理解するためには、「理論」と「実証」の両面のアプローチから迫ることが本質的に重要である(別の言い方をすると、片面からだけの理解で「理解できた」と思うのは危険である)**と、筆者は考えています。本書において、統計的因果推論のアプローチを「ちがい」と「しくみ」の両面から眺めるのはそのためです。

---

6) 本書は初学者向けを想定して書かれていますが、筆者が我慢しきれずに所々にマニアックな記述が含まれています。中・上級者や好事家向けの内容はなるべくオンライン補遺やBOXに回していますが、もしマニアックすぎてよくわからない記載があっても、それはマニア心を抑えきれなかった筆者の落ち度であり、読者としては特に落ち込む必要はありません。その部分はひとまず適当に読み飛ばしていただければと思います。

目　次

第Ⅱ部　因果効果の推定手法

装画：渡辺ペコ

第 I 部
因果推論の基本的な考え方

第Ⅰ部では、統計的因果推論の基本的な考え方を見ていきます。「(統計的)因果推論」とはいったい、何をすることなのでしょうか。第Ⅱ部でその具体的な手法を学ぶ前に、考え方をざっくりとつかんでみましょう。

1
因果と相関と「特性の分布の(アン)バランス」

たとえば、あなたはリンゴの栽培農家であり、「肥料を与えると、リンゴの糖度が高くなるか」を調べたいとします。さて、どうするのがよいでしょうか？

「肥料を与える→リンゴの糖度が変化する」という効果(因果効果)を、統計的に数値として算出するのが、統計的因果推論です。最もシンプルには、「10個のリンゴを、肥料あり／なしで育てた5個ずつのグループに分けて、糖度を比較する」といった方法が考えられます。もしも「肥料あり」のグループのほうが糖度が高かったら——つまり、肥料の有無とリンゴの糖度に正の相関があったら——、「肥料の追加→リンゴの糖度の増加」という因果効果がありそうな気がします。

でも、果たして本当にそうでしょうか？ この「10個のリンゴ」は、肥料のあり／なし以外の条件において、違いがないと言い切れるでしょうか。言い切れない場合、肥料のあり／なしだけに着目して比較してよいのでしょうか。

これはシンプルなようで、統計的因果推論の根幹ともいえる大事な問題です。キーワードは「多様性」と「バイアス」。以下でじっくりとみていきましょう。

1.1 まず、「対象のありよう」を丁寧に考えよう

因果効果の推定は、たんに要因間に関連があることを示すだけでは十分とはなりません。その関連がたんなる相関関係ではなく、因果関係によるものであることを示す必要があります。そうした「相関と因果」の問題について考えるにあたって、まずは初心に戻って、「データ分析の対象のありよう」を少し丁寧に考えてみることから始めてみましょう。

or

図 1.1 あなたが想像する「10 個のリンゴのありよう」は？

「ここに 10 個のリンゴがあります」

と言われたとき、あなたが想像するその「10 個のリンゴのありよう」はどのようなものでしょうか？

もしかしたら、上の図 1.1 の左側のような、大きさだけが異なる均質な 10 個のリンゴを思い浮かべたかもしれません。一般に、標準的な統計学の教科書ではそうした「均質なありよう」をもった対象が暗黙のうちに想定されています。一方、その「10 個のリンゴ」として、右側のようないろいろな質的な違いをもつ多様なありようのリンゴを思い浮かべた方もいるかもしれません。一般に、統計学の教科書では、そうした状況をあまり扱いません。しかし現実には、データ解析の対象がそうした多様なありようをもつことはごく普通です。

統計的因果推論では、こうした「対象の多様性のありよう」について丁寧に考えることが大切です。たとえば、「ここに 10 個のリンゴがあります」と言われたときに、1 回立ち止まって、「いったいそれらはどんなリンゴだろう？」と考えることが、統計的因果推論を解析するにあたってまず習慣として身につけるべき基本的な所作となります。本章でこれから説明していきますが、ある意味、統計的因果推論とは、データ解析の対象における多様性(に起因するバイアス)に対処するための体系とも言えるものです。それゆえ、対象の多様性の基本的なあり方を捉えそこねてしまうと、まったく的外れな解析結果を得てしまいます。以下で、「対象の多様性のありよう」が「相関と因果」の関係にどう影響するのかを実際に見ていきましょう。

1.2 相関と因果と、特性の分布のバランス

具体例を用いて考えていきます。本章冒頭の例のように、あなたはリンゴ農家で、もっと甘いリンゴを育てたいと思っています。そこで、一部のリンゴの肥料として「肥料 T」を新たに追加してみました。ここで「肥料 T の追加がもたらす、リンゴの糖度 Y の変化」を、「肥料 T→糖度 Y の因果効果[1]」とします。本書では、興味の対象となる「結果」の変数を Y で、「処置」の変数を"Treatment"の頭文字である T で、その他の変数を共変量(Covariates、16頁の脚注6参照)の頭文字である C で表記します[2]。

まずはもっともシンプルな単一品種によるバージョンとして、以下のデータを考えてみます。

- もともとのリンゴの糖度 Y の平均[3]は12、分散は1.0
- 肥料 T を与えると糖度 Y は一律に+2だけ増加する(つまり「真の因果効果」は+2.0)
- 「肥料 T=あり」の条件で育てたリンゴは50個
- 「肥料 T=なし」の条件で育てたリンゴは50個

表で書くと、次頁の表1.1のような形式のデータになります。

ここで「肥料 T のあり/なし」と「糖度 Y」の関係をプロットすると、たとえば図1.2のようになります。

ここでは「肥料 T=なし」の処置グループの平均糖度 Y は11.9、「肥料 T

1) 現時点では「因果効果」を定義するために必要な概念がまだ導入されていないので、因果効果のきちんとした定義は本章の後半、および第2, 3章で紹介します。ここでは、「ある介入が結果におよぼす効果」という程度に捉えておいてください。

2) 悩ましいことに、因果推論に関する記号の表記法の慣習は異なる分野間でバラバラであり、同じアルファベットの表記(X, Z, W)が分野により別の意味内容で使われています。これは分野の異なる教科書間で数式の比較参照をする際にしばしば混乱のもととなるため、本書ではなるべく特定の分野に偏らない(頭文字に基づく)表記法を採用しました。最初は少し慣れないかもしれませんが、混乱を避けるための方策としてご理解ください。

3) 煩雑さを避けるため、たんに「平均」「分散」と表記していますが、それぞれ母集団の平均・分散を指しています。そのため、サンプル集団での平均や分散はこの値から多かれ少なかれズレます。

表 1.1 リンゴ 100 個について、肥料の有無(肥料あり 50 個、肥料なし 50 個)と糖度のデータ

リンゴ(番号)	肥料 T	糖度 Y
1	なし	11.8
2	なし	12.4
⋮	⋮	⋮
49	なし	11.5
50	なし	12.5
51	あり	13.9
52	あり	16.1
⋮	⋮	⋮
99	あり	14.9
100	あり	14.3

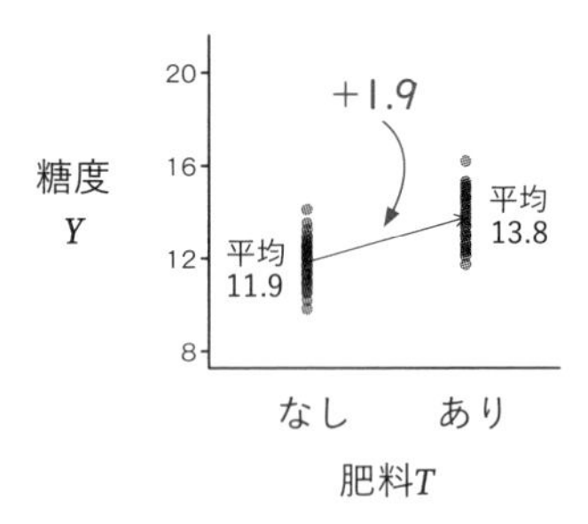

図 1.2 肥料 T と糖度 Y の関係

＝あり」の処置グループの平均糖度 Y は 13.8 であり、各処置グループ平均の差は+1.9 となっています。この+1.9 という値は「真の因果効果」である+2.0 とおおむね等しい値であり、この場合は「観測された各処置グループ間での差」を「因果効果」の推定値として素直に解釈できるケースといえます。

上記の例はたんに当たり前だと思われたかもしれません。では少し設定を変化させてみましょう。次は糖度の異なる「ぺこ」「すまいる」の 2 品種があるバージョンを考えます。

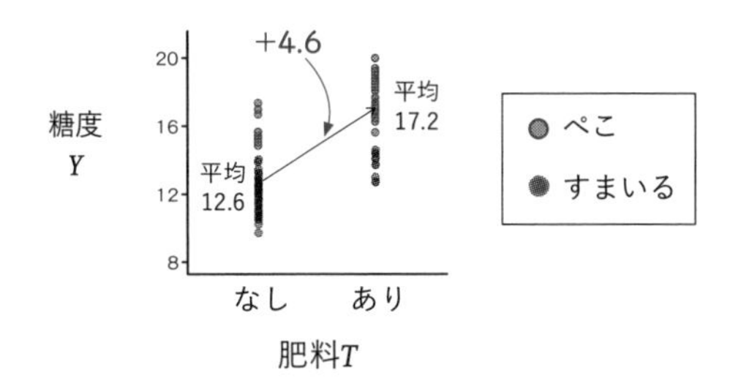

図 1.3　肥料 T と糖度 Y の関係(2 品種混在バージョン)

- 「ぺこ」と「すまいる」の**2 つのリンゴ品種がサンプル内に混在**している
- もともとの「ぺこ」のリンゴの糖度 Y の平均は 16、分散は 1.0
- もともとの「すまいる」のリンゴの糖度 Y の平均は 12、分散は 1.0
- 肥料 T を与えると糖度 Y は一律に+2 だけ増加する(つまり「真の因果効果」は+2.0)
- 「肥料 T=あり」の条件で育てたリンゴは 50 個
- 「肥料 T=なし」の条件で育てたリンゴは 50 個

まずは、「ぺこ」と「すまいる」が「肥料 T=あり」と「肥料 T=なし」の各処置グループにそれぞれ何個含まれているかの内訳には目をつぶって考えていきます(内訳はあとで論点になります)。ここで「肥料 T のあり／なし」と「糖度 Y」の関係をプロットすると、図 1.3 のようになります。

ここでは「肥料 T=あり」の処置グループの平均糖度 Y は 17.2、「肥料 T=なし」の処置グループの平均糖度 Y は 12.6 であり、各処置グループ平均の差は+4.6 となっています。この+4.6 という値は「真の因果効果」である+2.0 の 2 倍以上の値であり、「観測された各処置グループ間での差」を「因果効果」の推定値として素直に解釈できないケースといえます。このようにそれほどは変わらない設定の下でも、2 種類の品種が混在することで「観測された差(+4.6)」と「真の因果効果(+2.0)」の間にバイアス(偶然によるものではないズレ。以下では「系統的なズレ」と表現します)が生じてしまうわけです。

では、特性の異なる品種の混在はなぜバイアスを生むのでしょうか？ 次頁の図 1.4 を見てみましょう。

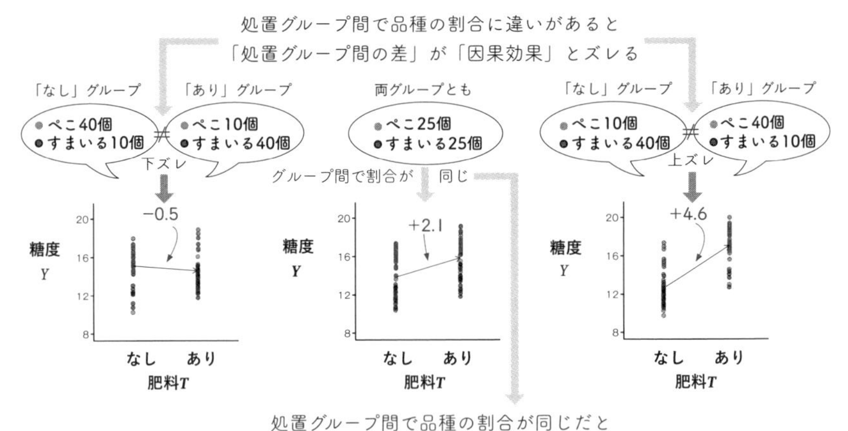

図 1.4 品種の割合に違いがあると「処置グループ間の差」と「因果効果」がズレる

これらのデータでは、「肥料 T=なし」と「肥料 T=あり」の処置グループには各 50 個のリンゴが含まれています。まずは、図 1.4 の右(実は図 1.3 と同じものです)を見てみると、ここでの各処置グループ内での 50 個の品種の比率は、「肥料 T=なし」グループでは「ぺこ 10 個：すまいる 40 個」、一方で「肥料 T=あり」グループでは「ぺこ 40 個：すまいる 10 個」と逆の割合になっています。このとき「肥料 T のあり／なし」の処置グループ間での平均の差は +4.6 となっており、「観測された差」が「真の因果効果」よりも大きくなる方向へのバイアスが生じています。

一方、図 1.4 の左では逆方向のバイアスが生じています。ここでの各処置グループ内での 50 個の品種の比率は、「肥料 T=なし」の処置グループでは「ぺこ 40 個：すまいる 10 個」であり、「肥料 T=あり」の処置グループでは「ぺこ 10 個：すまいる 40 個」となっています。このとき両者の処置グループ間での平均の差は −0.5 であり、「肥料 T=あり」の処置グループの方が糖度が低くなるという、真の因果効果(+2.0)とは符号が逆となる方向へのバイアスが生じています。

これらのバイアスが生じている理由は何でしょうか。図1.4の右図をみると、「肥料 T=なし」の処置グループでは「ぺこ10個：すまいる40個」であり、糖度の低い「すまいる」が多く含まれています。一方、「肥料 T=あり」の処置グループでは「ぺこ40個：すまいる10個」であり、糖度の高い「ぺこ」が多く含まれています。そのため、肥料のあり／なし以前のベースラインの部分ですでに、「肥料 T=なし」のグループが「肥料 T=あり」のグループよりも平均糖度が低い状況になっています。こうした各処置グループにおけるそもそものベースラインの違いが、「観測された差」と「真の因果効果」とのズレを生んでいるわけです。

では、各処置グループにおけるベースラインが同じときには、そうしたズレは生じないのでしょうか？ 図1.4の中央を見てみましょう。それぞれの処置グループ内での50個の品種の内訳は、「ぺこ25個：すまいる25個」となっています。ここでは、肥料のあり／なし以前のベースラインの部分での「肥料 T=なし」と「肥料 T=あり」の平均糖度には違いがありません。そのため、この場合の両者の処置グループ間での平均の差は+2.1となっており、「真の因果効果」とのズレがほとんどない値となっています。

この図1.4の例からわかるように、性質の異なる品種がたんに混在しているだけでは、「観測された差」と「真の因果効果」の間にズレが生じるとは限りません。そうしたズレが生じる原因は、「“品種の比率”が処置グループ間で違うこと」にあります。

ここで重要となるのは、サンプル全体における比率ではなく、処置グループ間での比率の差異です。つまり、個体のもつ諸特性のバランスが処置グループ間で揃っていないことが問題となります。ここは少し混乱しやすいところなので、別の例も見てみましょう。

次頁の図1.5は、サンプル全体における品種の比率を変えてみた場合の例です。上側の図(a〜c)では、サンプル全体での品種の比率は「すまいる50個：ぺこ50個」です。このとき、処置グループ間での品種の比率が変わらない中央の図bの例では、処置グループ間の平均糖度の差は「+2.2」であり真の因果効果(+2.0)とおおむね同等の値となっています。一方、「肥料 T=あり」グループでの「ぺこ」の比率が低い左図aの例をみると、平均糖度のグループ間

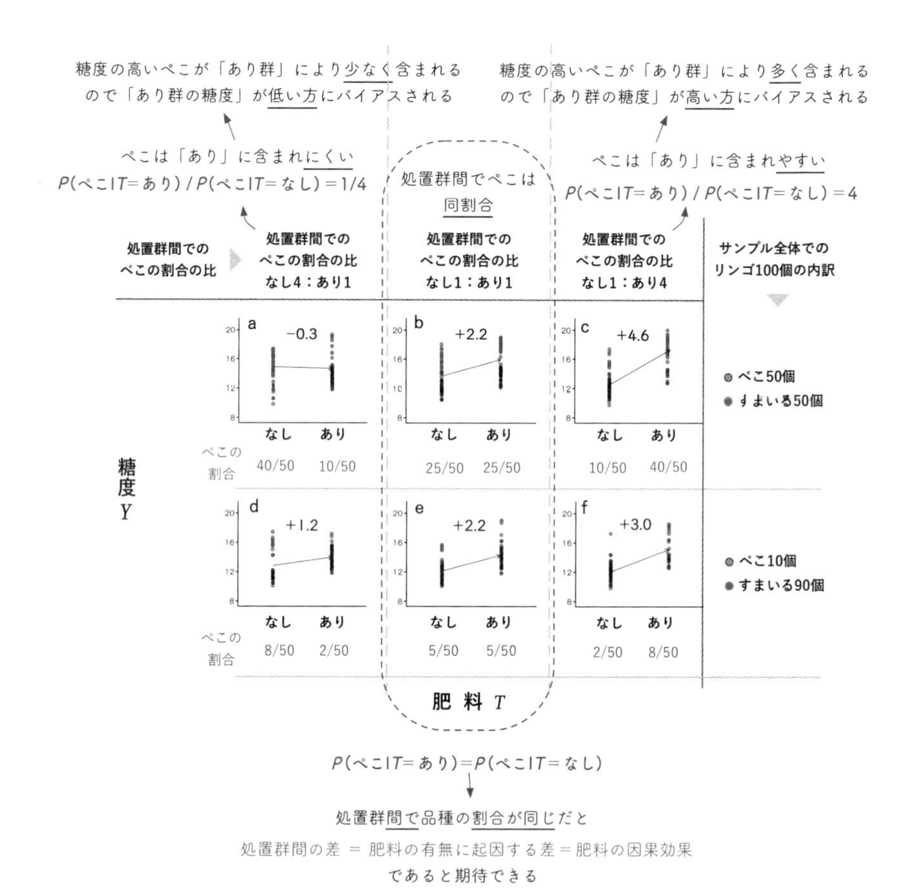

図 1.5 処置グループ間で品種の割合が同じだと処置グループ間の差と因果効果がズレない

差は「−0.3」となり、真の値に対して負のバイアスが生じています。逆に、「肥料 T = あり」グループでの「ぺこ」の比率が高い右図 c の例では、グループ間差は「+4.6」となり正のバイアスが生じています。

こうした傾向は、サンプル全体での品種の比率が「すまいる 90 個：ぺこ 10 個」である下側の図(d~f)の例でも変わらずみられます。「肥料 T = あり」グループでの「ぺこ」の比率が低い左図 d でのグループ間差は「+1.2」であり、真の値(+2.0)に対して負のバイアスが生じています。「肥料 T = あり」グループでの「ぺこ」の比率が高い右図 f でのグループ間差は「+3.0」であり、正のバイアスがみられます[4]。処置グループ間での比率が同じ中央の図 e のグループ間差は「+2.2」であり、真の因果効果とおおむね同等の値となっています。つまり、サンプル全体での品種の比率のいかんにかかわらず、処置グループ間での品種の比率が変わらない場合には、「観測された差」と「真の因果効果」の間には系統的なズレは生じません。

1.3 基本的なゴールとしての「特性の分布のバランシング」

ここからは、ここまで見てきたリンゴの例での「処置グループ間で品種の比率が変わらない場合」ということを、一般的な例でも当てはまるように数式で置き換えて考えていきます。数式が苦手な方もいるかもしれませんが、そんなに複雑な話をするわけではありませんので、落ち着いてコトバと数式の対応を確認しながら読み進めていただければと思います。

ここで、品種 C の割合を $P(C)$ と表すこととします。たとえば対象集団に「ぺこ」と「すまいる」が 4：6 の比率で含まれている場合には、$P(C=\text{ぺこ})=0.4$, $P(C=\text{すまいる})=0.6$ となります。ここで、処置 T について「肥料あり」を $T=1$、「肥料なし」を $T=0$ とします。たとえば $P(C=\text{ぺこ} \mid T=1)$ は、「肥料あり」の処置グループにおける「ぺこ」の割合を表すことになります。このとき、「処置グループ間で品種の割合が同等である」ことを

$$P(C \mid T=0)=P(C \mid T=1) \qquad \text{(式 1.1)}$$

と数式で表すことができます。たとえば、どちらの処置グループでも「ぺこ」の割合が 0.3 のときは $P(C=\text{ぺこ} \mid T=0)=P(C=\text{ぺこ} \mid T=1)=0.3$ となります。

$T=0$ と $T=1$ をまとめて同じ意味のことを書くと、$P(C \mid T)=P(C)$ とも表せます。これは T の値(状態)にかかわらず、品種 C の割合は変わらないこ

4) やや余談となりますが、定量的な話としては、処置グループ間での「ぺこの(比率ではなく)個数の差」は図 a, c の例の方が、図 d, f の例よりも大きいので、生じるバイアスは図 a, c の方が大きくなる傾向があります。

とを意味しています。そして数学的にはこの式は、「C と T が独立である」ことを意味しています。つまり

異なる処置 T を受けたグループ間で**品種の割合が同じ場合**には、「観測された処置グループ間の差」と「真の因果効果」の間に系統的なズレは生じない

ことを「独立」という語を用いて言いかえると、

品種 C と処置 T が独立であるとき、「観測された処置グループ間の差」と「真の因果効果」の間に系統的なズレは生じない

とも表現できます。

いよいよ核心に近づいてきました！ ここでより一般化するために、リンゴの例での「品種」のような、結果 Y に影響を与える処置 T 以外の「他の要因」をまとめて $C_1, \ldots, C_J$ と表します(ここではそうした要因が J 個あると想定します)。このとき、上記の内容は

異なる処置 T を受けたグループ間で、**他の要因 $C_1, \ldots, C_J$ の分布が変わらない(＝処置グループ間で特性の分布がバランシングしている)**とき、「観測された処置グループ間の差」と「真の因果効果」の間に系統的なズレは生じない

となります(BOX 1.1)。同じことを「独立」の語を用いて表現すると

他の要因 $C_1, \ldots, C_J$ の分布が処置 T と独立であるとき、「観測された処置グループ間の差」と「真の因果効果」の間に系統的なズレは生じない

となります[5)]。ここが話の核心であり、まさにこのことが、統計的因果推論において私たちが目指す基本的なゴールになります。数式で書くと、この処置と諸特性の独立性、**すなわち**

5) 本章の冒頭のコトバで表現すると、「処置 T が異なるグループ間で、個体のもつ諸特性($C_1, \ldots, C_k$)のありようが変わらない」という状況に対応します。

$$P(C_1, \ldots, C_J \mid T=0) = P(C_1, \ldots, C_J \mid T=1) = P(C_1, \ldots, C_J) \qquad (式 1.2)$$

が成立している状況をさまざまな工夫により達成することが、統計的因果推論という営みの主要な目的ということになります(第2,3章、オンライン補遺X3ではこのゴールが、「無視可能性」や「交換可能性」といった統計的因果推論における最重要概念に対応することを説明していきます)。

ここで(しばしば軽視されがちであるものの)実務上でとても重要なことを確認しておきます。

こうした処置グループ間での特性の分布のバランシングについて考える際には、そもそもの前提として「サンプル集団の中にどのような特性の多様性がありうるのか」を一定程度以上に知っている必要があります。対象集団における多様性のありようについての知識が欠如している場合——たとえば前述のリンゴの例において、そもそも「異なる品種が存在する」という知識がない場合——には、そもそも処置グループ間で特性の分布のバランシングが崩れていても気づきようがありません。たとえ無作為化比較試験であっても、バランシングの達成は平均的に期待されるだけであり、個々の試験においてバランシングが達成されているかどうかは確実ではありません(第9章)。もし偶然的変動によりバランシングが崩れていた場合に、対象集団についての質的知識がなければ、その崩れに気づくのは困難です。数式における条件は上記の式1.2のように抽象的に表現されますが、個別具体的な状況において式1.2が意味することの内実を考える場合には、あくまで諸特性($C_1, \ldots, C_J$)のありようについてすでに何らかの知識があることが、最低限の前提となってきます(第Ⅲ部)。

BOX 1.1 「共変量のバランシング/処置 T と特性 C が独立」のイメージをつかむ

独立性について、散布図でもイメージをつかんでみましょう。

処置 T を横軸に、特性 C を縦軸にとったときに、T と C が独立、つまり $P(C \mid T)=P(C)$ が成立している状況とは、次頁の図1.6左のように、

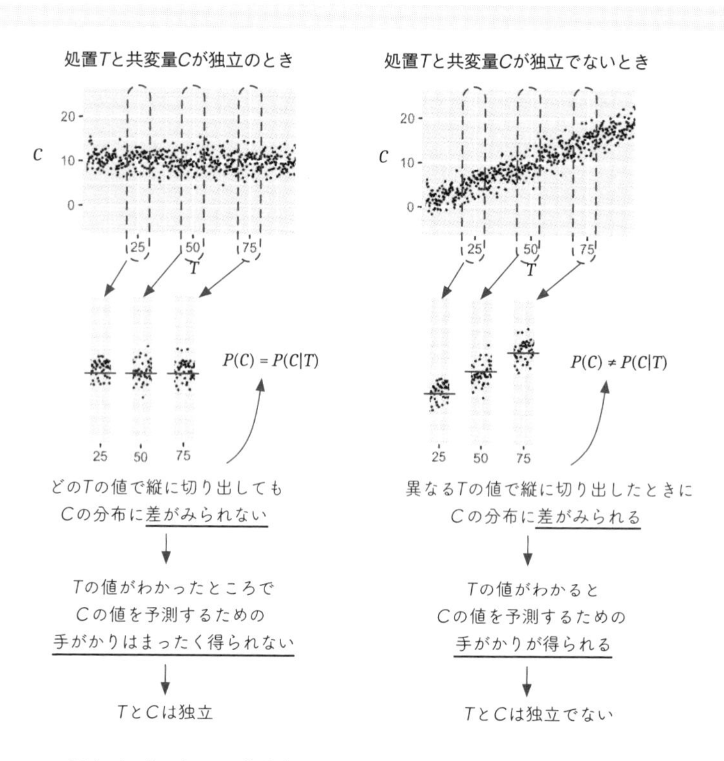

図 1.6 「T と C が独立」のイメージ図(T, C ともに連続量の例を想定)

どの T に対しても C の分布に差がみられないという状況です(この図では、処置 T が連続量の例を想定しています)。このように「処置 T と特性 C が独立」であるとき、異なる処置グループ間で C の分布はほぼ重なっており、この状態を指して「異なる処置グループ間で C においてバランシングが達成されている」とよびます。また、$P(C \mid T)=P(C)$ は「T の値がわかったところで、C の値の予測には何の役にも立たない」状態とも解釈できます。この図を見ても、T の値に伴って C が特に何か変化するということはないので、T の値を知っても、C の値の予測には何の役にも立た

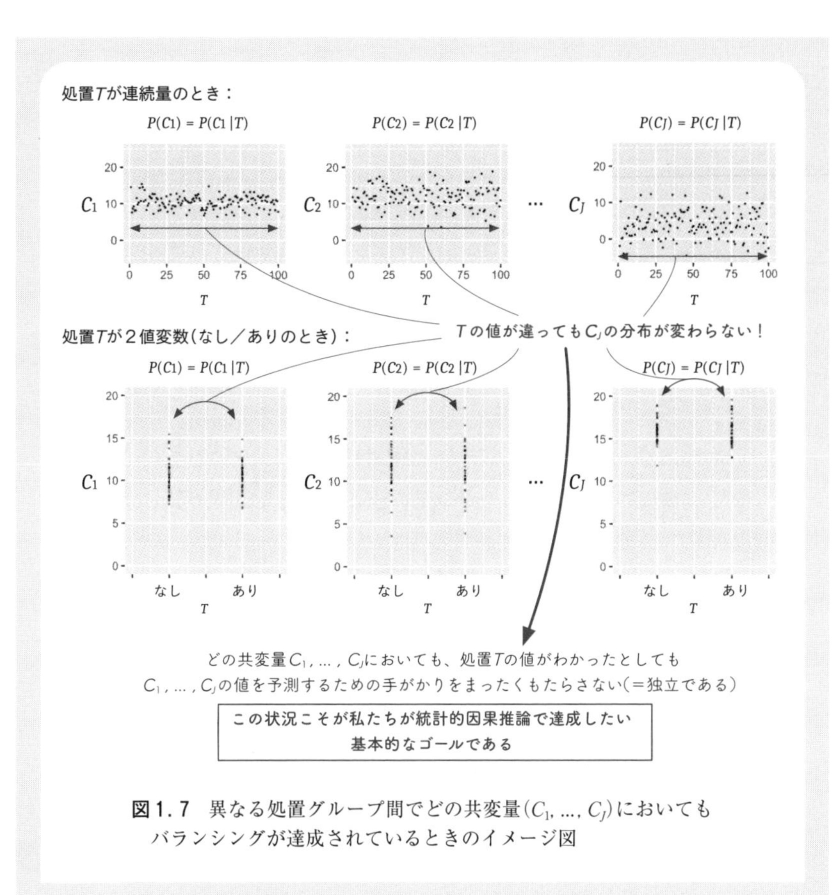

図 1.7 異なる処置グループ間でどの共変量($C_1, \ldots, C_J$)においても
バランシングが達成されているときのイメージ図

ないことがわかります。

一方、独立でない場合、つまり $P(C \mid T) \neq P(C)$ の状況は、図 1.6 右のように、T の値によって C の分布に差がみられる状況となります。このように「処置 T と特性 C が独立でない」とき、異なる処置グループ間で C の分布は異なっており、この状態を指して「異なる処置グループ間で C においてバランシングが崩れている」とよびます。また、$P(C \mid T) \neq P(C)$ は「T の値を知ることが、C の値を予測するための手がかりになる」状態とも解釈できます。

ここで、統計的因果推論の“基本的なゴール”となる $P(C_1, ..., C_J \mid T=0)=P(C_1, ..., C_J \mid T=1)=P(C_1, ..., C_J)$ が成立していることは、図1.7のように「処置 T」が「他の要因 $C_1, ..., C_J$」のいずれとも独立である、という状況に対応します。この状態を指して「異なる処置グループ間で共変量[6] $(C_1, ..., C_J)$ におけるバランシングが達成されている」とよびます。

こうした状況を人為的に作り出すための方法として、コイントスやサイコロのような“乱数生成器”がしばしば利用されます。たとえば肥料 T の有無をコイントスで決めた場合には、肥料 T の有無の値がわかったところで、各処置グループにおけるリンゴの特性 $C_1, ..., C_J$ の予測にはまったく役に立ちません。こうしたランダム性を利用した因果推論手法である無作為化については第3章で紹介します。

1.4 そもそも何が揃うと「因果関係」といえるのか？

1.4.1 方向性――引き起こす／引き起こされる、の非対称

ここまで、「因果関係」という概念自体についてはほとんど触れずに進んできました。ここで、話の順番としては前後しますが、そもそも「因果関係って何だろう」という点を考えてみたいと思います。因果概念については、うっかり深入りすると沼に落ちてそのまま帰らぬ人となる可能性があるので(BOX 1.2参照)、あまり深入りはせず、日常的な範囲で理解できる例として、まずは「“大きい”という状態」と「“大きくする”という介入[7]」の違いから考えてい

6) 本書では、「共変量」の語を「処置 T と結果 Y 以外の変数」の総称として用います。一般に、「処置 T と結果 Y に影響を受けない変数」を「共変量」とよぶ場合もあり、本書での用法はやや緩い用法であることにご留意ください。(ある変数が処置や結果に影響を受けるかどうかの判別には因果構造に関する何らかの知識が前提として必要になりますが、本書ではそうした知識を必ずしも前提としない文脈での話も多いため、あえて緩い用法を採用しています。)

7) ここでの「介入」は、日常的な意味(「外的な操作により対象の状態を変化させること」など)で捉えています。構造的因果モデルにおける介入(intervention、外的操作)の定義は黒木[12]の第3章をご参照ください。

きます。

まず、“大きさ”について考えるとき、「状態についての関係」を表す文としては

「要因 T が大きいとき、要因 Y が大きい」

という表現がありえます。一方、「介入についての関係」を表す文としては

「要因 T を(介入により)大きくしたとき、要因 Y が大きくなる」

という表現がありえます。

これらの文は一見似ていますが、前者の文は「“大きい”という状態が要因 T と要因 Y において同時に生じている」こと(共起関係)のみを示しています。そのため、前者の文からは「要因 T が大きいことが、要因 Y が大きいことを引き起こしている」のか、それとも「要因 Y が大きいことが、要因 T が大きいことを引き起こしている」のかを区別することができません。言い換えると、前者の文には「要因 T」と「要因 Y」とのあいだの矢印の方向についての情報がありません。

対照的に、後者の文には、介入により“大きくする”のはあくまで要因 T であり、その結果として要因 Y が大きくなるという、「$T \rightarrow Y$」という矢印の方向の情報が含まれています。つまり、前者の文のような「状態についての関係(状態間の共起関係)」のみでは因果の方向性を表すことはできず、「介入についての関係」を考えることで因果の方向性が捉えられるようになります。一般に、前者の「状態についての関係」は相関関係とよばれ、「相関には方向性がなく、因果には方向性がある」ということが、「相関関係」と「因果関係」の本質的な違いのひとつといえます[8)]。「(介入により)変化させたとき」という表現は、こうした因果関係において本質的な性質である「方向性」の要素を含んだものとなっているわけです。

---

8) なお、本書では独立性により相関を定義します。つまり、$P(A \mid B) \neq P(A)$ のとき「A と B は相関している(統計的に関連がある)」と表現します。

1.4.2 特異性――他の要因によるものではなく

さて、先ほどの「状態についての関係」の文

「要因 T が大きいとき、要因 Y が大きい」

は「要因 T が大きいとき、たまたま(要因 T とは関係ない他の要因の影響により)要因 Y も大きい」という場合も含みうるものです。たとえば、1.2 節のリンゴの品種の例では、「ぺこ」の方が「すまいる」よりも平均的に高い糖度 Y をもっていました。ここで、出荷のときに「ぺこ」は青い箱、「すまいる」は赤い箱に詰められるとします。このとき、私たちは箱の色に着目することにより

「リンゴの箱が青いとき、その中のリンゴの糖度が高い」

という、「箱の色」と「糖度」の状態のあいだに共起的な相関関係を見出すことができます。しかしこの相関関係は、あくまで「品種ごとの糖度の違い」に応じて生じているものです。箱の青さ自体が糖度の上昇を引き起こしているわけではなく、たとえ赤いほうの箱を青く塗り直したとしても、中のリンゴの糖度は上がりません。この例のように、ある要因 T(“箱の色”)と要因 Y(“糖度”)の「状態のあいだの共起関係」が、それらとは別の他の要因の影響によって生じている場合には、それらのあいだに「$T \to Y$ の因果関係がある」とはみなせません。あくまで要因 T によって特異的に(=他の要因の影響によるものではなく、まさにその当の要因 T により)要因 Y の状態が引き起こされているときに、「$T \to Y$ の因果関係がある」となるわけです。

ではさらに、「介入についての関係」の文である

「要因 T を大きくしたとき、要因 Y が大きくなる」

を考えてみましょう。実は注意深く考えてみると、この場合でも「要因 T を変化させたとき(変化させるという介入をしたとき)、たまたま(要因 T とは関係ない他の要因の影響により)要因 Y が変化する」ということがありえます。

たとえば、あなたが「しゃっくり」が止まらずに困っている状況を考えてみましょう。このとき、あなたはしゃっくりを止めるために「水を飲み」、その後に「しゃっくりが止まった」とします。ここで「介入の実施と、その後に生

じた変化の関係」のみから因果関係の有無を判断すると、「(介入として)水を飲んだ後に、しゃっくりが止まった」という変化の関係から、「水を飲む→しゃっくりの停止という因果関係がある」という判断をするかもしれません。しかし、しゃっくりは、いつかは必ず自然に止まります。そのため、(水は飲んだけれども)実は「水を飲んだこと」とは関係なく「しゃっくりの停止」が生じたということも十分にありえる話です。もしその場合には、「水を飲む→しゃっくりの停止」は因果関係とは解釈されません。ここでは「介入 T とは別の他の要因」が働いているかどうかが、$T \to Y$ の因果関係があるかどうかの分かれ目となります。

このように、ある要因 T と要因 Y との関係が「介入についての関係」であるときにも、その変化が「他の要因の影響によってではなく」引き起こされているという**特異性**(specificity)があることが、その関係を因果関係とみなす上での必要条件となります。

1.4.3 因果関係の定義と「基本的なゴール」の関係

上で見てきたことをまとめると、相関関係が単なる「状態についての共起関係」を示しているのに対して、ある関係を「因果関係」とみなすためには、さらに追加で**方向性**や**特異性**という(データが生成されるメカニズムに関連する)要件が必要なことがわかります。このことを踏まえて、ここでは「$T \to Y$ の因果関係がある」ことの定義を以下のようにまとめます[9]。

> 要因 T を(介入により)変化させたとき、要因 T とは関係ない他の要因[10]の影響によってではなく、要因 Y が変化する

そして実は、この定義における「他の要因の影響によってではなく」の部分を統計的にどう示すか、ということが統計的因果推論の本質になります。

例として、「肥料 T」と「リンゴの糖度 Y」の散布図(図1.3)を振り返ってみ

9) なお、因果関係の定義の仕方にはいくつかの異なるやり方があります。第3章では反事実的条件による定義を紹介します。

10) ここでの「関係ない」「他の要因」という表現が、データの背後にある生成メカニズムにおけるどのような要件に対応するのかについては第2章で解説します。

ましょう。ここでもともと私たちが知りたかったのは、あくまで「肥料 T の追加による、リンゴの糖度 Y の変化」です。しかし、この散布図が示している関係性には、肥料 T の追加とは関係のない「品種ごとの糖度 Y の差」の影響が混ざってしまっています。このとき統計的因果推論は、その因果効果の大きさを推定するために

> この「肥料 T の追加」と「リンゴの糖度 Y」の関係において、「肥料 T の追加」とは関係ない他の要因の影響によってではなく、「肥料 T の追加」だけでどの程度「リンゴの糖度 Y」が変化するのか？

という形の問いに答えることを目指します。具体的には、「肥料 T なし／あり」の処置グループ間で「糖度 Y」に図 1.3 のような差がみられたときに、それが品種の影響でもなく、天候の影響でもなく、農作業者の影響でもなく、それらも含めた諸々の他の要因の影響によってではなく生じていると示すことができれば、その糖度 Y における差を「肥料 T の有無の違いによる特異的な影響」、すなわち因果効果として（消去法の論理によって）解釈できます。このように「他の要因の影響」を除外・調整することで、本来知りたい要因間の因果的な影響を浮き彫りにしていく、というのが統計的因果推論の基本的なアプローチとなります。

この観点から、1.3 節でみてきた、「観測された処置グループ間の差」を「真の因果効果」の推定値として解釈できるときの条件を振り返ってみましょう。

> 異なる処置 T を受けたグループ間で、他の諸要因 $C_1, ..., C_J$ の分布がバランシングしている

というその条件は、とりもなおさず

> 異なる処置 T を受けたグループ間で、「肥料 T の追加」とは関係ない他の諸要因 $C_1, ..., C_J$ に系統的な違いはない

という状況に対応します。そして、この状況において処置グループ間で観測された「糖度 Y における差」は、他の諸要因からの影響を除外した「処置 T に

よる糖度 Y への因果効果」として(他の諸要因は揃っているため、消去法の論理によって)解釈できることになります。

このように、

> 要因 T を(介入により)変化させたとき、要因 T とは関係ない他の諸要因の影響によってではなく、要因 Y が変化する

という因果関係の定義は、

> 異なる処置 T を受けたグループ間で、他の諸要因 $C_1, ..., C_J$ の分布がバランシングしているとき、「観測された処置グループ間の差」と「真の因果効果」の間に系統的なズレは生じない

という「統計的因果推論において私たちが目指す基本的なゴール」と対応しているわけです。

BOX 1.2 因果概念をめぐる哲学的議論について

因果概念をめぐる哲学的議論の基本的な枠組みをダグラス・クタッチ『因果性』[13]の議論をもとに少し紹介しておきます。本書では深入りはしませんが、以下で見るように、因果概念の捉え方は統計的因果推論の各方法論とまったく無関係というわけでもありません。上掲書ではさまざまな因果概念の捉え方を、「産出—差異形成」と「影響ベース—類型ベース」という、2つの異なる方向の軸で大きく整理しています(図 1.8)。

まずは「産出—差異形成」の軸を見ていきます。産出説とは「原因とは、何らかの仕方で結果を生み出す(産出する)ものである」とする考え方です。一方、差異形成説とは「原因とは、「結果が生じるか生じないか、どんな結果が生じるか」という点に違いをもたらす(差異を形成する)ものである」とする考え方です。前者ではメカニズムやプロセスの存在に比較的大きなウェイトがおかれるのに対し、後者では結果における違いに焦点が当たっ

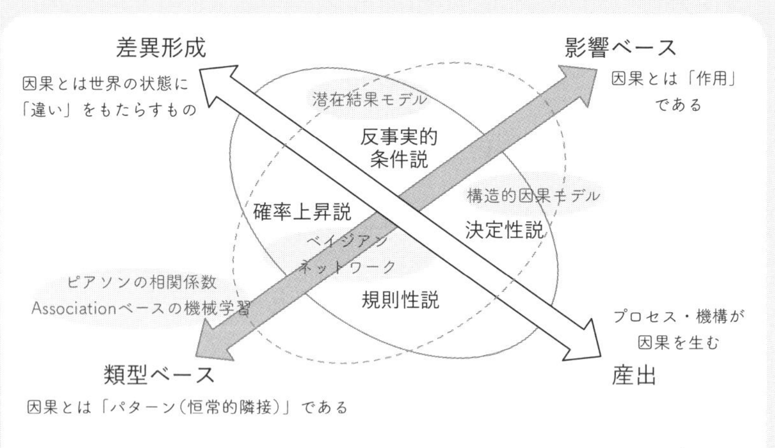

図 1.8 因果概念の類型のイメージ図。クタッチ[13]をもとに改変[11)]

ているという特徴があります。

「影響ベース—類型ベース」の軸も見てみましょう。影響ベース説とは、「因果性には影響・行為者性・操作・介入などの要素が組み込まれている」という考え方です。一方、類型ベース説とは「因果性には世の中の事象間の関連のパターン(類型)だけが含まれている」という考え方です。ここで、前者では因果概念における何らかの「駆動力」の存在にウェイトがおかれる傾向があるのに対し、後者では因果概念を「パターン認識」の問題としてとらえる傾向があります。

図 1.8 では、上記の大きな軸の中に、さらに現在の 4 つの主要な説が定位されています。まず、確率上昇説とは「原因は結果を特定の確率で生じさせる」という考え方であり、因果関係を確率論の枠組みでとらえます。規則性説とは「どの A の後にも B が生じるという規則性をみて、私たちは「A が B の原因である」とみなす」という考え方です。反事実的条件説とは「(実際には A が生じ、B が生じたが)「もし A が生じなければ、B は生じなかった」とき、A は B の原因である」という考え方です。また、決定性説とは「どの A の後にも(ほかにどんな条件が仮想的に追加されよう

とも)常にBが生じるとき、AはBの原因である」という考え方であり、ある種の決定性のあり方を拘束するもの(メカニズムなど)の実在を前提とする考え方です。

上記のような諸因果概念においては「唯一の正しい因果概念」というものがあるわけではなく、むしろどの因果概念にも一長一短があります(詳しくは[13]を参照)。ただいずれにせよ、これらの諸因果概念のモチーフが、現在の統計学や統計的因果推論のアプローチにも多かれ少なかれ引き継がれている、というのが趣深いところです。たとえば、類型ベース説は、機械学習による統計的関連性の解析に基づくパターン認識的なアプローチとモチーフの相似性があり、反事実的条件説は潜在結果モデルと、確率上昇説はベイジアンネットワークと、産出説と決定性説は構造的因果モデルと、それぞれモチーフの相似性があります。

どの因果概念にも一長一短があるように、どの統計解析や因果推論のアプローチにも一長一短があります。問題解決への最適なアプローチを考える際に大切なことは、これらの概念やアプローチを対立的なものではなく、相補的なものとして認識することです。必要に応じて結果における差異に着目したり、あるいはメカニズム的考察にウェイトをおいたりと、複数の観点から物事を眺めてみることが、対象のよりよい理解のために重要であると私は考えています。

1.5 手始めの一歩——層別化による因果効果の推定

これまでの話の中で、「処置 T とは違う他の要因 C が、処置 T と独立である」という状況が、統計的因果推論における基本的なゴールであることを学んできました。本節では、統計的因果推論の手始めの一歩として、「層別化」の

11) 図中の各統計手法に関する記載(赤字部分)はクタッチの原図にはなく、筆者が新たに追加したものです。必ずしも現代哲学上の定説に沿った位置づけではない可能性があることにご留意ください。

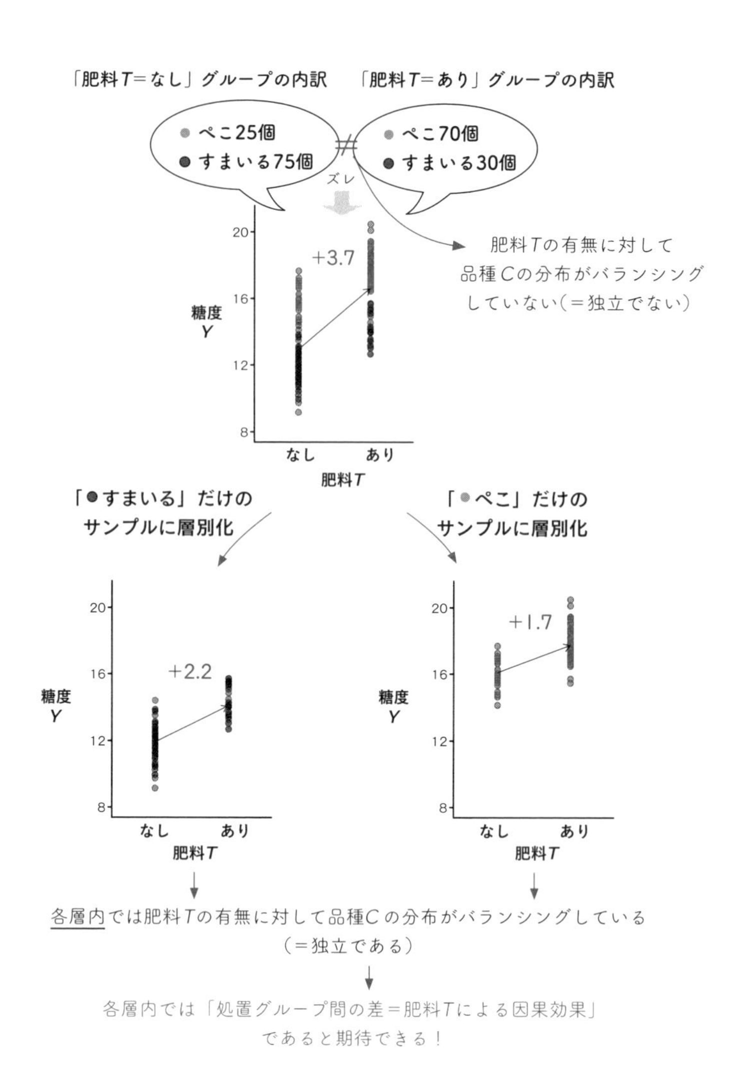

図 1.9　層別化による共変量(品種)のバランシングのイメージ図

方法を用いてそのゴールを目指してみましょう。

図 1.9 の肥料 T とリンゴの糖度 Y の例で考えていきます。図 1.9 上では、「肥料 T=なし」の処置グループの内訳は「ぺこ」が 25 個で「すまいる」が 75 個、「肥料 T=あり」の処置グループの内訳は「ぺこ」が 70 個で「すまい

る」が30個です。「肥料 T＝あり」のグループのリンゴの糖度 Y の平均値は16.7、「肥料 T＝なし」のグループのリンゴの糖度 Y の平均値は13.0であり、「肥料 T のあり／なしの処置グループ間での糖度 Y の差」は+3.7となっています。この例では「肥料 T」と「品種 C の割合」が独立でないため、これまで見てきたとおり、この「観測された処置グループ間での糖度 Y の差」を「肥料 T→糖度 Y の因果的な効果」としてそのまま解釈することはできません。

では、どうすればよいでしょうか？

以前の図1.2において、解析対象のリンゴが単一品種のときには、「処置グループ間の平均糖度の差」がそのまま「真の因果効果」と同等であったことを思い出してみましょう。こうした状況を作り出すために、図1.9のデータを「すまいる」と「ぺこ」に分けて、すべてが「ぺこ」(あるいはすべてが「すまいる」)からなる分割データを作ってみることにします(図1.9下)。この分割データを見ると、それぞれの分割データ内では品種が均一となっているため、それぞれのデータの中で「肥料 T の有無」と「品種 C」の分布がバランシングして(＝独立になって)います。このとき、「肥料 T のあり／なしの処置グループ間での糖度 Y の差」をそのまま「肥料 T→糖度 Y の因果的な効果」として解釈できます[12)]。実際に、図1.9左下と右下の各品種グループ内での「処置グループ間での糖度 Y の差」を計算すると、それぞれ+2.2、+1.7となっています。これらはそれぞれ「すまいる」のみ、「ぺこ」のみのサブグループにおける肥料 T の因果効果を示すものと考えられます。これらの値から、各品種グループのサンプルサイズ(すまいる105個、ぺこ95個)に応じた重み付け平均をとることで、サンプルのリンゴ全体のデータにおける因果効果の推定値を算出すると、$[2.2\times(105/200)]+[1.7\times(95/200)]\fallingdotseq 2.0$ となります。「肥料 T→糖度 Y の因果的な効果」は+2.0であり、バイアスなくその因果効果の推定値を算出できていることがわかります。

こうしたやり方で、データをサブグループごとに分割することを「層別化」といいます。層別化によって「他の共変量 $C_1, \ldots, C_J$」と「処置 T」が独立となるサブデータにうまく分割できれば、それらの分割データごとに計算した因

12) このリンゴの例では、「糖度 Y」に系統的な影響を与えうる要因は「肥料 T」と「品種 C」のみであると仮定しています。

果効果を集計することで、全体の因果効果が計算できます。層別解析はシンプルな方法ですが、うまくサブグループごとにデータを分割できるような状況では、非常に強力な因果推論手法となります(第4章)。

＊

さて、本章では、統計的因果推論においては「異なる処置 T を受けたグループ間で、他の諸要因 $C_1, \ldots, C_J$ の分布がバランシングしている(＝処置 T と他の共変量 $C_1, \ldots, C_J$ が独立である)」ことが重要であることを学んできました。また、統計的因果推論の手始めの一歩として「層別化による因果効果の推定」についても学びました。これらにより、統計的因果推論について考えるための最初の土台はできたものと思います。

第Ⅰ部の次章以降では、統計的因果推論の基本的なゴールとなる「処置 T と他の諸要因 $C_1, \ldots, C_J$ の独立性」を、より詳しく学んでいきましょう。

1.6 この章のまとめ

- 統計学の教科書では一般に均質な個体からなる集団が想定されるが、現実の集団はしばしば質的にも多様な特性をもつ個体をふくむ。
- 異なる処置グループ間において他の特性の分布がバランシングしているときには、「観測された処置グループ間の差」を「真の因果効果」として解釈できる。
- 「異なる処置グループ間において他の特性の分布がバランシングしている」とは、「処置と他の要因が独立である」ことである。統計的因果推論の基本的なゴールは、この「処置と諸要因(共変量)が独立」という状況をさまざまな工夫により達成することにある。

統計的因果推論における「目的」「識別」「推定」の論点

統計的因果推論の論点には少なくとも、3つの質的に異なるレイヤーに属するものがあります。

(1) 解析のそもそもの目的に関する論点

たとえば、解析の目的が「予測」なのか「介入効果の推定」なのか、といったことです。もし「予測」が目的であれば、統計的因果推論の知識はそもそも必要のない場合がほとんどです。この論点は次章のBOX 2.1でより詳しく扱います。

(2) 識別の可能性に関する論点

これは「(所与の情報をもとに)因果効果のバイアスのない推定値[13]を得ることが、理論的に可能かどうか」を問うものです。たとえば、次章で扱う「バックドア基準」は、識別の可能性に関する理論的条件のひとつです。

(3) 因果効果の推定に用いる解析手法についての論点

(上記(1)で目的が適切に設定されており、(2)で理論的に識別可能であるという前提のもとで)データから統計的手法により因果効果の推定値を得るためには、具体的にどのような解析手法を用いればよいか、ということです。たとえば、第Ⅱ部で扱う回帰分析や傾向スコア法などの具体的な解析手法に関わるものは、このレイヤーの論点となります。

ここで注意する必要があるのは、統計的因果推論の議論を行う上で、上記の(1)(2)(3)のレイヤーの異なる話がしばしば混同されがちなことです。たとえば、バックドア基準と傾向スコア法が対立的なものと誤解されていることが(昔は)しばしばありましたが、バックドア基準は(2)の識別可能性に関するレイヤーの議論であるのに対し、傾向スコア法は(3)の解析手法のレイヤーに関する話であり、本来は論理的に対立しようのないものです。

統計的因果推論のレシピ本的な解説書では(3)の解析手法に関する解説が主になっており、その前提となる考え方についてあまり重点がおかれていない場合もあります。本書では、(1)(2)(3)の論点をなるべく総体的に眺めていくことにより「統計的因果推論とはどういった試みであり、どういった試みでないのか」について、なるべく広い観点から解説していきます。

13）本書では「因果効果のバイアスのない推定値」という語を「因果効果の一致推定量」の意味で用います。一致推定量とは、サンプルサイズが大きくなるほど推定値が真の値に収束する性質をもつ推定量のことです。逆に言うと、「バイアスがある推定値」とは、「サンプルサイズが無限大に近づいても推定値が真の値とズレる推定値」という意味になります。

2

どの特性を揃えるべきなのか
——因果ダイアグラムとバックドア基準

前章では、他の特性からの影響を除外して「処置 T による結果 Y への因果効果」を推定するためには、異なる処置 T を受けたグループ間で「他の諸特性 $C_1, \dots, C_J$」の分布がバランシングしている必要があることをみてきました。

しかし、いちがいに「他の諸特性」といっても、現実には実にさまざまな特性がありえます。リンゴの例でいっても、たとえば、品種、産地、色、重さ、収穫時期、価格、畑の土質など、挙げだしたらキリがないほどの特性があります。では果たして、リンゴの糖度 Y に対する因果効果を推定する上では、これら「あらゆる他の特性のすべて」において、バランシングが達成されている必要があるのでしょうか？ それは途方もない目標であるようにも思えます。

実は、そうした“他の諸特性”の中には、因果効果の推定の際に「バランシングを達成するべき特性」と「しなくてもよい特性」と「してはいけない特性」があります。本章では、これらを見分けるための理論的な基準となる「バックドア基準」について学んでいきます。また、バックドア基準を学ぶ中で、因果ダイアグラムに基づく因果推論の論理にも慣れていきましょう。

2.1　相関と因果の違い

2.1.1　データのできかたを眺める

バックドア基準の説明の枕として、データの背景にあるデータ生成メカニズムの観点から、相関と因果の違いを眺めてみましょう。たとえば、次頁の図2.1の散布図を見て「この T と Y のあいだに相関関係はありますか」と問われたら、多くの人があっさりと「ある」と答えると思われます。その一方で、その因果関係について、たとえば「T を介入により減らすと、Y が増えます

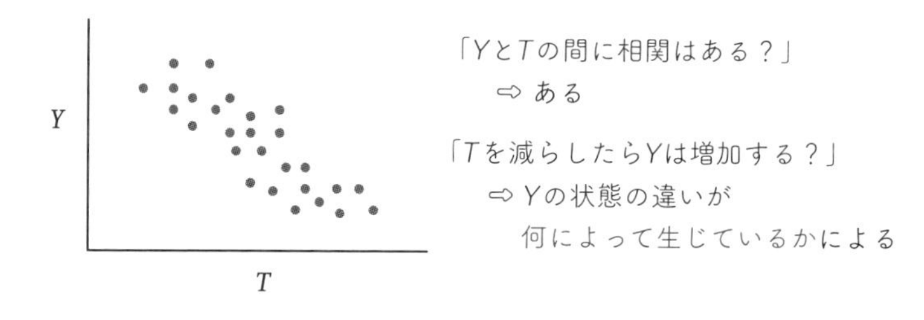

図 2.1 相関はあるとして、T を減らしたらどうなるか？

か」と問われたらどうでしょうか？ この問いの答えは「Y の状態の違いが何によって生じているか、に依存する」です。

例として、さまざまな河川における環境汚染物質 A の濃度 T と、河川の底生生物[1]の種数 Y の散布図を考えてみます(図 2.2)。データ生成メカニズムの観点からみると、もしこの T と Y の相関が「その環境汚染物質 A とは関係ない他の要因(たとえば河川のコンクリート護岸による、生息環境の物理的損壊など)」により生じているならば、濃度 T を減少させても種数 Y は回復しないと考えられます(図 2.2 下左)。一方、もし種数 Y の状態がまさにその環境汚染物質 A により生じているならば、濃度 T を減少させれば種数 Y は回復すると考えられます(図 2.2 下中央)。また、もし種数 Y の状態が環境汚染物質 A により部分的に生じているならば、その濃度 T を減少させれば、種数 Y は部分的に回復すると考えられるでしょう(図 2.2 下右)。このように、数値上はまったく同一の T と Y の散布図であっても、そのデータの背後にあるデータ生成メカニズムに応じて、濃度 T への因果(介入)効果は異なってきます。

2.1.2 相関の *see*( )と因果の *do*( )

相関と因果におけるこうした違いは、その推定に必要となる方法論の違いにもつながります。またリンゴの糖度の例で考えてみましょう。

「"肥料 $T=$ あり" のとき、糖度 Y は高いか？」というのは、T と Y の相関についての問いです。ここで求めるべきものは「"$T=$ あり" のときの Y」と

1) 底生生物とは水域の底質に生息する生物のことです。河川の汚染の指標としては、カゲロウ目、カワゲラ目、トビケラ目の種数(幼虫は河川中の底質に生息)などが多く用いられています。

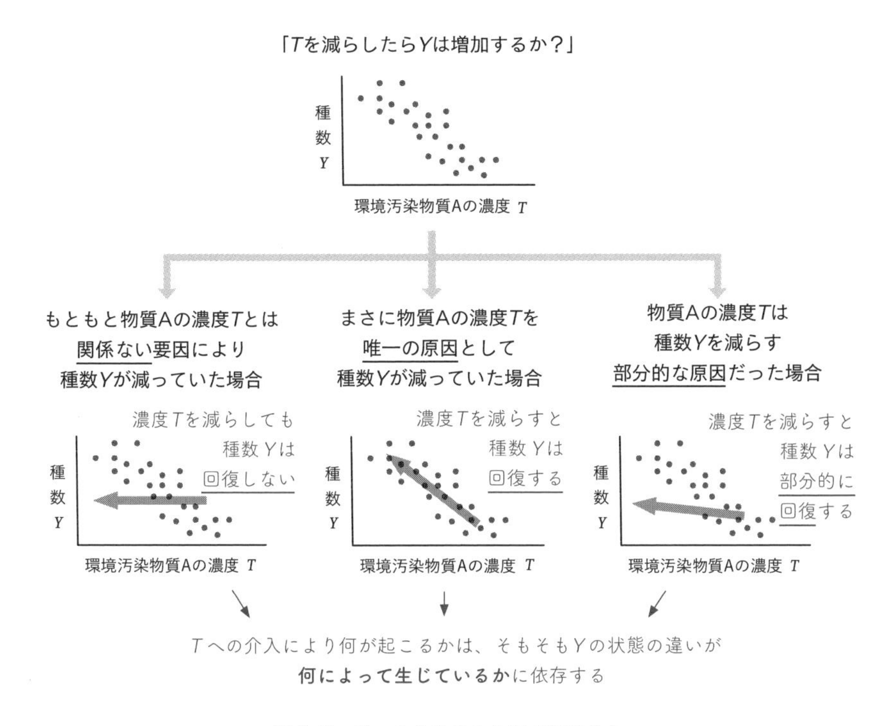

図 2.2　T への介入により何が起こるか

なり、式で書くと条件付き確率

$$P(Y \mid T=\text{あり})$$

となります。この確率は「肥料 T=あり」条件の集団における Y の観測値から計算できます。また、たとえば「肥料 T=あり」条件の集団における Y の観測値から、この条件付き分布における Y の平均と分散などの情報を得ることもできます。

一方、「肥料 T を与えると、糖度 Y は高くなるか？」というのは、T と Y の因果的影響(causal effect)についての問いであり、ここで求めるべきものは「“T=あり” にしたときの Y」となります。このことを、式では

$$P(Y \mid T=do(\text{あり}))$$

と表現します。この「do(状態)」というのは「介入によりその状態に変化させる」という意味をもちます。実は、このようなちょっと見慣れない表現の類いを使わないと「“T=あり”にしたとき」という概念は表現できません[2)]。この $P(Y \mid T=do(\text{あり}))$ の値は、背景にあるデータ生成メカニズムに依存します。そのため、その計算には生成メカニズムについての何らかの因果的情報が必要となります。

この「$do(\ )$」という表現との対比を強調するなら、最初の相関についての「“T=あり”のとき、Yは高いか？」という問いにおいて、推定するべきものは

$$P(Y \mid T=see(\text{あり}))$$

とも表現できます。つまりこの問いは、「T=あり」を観測(see)したときの、Yの状態についての問いであるといえます。

これらの話を一度まとめると、Tの値の観測値に基づくYの分布の推測である $P(Y \mid T=see(\text{あり}))$ は観測値そのものから(背景にある生成メカニズムを知らなくても)計算可能である一方で、Tの介入による効果である $P(Y \mid T=do(\text{あり}))$ は、ある値を観測したという情報のみからでは直接に推定することはできない、ということになります。

ここでの問題は、これらの $P(Y \mid T=do(\text{あり}))$ と $P(Y \mid T=see(\text{あり}))$ が一般に、必ずしも一致しないことです。その原因は、前章でみたように、異なる処置Tのグループ間で他の諸要因の分布がバランシングしていないことにあります。本章では、この不一致の原因について、因果ダイアグラムを用いて「バックドアパスが開いているため」「バックドア基準が満たされていないため」という説明による理解を目指していきます。これらの理解を通して、因果効果の推定において「どの特性をなぜバランシングするべきなのか」がわかるようになります。

2) このあたりの話はパール&マッケンジー[21]に詳しく解説されています。

2.2　いざ、バックドア基準へ

2.2.1　ステップ1——まずはイメージをプレビュー

バックドア基準は、一般的な統計学の考え方とは少し異なる枠組みで考える必要があります。そのため、初めは少しとっつきにくさを感じるかもしれません。しかし、落ち着いて一歩一歩理解していけば、それほど難しい内容ではありません。微分積分や行列などの難しい数学も必要ありません。本章では、なるべくわかりやすくなるように、ステップ・バイ・ステップで少しずつバックドア基準を解説していきます。

まずは手始めとして、「バックドア基準」のイメージをプレビュー的につかんでおきましょう。「バックドア基準が満たされている」ということは、ざっくり言うと、基本的には以下の2つの条件が満たされていることに対応します。

バックドア基準が満たされている
≒(1)開きっぱなしのバックドアパスがない
(2)処置 T→結果 Y の流れがブロックされていない

いきなりこう書かれても、「“バックドアパス”って何？」「“開きっぱなし”ってどういうこと？」「“ブロック”って何？」という疑問が出てくるかと思います。まだそれらの概念について何の説明もしていないので当然ですが、逆に言うと、それらのいくつかの概念の意味さえつかめれば、バックドア基準は理解できるということです。以下では、さまざまな因果構造の図(因果ダイアグラム)を取り上げながら、それらの用語について解説していきます。

バックドア基準は「何について」の話？

詳細について学び始める前に、そもそも「バックドア基準とは何についての話なのか」について少し説明しておきたいと思います。しばしば誤解されるのですが、バックドア基準は具体的な解析手法についての話ではなく(BOX 1.3)、バイアスのない因果効果の推定のために必要な「理論的な条件」を示すものです。

たとえば、具体的な解析手法に重回帰分析を採用する場合を考えてみます(話の前提として、データの測定と重回帰モデルの設定は適切であるとします)。このとき、重回帰モデルに含まれている説明変数のセットが「$T \rightarrow Y$についてのバックドア基準を満たす」という理論的な条件を満たしているときには、変数Tの偏回帰係数を「処置$T \rightarrow$結果Yの因果効果」のバイアスのない推定値として解釈できます。また、たとえばシンプソンのパラドックス(BOX 2.5)が生じている場合では、バックドア基準を満たす変数を用いて層別化して解析すれば、「処置$T \rightarrow$結果Yの因果効果」をバイアスなく推定できます。

このように、データ解析の実務上の文脈では、バックドア基準は「因果効果のバイアスのない推定値(一致推定量)を得るための、変数選択についての理論的基準」の話として考えることができます。

2.2.2 ステップ2——ひとまずざっくりと「バックドアパス」をイメージする

ではまずは「バックドアパス」という概念について、「ある丘にある複数の人工池」のイメージを用いて考えていきます(本書ではこれ以降も、因果構造のつながりを表すモデルとして、人工池の喩えをしばしば用います)。

まずはもっともシンプルな例として、丘にある2つの人工池(T池、Y池)を考えます(図2.3)。ここで、丘の上側にはT池が、丘の下側にはY池があり、それらは水路でつながっています。ここで、T池はY池より上にあるので、T池の水はY池に流れ込みますが、Y池の水はT池に流れ込みません。たとえば、ここでT池にインクをバシャーとぶちまけると、そのインクはY池に到達しますが、Y池にインクをぶちまけても、そのインクはT池には到達しません。このような水の流れのアナロジーで、因果構造のつながりをイメージしながら考えていきます。

この人工池の喩えを用いると、$T \rightarrow Y$の因果効果を推定する際に考慮される

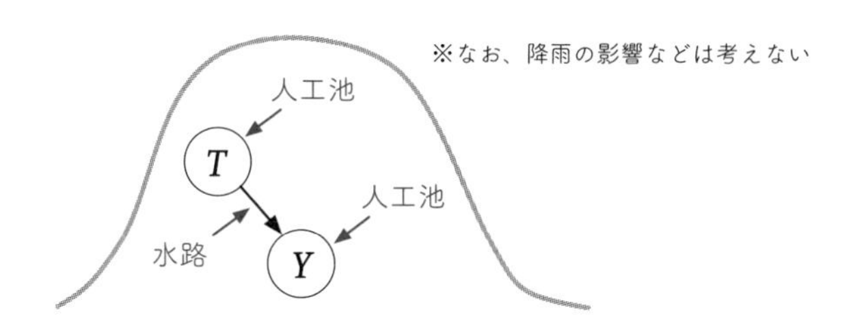

図 2.3 因果構造を丘にある「人工池」でイメージする

「バックドアパス」はざっくり言うと

「処置 T と結果 Y の両者に影響を与えうる、両者の上流側にある流れ」

のことを指します。具体的には、次頁の図 2.4 のような流れ(パス)がバックドアパスの例になります。

ある流れがバックドアパスかどうかを判断する方法として、その流れの中でいちばん高いところにある池(もしくは水路)にインクをぶちまけたときに、T と Y の両方にインクが到達する場合には、その流れが「バックドアパス」であると判断できます。たとえば図 2.4 でいちばん高いところにある池 C_1 にインクをぶちまけると、そのインクは流れていき、C_1 の下流にある T にも Y にも到達します。

一方、図 2.5 左は似たような構造をもっていますが、C_1 にインクをぶちまけても Y にしかインクは到達しませんし、図 2.5 右のときには T にしかインクは到達しません。この場合には T と Y の両方には影響を与えないので、その流れは「バックドアパスではない」ということになります。なお、図 2.5 右の場合には、「$C_1 \to T \to Y$」の経路で Y にもインクが到達するのでは、と思われるかもしれません。しかし、ここで「$T \to Y$」についてのバックドアパスについて考えるときには、T 自体を通って Y に至る「$T \to Y$」の存在は無視します。というのも、ここでの"バックドア"というのは実は「"裏口"ドア」という意味で、バックドアパスというのはあくまで「上流(T の"裏口"方向)から T へ流れ込む」方の経路がその考慮の対象となるからです。「T から下流(T の"表口"方向)へ流れ出す」方の経路は「フロントドアパス」とよばれ、バック

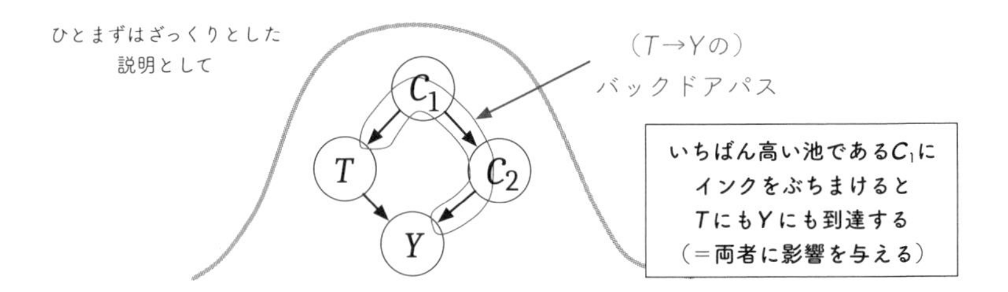

図 2.4　バックドアパスとは、「処置 T と結果 Y の両者に影響を与えうる、両者の上流側にある流れ」

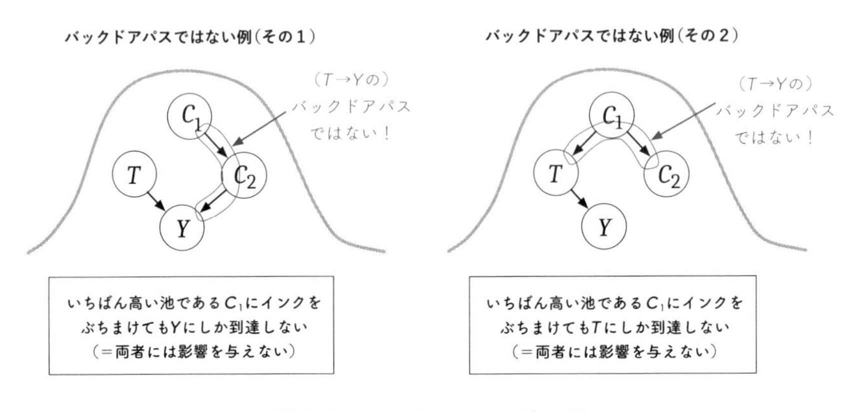

図 2.5　バックドアパスではない例

ドアパスを構成する経路としてはカウントされません。

観察データの背後にある因果的メカニズムの構造(＝因果構造)においてこのような「バックドアパス」があるのかないのか、あるいはそれが「開いている」のか「閉じている」のかを判別することが、バイアスのない因果効果の推定が可能かどうかを判別することにつながります。バックドアパスによって生じるバイアスについては、2.2.4 項からの「3 変数のケース」で詳しく見ていきます。

2.2.3　ステップ 3——2 変数(処置 T、結果 Y)のケースを考える

まずは手始めに、もっともシンプルである 2 変数(処置 T、結果 Y)のケー

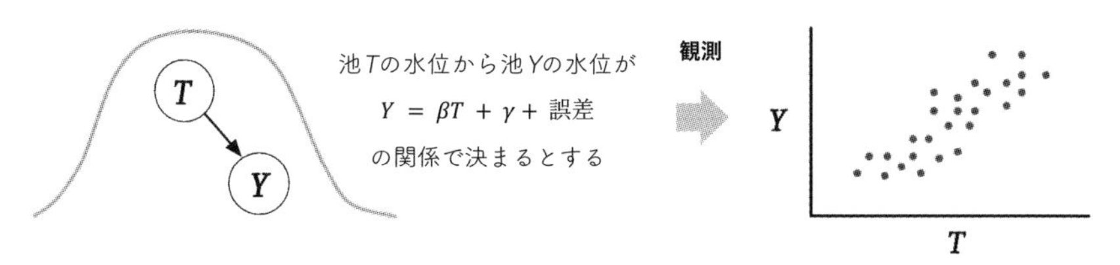

図 2.6　2 変数(処置 T, 結果 Y)の因果ダイアグラムと散布図の例

スをもとに、「因果効果の統計的推定」と「データの背景にある因果構造」の関係をみていきましょう。具体的には、図 2.6 の因果ダイアグラムについて考えます。

ここで「人工池」の喩えを踏まえて、池 T と池 Y の水位(cm)をそれぞれ変数 T と Y で表したとき、下流側[3]の水位 Y は上流側の水位 T に依存して

$$Y = \beta T + \gamma + \text{誤差} \qquad (\text{式 } 2.1)$$

の式で決まるとします[4]。今回の例では、各パラメータの値は以下のように $\beta = 0.5$、$\gamma = 10$ cm であるとします。

$$Y = 0.5T + 10 + \text{誤差} \qquad (\text{式 } 2.2)$$

つまり、T が 80 cm であれば、$Y = 0.5 \times 80 + 10 + \text{誤差} = 50\text{ cm} + \text{誤差}$ となります(これ以降、記述の簡略化のために誤差の項は省略します)。

ここで、まずは(因果の問いではなく)「予測の問い」――つまり、「所与の T の値から Y の値を予測」する場合(*see*(T)の話)を考えてみましょう。この場合には式 2.2 から、特に難しいことは考えずに、$T = 50$ cm のときは $Y = 35$ cm くらいであると予測できます。また逆に、「所与の Y の値から T の値を予測」

3) ここでの「上流・下流」の意味するところは直感的にも理解できるかと思いますが、池のアナロジーで補足すると、池 A にインクをぶちまけるとそのインクが池 B にも到達する構造のとき「A は B の上流にある」「B は A の下流にある」とよびます。$A \to B \to C \to D$ のときには、B も C も D も「A の下流にある」ことになります。

4) 本章では線形回帰分析の事例をもとに説明しますが、バックドア基準そのものは構造的因果モデルに依拠しており、特定の関数型に依存する話ではありません(オンライン補遺 XA)。

する場合（$see(Y)$の話）も、特に難しいことは考えずに $Y=35$ cm のときは $T=50$ cm くらいであると予測できます。このように、「予測の問い（see（状態）の話）」については、概ね[5]何も考えずに、T と Y を入れ替えた対称的な議論ができます[6]。

では、次は「因果（介入）の問い」について考えてみましょう。まず、説明の手始めとして「因果（介入）効果」を定義しておきます。本章では、

「処置 T を１単位量ぶんだけ人為的に**変化させた**（介入した）ときの、結果 Y の平均的な変化量」を「$T \to Y$ の因果（介入）効果」とよぶ

ことにします。ここで、上流側の水位 T を人為的な介入により 1 cm 増やした場合（$do(T)$の話）を考えてみましょう。このとき、図 2.6 に示された上流―下流関係に従って水が流れ込むことにより、下流側の水位は与式 $Y=\beta T+\gamma$ にしたがい、βT の値に相当する 0.5 cm だけ増加することになります。この場合の「$T \to Y$ の介入効果」は 0.5 cm であり、式 2.1 を回帰モデルとして解釈したときの「Y に対する T の回帰係数 β の値」をそのまま「$T \to Y$ の介入効果」として素直に解釈できます。

しかしながら、どんなときでも回帰係数を介入効果としてそのまま解釈できるわけではありません。上記とは逆の場合となる、「$Y \to T$ の介入効果」の場合（$do(Y)$の話）を考えてみましょう。下流側の水位 Y を人為的な介入により 1 cm 増やした場合に、$Y=\beta T+\gamma$（式 2.1）を変形した $T=(1/\beta)Y-(\gamma/\beta)$ の式に基づき、上流側の水位 T が $1/\beta=2$ cm 増えるかというと、もちろんそんな奇妙なことは起こりません。図 2.6 の上流―下流関係により水は高いところから低いところにしか流れないため、下流側の水位 Y を人為的に操作しても上流側の水位 T には影響しません。つまり「$Y \to T$ の介入効果」は 0 cm であり、$T=(1/\beta)Y-(\gamma/\beta)$ の式から得られる Y の係数 $1/\beta$ や、式 2.1 を回帰モデルとして解釈したときの回帰係数 β とは一致しません。

---

5) ここで「概ね」という限定をつけている理由は、たとえば回帰分析の場合には回帰の方向における非対称性があるためです。

6) このことは、予測のもととなる T と Y の同時確率分布において、$T=1, Y=2$ とすると、$P(T=1, Y=2)=P(Y=2, T=1)$ であるという確率論に内在する対称性からもたらされる本質的な特徴です。

この $do(Y)$ の例のように、興味の対象となる介入効果における因果の矢印の向き($Y \to T$)と、データ生成メカニズムにおける因果の矢印の向き($T \to Y$)が異なる場合には、回帰係数の値と介入効果のあいだには「ズレ＝バイアス」が生じます。このように「介入の問い($do(Y)$の話)」では、T と Y の間に「影響を与える側」と「影響を受ける側」という本質的な非対称性があるため、T と Y の入れ替えは「予測の問い」のように単純な話とはなりません。

ここで重要なことは、これらの「予測 $see(\cdot)$ の問い」と「介入 $do(\cdot)$ の問い」を考えたとき、図 2.6 で示されているデータの値自体も、そのデータに適合させた式 2.1 も、確率分布 $P(T)$、$P(Y)$、$P(T, Y)$ も、またそれらの条件付き確率も、何も変わっていないということです。たとえ表面的な数値は同一であっても、それらの問いには質的に異なる論点が含まれているわけです。このように、因果に関する推論を行うためには、要因のあいだの確率的な関連の情報だけでは不十分であり、本質的な要素として、対象とする現象についての背景知識が必要となります。この例では「人工池 T が人工池 Y の上流にある」という背景知識が本質的な要素であり、この知識がない限り、因果効果を適切に(一意に)推定することはできません。

抽象的な話が続いたので、「因果の向きを逆に捉えてしまう」ケースの具体的なイメージをつかむために、「サンゴの捕食者」の仮想例を見ながら一息ついてみましょう。

サンゴの減少が懸念されているある地域においてサンゴの調査を行ったところ、サンゴの生存率とサンゴの捕食者 H の個体密度のあいだに、次頁の図 2.7 の相関関係が示されました。また、フィールドでの観察から、捕食者 H は実際にサンゴを捕食していることがわかりました。

このとき、「捕食者 H の個体密度の増加→サンゴの生存率の減少」という因果関係を想起するのはおそらく自然なことかもしれません。もしこのような因果関係が存在するならば、「捕食者 H の個体密度」を減少させることにより「サンゴの生存率」を増加させることができそうです。

しかしながら、フィールドでのより詳細な調査から、思いがけないことがわかってきました。実は、捕食者 H は死にかけのサンゴしか食べず、生態系の中でむしろ掃除屋のような役割を果たしていたことがわかってきたのです。こ

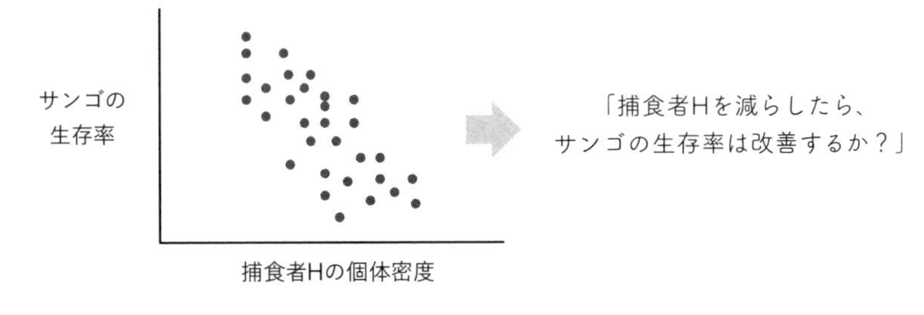

図2.7　サンゴの生存率とその捕食者の個体密度の散布図

のことは、捕食者Hによる捕食自体はサンゴの生存率減少の主な要因ではなく、むしろ因果の方向は実は「サンゴの生存率の低下→掃除屋である捕食者Hの個体密度の増加」であることを示唆しています。もしこの因果の方向が正しいならば、以前に想起されていた「捕食者Hの個体密度の増加(減少)→サンゴの生存率の減少(増加)」という因果関係は存在しない――つまり、「保全措置として捕食者Hの個体密度を減少させても、サンゴの生存率は変化しない」ということになります[7]。

この例は、図2.7のような相関関係があったとしても、その関係がどのような因果関係を反映したものであるのかは、その背景にあるデータ生成のメカニズム(因果の向きやつながり方)がどのようなものかに本質的に依存することを示しています。このサンゴと捕食者の例において、どちらの「因果の向き」がより真に近いのかは、基本的にはフィールドでの観察や介入によってしか明らかにすることはできません。くり返しになりますが、図2.7のような2つの要因のあいだの因果に関する推論を行うためには、それらの要因のあいだの確率的な関連の情報だけでは不十分であり、対象とする現象についての背景知識を得ることがとても重要なのです。

では、本項の内容をまとめておきましょう。2変数の場合には、Tに介入したときの因果効果の推定においては「因果の向き」が重要となります。具体的には、回帰分析におけるモデル式を$Y=\beta T+\gamma$とした場合には：

7) むしろ、掃除屋を排除することによりサンゴの健全な新陳代謝が妨げられる可能性さえあります。

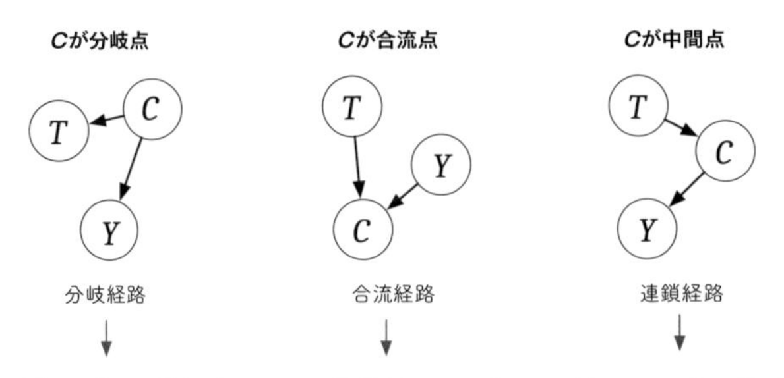

図 2.8 因果ダイアグラムの重要3パターン

因果の向きが $T \to Y$ の場合には、因果効果は T の単回帰係数 β に等しい
因果の向きが $Y \to T$ の場合には、因果効果は T の単回帰係数 β と一致しない

となります。（なお、このまとめは、あくまでデータの測定とモデル式の設定が適切であるという大前提の上での話です。非常に重要な前提ではありますが、このただし書きを毎回書くのはさすがに煩雑なので、以降では特に断りのない限り、データの測定とモデル式の設定は適切であることを前提として説明します。）

2.2.4 ステップ4——3変数（処置 T、結果 Y、共変量 C）のケースで学ぶ基本的なロジック

次は変数を1つ増やして、処置 T、結果 Y、共変量 C の「3変数のケース」について見ていきましょう！

この「3変数のケース」を考える上では、3つの重要なつながり方のパターンがあり、それぞれ、共変量 C が「分岐点」「合流点」「中間点」とよばれる点に位置しています（図 2.8）。この3つのパターンが重要となるのは、モデルに共変量 C を追加したときの効果が、この3つのパターンの間で質的に異なるためです。この3つのパターンにおいて何が起こるのかがわかると、そもそもの「なぜバイアスが生じるのか」「なぜバイアスを除去できるのか」についての基本的なロジックが理解できます。

その1：分岐点のケース——典型的な「交絡要因」

一般に、ある変数から複数の変数へと外向きの矢印が出ている場合、その矢印を出す側の変数のことを「分岐点」とよびます(図2.8左)。なかでも「処置Tの“上流側”に、処置Tと結果Yの両者に影響をもたらす分岐点Cがある」とき、そうした分岐点Cは、いわゆる「交絡要因」や「共通原因(common cause factor)」とよばれ、TとYの間に因果的なものではない相関(いわゆる疑似相関)を生む要因となります。たとえばT, Y, Cの3変数のとき、「Cが交絡要因」となるケースは、図2.8左に対応します。(なお、本項ではT, Y, Cの3変数からなる因果構造のパターンを議論しているため、「Cが分岐点＝(Cの下流に2つの異なる変数がある＝$T \leftarrow C \rightarrow Y$の構造である＝) Cが交絡要因」となります。一般論としては、「Cが分岐点である」＝「Cが($T \rightarrow Y$に対する)交絡要因」とは限りません。たとえば、「$Y \leftarrow T \leftarrow C \rightarrow A$」の構造のとき、$C$は「($T$と$A$を下流にもつ)分岐点」ですが、「$T \rightarrow Y$に対する交絡要因」ではありません。本項では、因果ダイアグラムの基本の理解のため、まずはT, Y, Cの3変数を前提とした基本パターンを学んでいきます。)

人工池の喩えを用いて、どのようにしてTとYの間に因果的なものではない相関関係が生まれるかを見ていきましょう。

各池の水位T, Y, Cが、以下の関係になっているとします。ここでγ_Tとγ_Yは、それぞれの池の水位のベースラインを決める定数です。

$$\begin{cases} T = 8C + \gamma_T + \text{誤差} \\ Y = 3C + \gamma_Y + \text{誤差} \end{cases}$$

このとき、水位Cの値が変化したときに何が起こるかを考えてみます。水位Cが増えた場合には、水位Tも水位Yも増えます。たとえば、上式から、Cが1 cmだけ増えると、Tは8 cmぶん、Yは3 cmぶん増えることになります。この状況をTとCのグラフ上に表すと、Cが増えるとデータが右ナナメ上に引っ張られることに対応します(図2.9中央の上)。一方、Cが1 cmだけ減った場合には、Tは8 cmぶん、Yは3 cmぶん減ります。つまり、Cが減るとデータが左ナナメ下に引っ張られます(図2.9中央の下)。このような状況において、データ内にCの値において大小の変動があると、水位Tと水位Yのあいだにその変動に伴う「シンクロ」が生じることになります(図2.9右)。

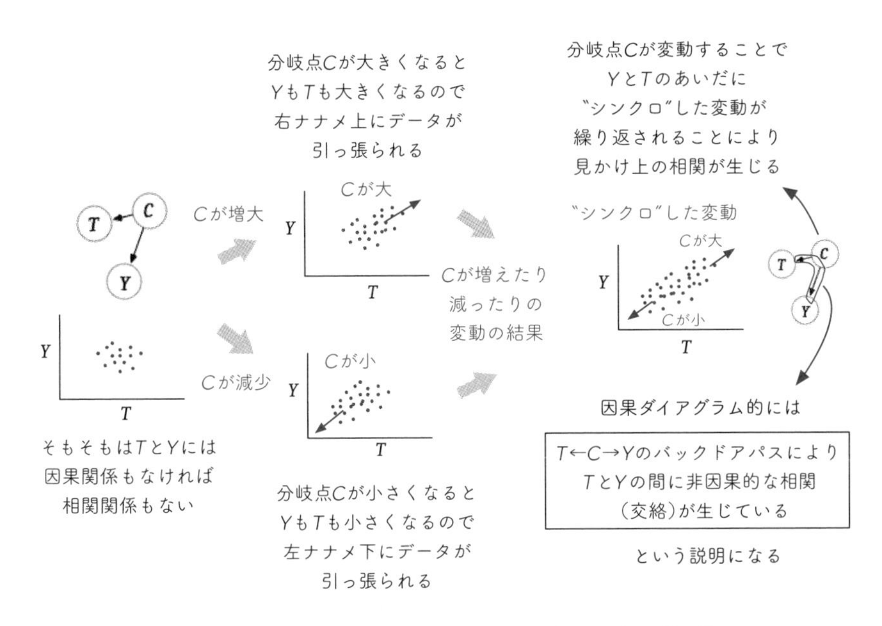

図2.9 3変数における分岐点の変動は、YとTのあいだに見かけ上の相関を生む

ここで再確認してほしいのは、このケースではTとYの間には因果的な関係(Tへの介入がYの変化を引き起こす関係)はないということです。つまり、人工池Tと人工池Yの間には水路がないため、水位Tに介入しても水位Yには何の影響も起こりません。しかし、TとYに因果関係がないにもかかわらず、Cの値の変動により、水位Tと水位Yの間に「非因果的なシンクロ」による相関関係が生じます。この相関関係は、第1章での表現を用いると、TとYの間の特異性のない(他の要因Cの影響により生じている)関係ということになります。

図2.9の因果ダイアグラムを見ると、この分岐点Cからの流れは、処置Tと結果Yの両方に影響を及ぼしています。そのため、この分岐点Cは処置T→結果Yについての「バックドアパス」を形成していることがわかります。こうしたバックドアパスがあるとき、そのバックドアパス上にある上流側の変数(の変動)が、TとYの間に「非因果的なシンクロ」を生じさせる原因となり

バックドアパスがない例(その1)　　　　**バックドアパスがない例(その2)**

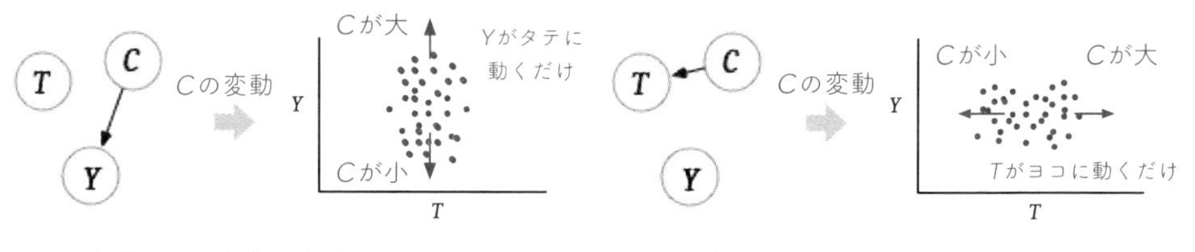

Cの変動はタテ方向の変動しか生み出さない　　Cの変動はヨコ方向の変動しか生み出さない

TとYの非因果的な相関(ナナメ方向の変動)を生み出さない！

図 2.10　分岐点でない(バックドアパスがない)場合には C の変動は非因果的相関の原因にはならない

ます。比較のため、バックドアパスがない場合には「非因果的なシンクロ」が起こらないことも確認しておきましょう(図 2.10)。

「非因果的なシンクロ」を具体的にイメージするために、あるおじいさんと私(この本の筆者)の、日々の夜の機嫌の仮想例を考えてみましょう。

広島県のある地域に、山本学さんという 80 歳のおじいさんがいるとします。そのおじいさんと筆者(茨城県つくば市在住)は、今までお互いの存在すら知らず、今後も何の接点もないままに生きていくものとします。そんな 2 人ですが、そのおじいさんと筆者の夜の機嫌を毎日測定しプロットすると、次頁の図 2.11 左上のような相関がみられました。つまり、この見ず知らずの 2 人のあいだで「機嫌のよい夜」と「機嫌の悪い夜」が一致する傾向があったわけです。

これはどういうことでしょうか。

実は、そのおじいさんと筆者には「広島カープのファン」という共通点があり、広島カープが勝った日は機嫌がよい傾向があり、負けた日は機嫌が悪い傾向がありました。そのため、「広島カープの勝敗」という変動により、そのおじいさんと筆者の日々の夜の機嫌に「シンクロ」が生じていたのです。因果ダイアグラムで表すと、そこには「おじいさん→筆者」や「筆者→おじいさん」という因果的な関係は何ら存在しないのにもかかわらず、「広島カープの勝敗」が分岐点となりバックドアパスが形成され(図 2.11 右上)、2 人の夜の機嫌に非因果的な相関関係が生じている状況になります。このように、それら自身の間

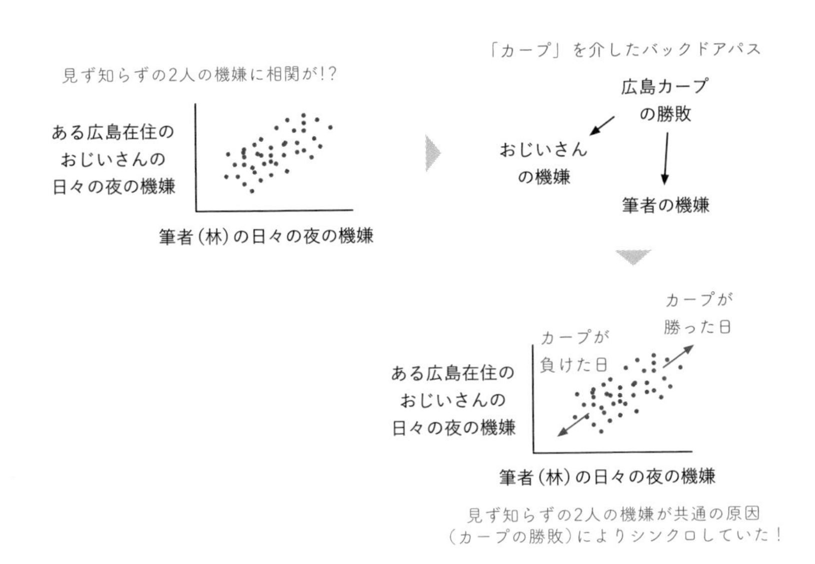

図 2.11 広島在住のおじいさんと筆者の夜の機嫌の仮想例

には過去から未来にわたり一切の直接的な関わりがないもののあいだでも、もしそれらの上流に共通原因があると、それらの間に「非因果的なシンクロ」による相関関係が生じえます(図 2.11 右下)。こうした場合に、そこに「上流の共通原因」があることを見抜くのは場合によってはとても難しく(たとえば広島カープの存在を知らない人は、図 2.11 右上の因果ダイアグラムを思いつくのは困難でしょう)、そうした罠を避けるためには、対象についての背景知識が必要となります。

では、このような分岐点の存在による「非因果的なシンクロ」によるバイアスの影響を除去するためには、どうしたらよいでしょうか？

ここでのシンクロの原因は C の変動にあるので、C の値の変動を“固定”することができればそのシンクロも止められます(図 2.12)。具体的な統計解析においては、“C を固定する”というのは、たとえば、C を用いて層別化したり、重回帰分析で C を説明変数に追加した解析を行うことに相当します(第 4 章)。例として、図 2.12 の因果ダイアグラムの場合には C を重回帰モデルに追加することにより“固定”すると、C によるシンクロの影響による非因果的な相関

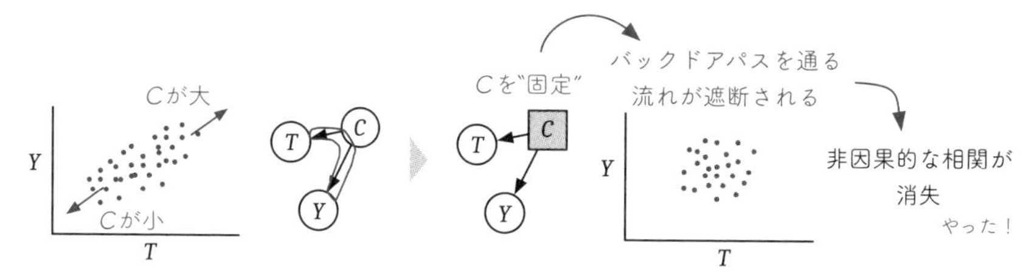

図 2. 12 C の"固定"によるバックドアパスの遮断

の影響がなくなるため、その重回帰分析から得られた T の偏回帰係数の値を、そのまま「$T \rightarrow Y$ のバイアスのない介入効果」として解釈することが可能となります。(本書ではここから「変数の固定」と「変数の調整」を同じ意味で用いていきます。本章では「変動を止める」という説明のイメージから「固定(fixation)」の語を多用しますが、説明の文脈に応じて「調整(adjustment)」の語も用います。)

分岐点 C を「固定」することの具体的なイメージをつかむために、1980 年代の中学 2 年生における「1 年間でのゲーム時間 T」と「1 年間での身長の伸び C」の関係についての仮想例を考えてみましょう[8)]。

この例では「1 年間でのゲーム時間 T」と「1 年間での身長の伸び Y」のあいだに相関が見られており(図 2.13 左上)、何も考えずに T で単回帰をすると「ゲーム時間 T」の回帰係数は有意に正の値をとります。これは「長い時間ゲームをすれば身長が伸びる」という因果関係を示しているのでしょうか？

そうであってほしいところですが、残念ながらそうではありません。実は、このデータには男子と女子のデータが混在しており、男子の方が平均的にゲーム時間が長く、身長の伸び率も平均的に高い傾向があったため、「性別 C」が分岐点となり、「1 年間でのゲーム時間 T」と「1 年間での身長の伸び Y」の間に「非因果的なシンクロ」が生じていたのです[9)](図 2.13 右上)。

さて、この例でも、「性別 C」による非因果的なシンクロの影響を除去するためには、C の変動を何らかの形で「固定」する必要があります。たとえば、

---

8) この例には、毎日放課後に延々と友達とファミスタをやっていた筆者の中学時代の思い出が反映されています。

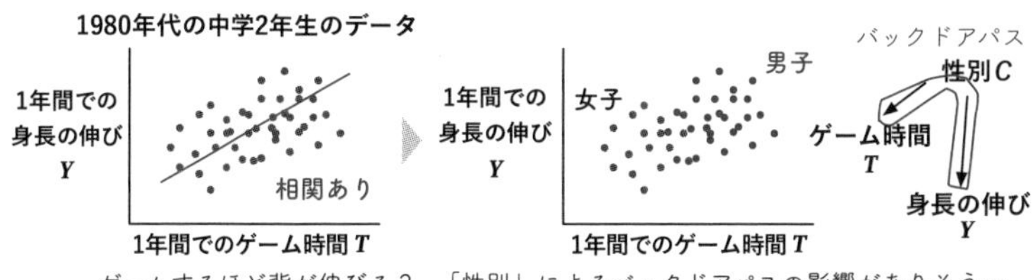

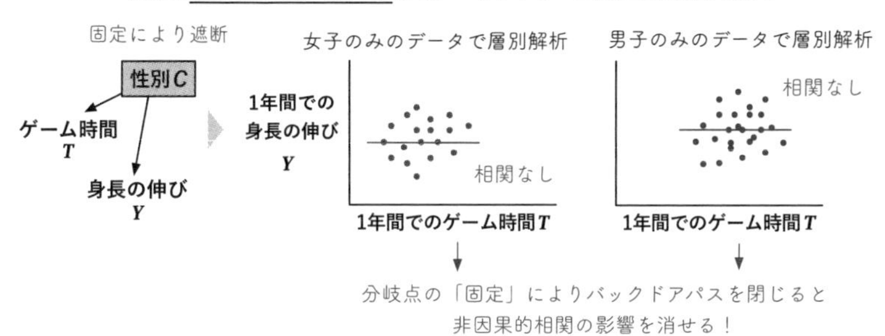

図 2.13 1980年代の中学2年生の身長の伸び Y とゲーム時間 T の関係の仮想例

性別 C を層別化によって調整すると(図2.13下)、T と C の関連はすっかり消えます。また、重回帰モデルの枠組みでは、重回帰モデルに C を説明変数として追加することによっても、C は固定されます。

分岐点 C によるバイアスへの対処としては、こうした方法を利用して分岐点 C の変動を固定することにより、バイアスを除去して、$T \rightarrow Y$ の因果効果を推定します。こうした具体的な推定手法については、第4章以降で詳しく説明します。

ちなみに、第1章で見てきた「バランシング」の観点から見ると、C を固定

---

9) なお、ここで現実の因果構造を厳密に考えると性別は(メカニズム的な意味での)“原因”というよりも、そうした原因の代理変数(BOX 2.4)として解釈するべきかもしれません。こうした分析概念の吟味については第8, 9章で詳しく議論します。また、2023年現在は、オンラインFPSでの中学生のクラス最強ゲーマーが女性だったりする時代なので、性別を主要変数としたこの因果ダイアグラムの想定ももう古く、最早妥当ではないかもしれません。こうした「ある特定のサンプル集団から得られた結果を他の集団に適用することは妥当なのか？」という移設可能性の問題も、第9章で詳しく議論します。

すると処置 T と C との相関も消える（$=C$ と T が独立となる）ため、C の固定は「異なる処置 T に対する C の分布のバランシング」を成立させることにも対応します。

BOX 2.2 「分岐点のケース」を回帰分析の枠組みでおさらいする

分岐点のパターンについて、回帰分析の枠組みを用いて数式でも考えてみましょう。

ここでは図 2.8 の C が分岐点となる構造（$T \leftarrow C \rightarrow Y$）をもつ 3 つの池を考えます。各池の水位 T, Y, C のデータ生成メカニズムは、以下の構造方程式（後述）で記述されるとします。以下より、記述の簡略化のため、各変数の平均値はゼロに基準化されているものと仮定します（この基準化の有無は論旨には影響しません）。

$$\begin{cases} T = \beta_{C \to T} C \\ Y = \beta_{T \to Y} T + \beta_{C \to Y} C \end{cases}$$

この式は、「池 T には池 C から水が流れ込み、池 Y には池 C と池 T から水が流れ込む」という構造の上流—下流関係を表しています[10]。上式から、$\beta_{T \to Y}$ は「T を 1 単位分増加させた場合の Y の増加分」であり、「$T \to Y$ の介入効果」に対応することがわかります。ここで、Y を T で単回帰したときの「回帰係数 β_T」と、「介入効果 $\beta_{T \to Y}$」の関係を明確化するために、2 つ目の式から少し計算式を展開します。まず、T と誤差項 ε は独立であると仮定して、2 つ目の式（の誤差項 ε を明示したもの）の両辺に T をかけると、

$$TY = \beta_{T \to Y} T^2 + \beta_{C \to Y} TC + T\varepsilon$$

となります。この式の両辺の期待値をとると、

$$\mathrm{cov}(T, Y) = \beta_{T \to Y} \mathrm{var}(T) + \beta_{C \to Y} \mathrm{cov}(T, C)$$

$$\mathrm{cov}(T, Y)/\mathrm{var}(T) = \beta_T = \beta_{T \to Y} + \beta_{C \to Y}[\mathrm{cov}(T, C)/\mathrm{var}(T)]$$

という式が得られます。ここで $\mathrm{cov}(T, Y)$ は T と Y の共分散、$\mathrm{var}(T)$

はTの分散を表します。上式の最後の等式は、YをTで単回帰したときに得られる「回帰係数 β_T」の値と、構造方程式のデータ生成メカニズムから示される「T→Yの介入効果 $\beta_{T\to Y}$」の値が一致しないことを示しています。このズレは、TとYの間に相関がある(CがTとYの両方の上流にあるため、$\beta_{C\to Y}$ と cov(T, C) の両者が非ゼロとなる)ことにより生じています。この状況を人工池 T, C, Y の例で考えると、池Cの水は池TとYの両方に流れ込む(水位Cは水位Tと水位Yの両方に影響を与える)ため、水位Tと水位Yのあいだに水位Cの増減に伴う連動が生じ、$\beta_{C\to Y}$[cov(T, C)/var(T)] の分だけ、水位Tと水位YのあいだにT→Yの介入効果とは関係ない余分な相関が生じている状況として理解できます。

その2：合流点のケース——意外に多い「内生性選択バイアス」

では次は、合流点のケースについて説明していきます。一般に、複数の変数から出た矢印がある同一の変数に入るとき、その矢印が入る側の変数を「合流点(collider)」とよびます。T, Y, C の3変数の場合には、次頁の図2.14のように上流のT, Yからの流れがCで合流する形のとき変数Cが合流点となります。データの観測や解析の過程で、この合流点Cが固定されると、「T→Y」の因果関係がない場合でも、TとYのあいだに相関が生まれることがあります。

このケースについて、回帰分析の枠組みを用いて見ていきましょう。

ここでは、図2.14の形の上流—下流関係にある3つの池を考えます。各池の水位 T, C, Y のデータ生成メカニズムは、以下の構造方程式で記述されるとします。

$$C = \beta_{T\to C}T + \beta_{Y\to C}Y \qquad (式 2.3)$$

なお「構造方程式」とは、データの生成過程を方程式の形で表現したものであ

10) ここで $\beta_{前者\to 後者}$ という記法は、構造方程式のそれぞれの式内において、前者の変数の1単位当たりの増分が引き起こす後者の変数の変化量を表すものです。一般的ではない記法ですが、前者と後者の非対称性(一般に $\beta_{前者\to 後者} \neq \beta_{後者\to 前者}$ であること)を強調する意図でこうした記法を用いています。

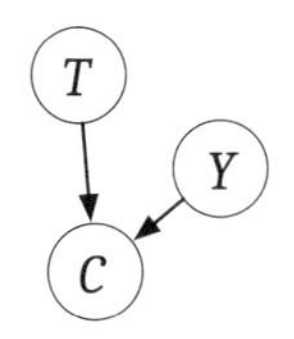

図 2. 14　C が合流点の例

り、単なる等式ではなく、右辺の変数が左辺の変数を生成するという非対称性も含んだ表現となっています[11]。

ここで図 2. 14 と式 2. 3 は、池 C に池 T と池 Y から水が流れ込む上流—下流関係を表しています。このとき、池 T と池 Y の値のあいだには何の関連もなく、したがって $T \to Y$ の回帰係数も介入効果もともにゼロとなります。本来であれば何の謎も問題もないケースであると言えます。しかしながら、ここでデータを「合流点で固定」してしまうと状況は一変します。ためしに、水位 C を 10 cm として固定すると、

$$10 = \beta_{T\to C} T + \beta_{Y\to C} Y$$

という制約が要因間の関係に生じ、この制約のもとで“選抜”されたデータのもとでは T と Y のあいだに

$$Y = -(\beta_{T\to C}/\beta_{Y\to C})T + (10/\beta_{Y\to C}) \qquad (式 2.4)$$

という関係に基づく相関が生み出されてしまいます。たとえば $\beta_{T\to C}=1,\ \beta_{Y\to C}=1$ の場合には、水位 C が 10 のときに、水位 T が 2 なら水位 Y は 8、水位 T が 4 なら水位 Y は 6、水位 T が 6 なら水位 Y は 4、という形で、T と Y の間に相関が生じます。この“選抜”されたデータにおいて、式 2. 4 の関係における T の係数は $-(\beta_{T\to C}/\beta_{Y\to C}) = -1$ であり、これはもちろん図 2. 14 で示される本来の「$T \to Y$ の介入効果(＝ゼロ)」とはズレたものになります。

このように、合流点の値によって条件付け(固定)したデータを用いると、その合流点に合流する“親”の変数のあいだに無意味な相関が生じてしまいま

---

11) 構造方程式や構造的因果モデルによる因果構造の表現については、オンライン補遺 XA で詳しく説明しています。

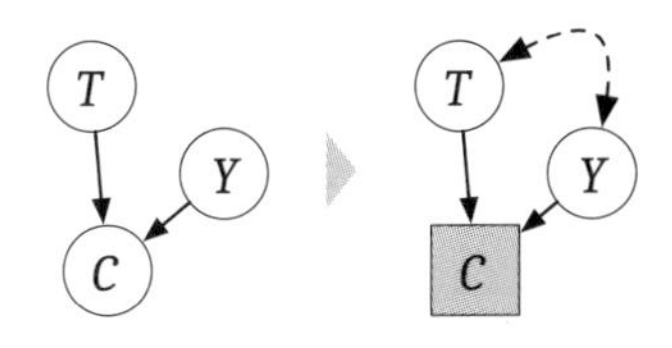

図 2.15 合流点を"固定"すると親の間に双方向パスが開く

す[12]。この状況を図 2.14 の人工池 T, C, Y の例で考えると、T と Y の下流にある C の水位が一定(の範囲)の値をとるという条件によりデータが固定された場合には、その上流にある(本来は互いの間に水路すらない)池 T と池 Y の間に「あたかも水路がある」かのような相関が生じてしまう状況として理解できます。つまり、この場合には C を処置グループ間で"固定"することにより、かえってバイアスが生じてしまうわけです。こうした、合流点の変数を用いた選別などにより生じるバイアスは、「合流点バイアス」や「(内生性)選択バイアス[13]」とよばれています。

こうした因果ダイアグラム上での合流点を固定した影響を表現する記法として、本書では、合流点の条件付けにより生じた相関を、点線の両方向の矢線(双方向パス)を追加することで表現します(図 2.15)。この両方向の矢線は、これらの変数間で非因果的な相関が生じたことを表します。この相関は両方向の水路となるため、合流点の親のあいだにバックドアパスを形成するものとなります。

上記の例はいささか抽象的で雲をつかむような話に感じたかもしれません。具体的なイメージをつかむために、仮想例を考えてみたいと思います。

ある芸術系大学で入学試験があり、その内訳は「実技試験(100 点満点)」と「学力試験(100 点満点)」の 2 つの科目からなるとします。また、この大学では学力試験の後に実技試験が行われるとし、簡単のため、実技試験と学力試験の

---

12) 因果ダイアグラムの用語として、A の上流にある変数を「A の祖先」、A の直上の祖先を「A の親」とよびます。同様に、下流にある変数を「A の子孫」、直下の子孫を「A の子」とよびます。因果ダイアグラムの用語については BOX 2.3 にまとめました。

13) 「選択バイアス(selection bias)」という用語は社会科学系では主に分岐点によるバイアスを、疫学系では合流点の追加によるバイアス((endogenous) selection bias)を指すことが多く、いささかややこしい状況になっています。

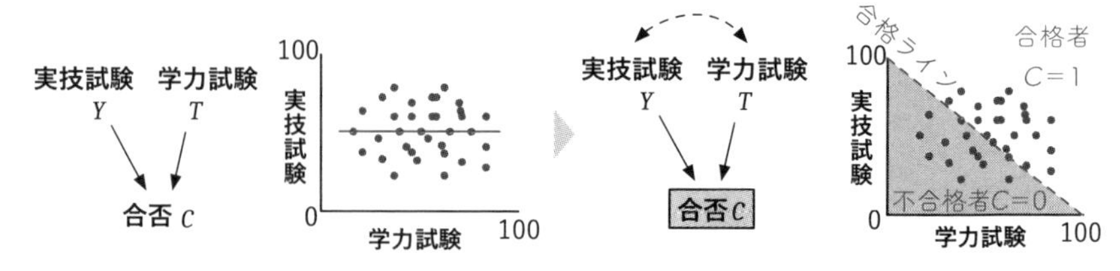

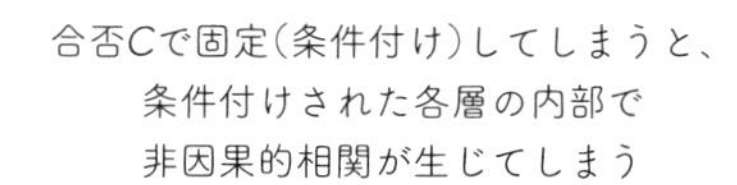

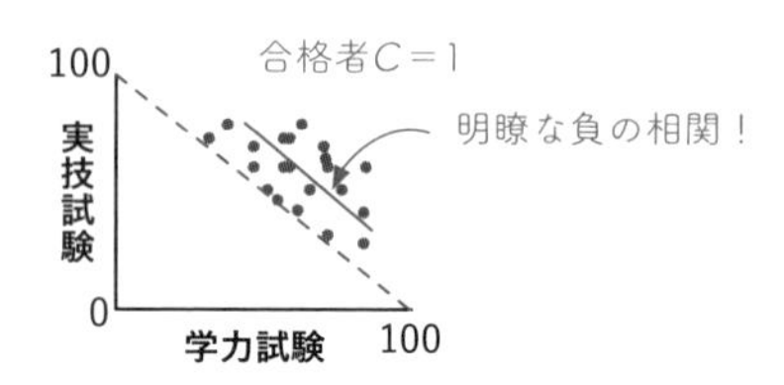

図 2.16　芸術系大学の入学試験の仮想例

間には本来的に相関関係も因果関係もないものと仮定します。このときの両者の散布図は、図 2.16 左上のようになります。

ここで、諸事情によりデータ解析者には「合格した生徒のデータしか渡されていない」状況を考えてみます。このとき、入学試験の合格基準が「2 つの科目の総得点が 100 点以上」だとします。このような状況で「渡されたデータ」から散布図を描き、相関係数を求めてみると、明瞭な相関関係が現れました(図 2.16 下)。ここでは、実技試験と学力試験の間には因果関係がないにもかかわらず、有意な相関が生じています。

これは、データが「2 つの科目の総得点が 100 点以上」という条件であらかじめ選抜されていることに起因するバイアスです。図 2.16 右上の赤い点線が「2 つの科目の総得点が 100 点以上」を満たす合格ラインになっており、そのラインの上の部分の合格者だけのデータが選抜されていることにより、非因果的な相関が生じています。

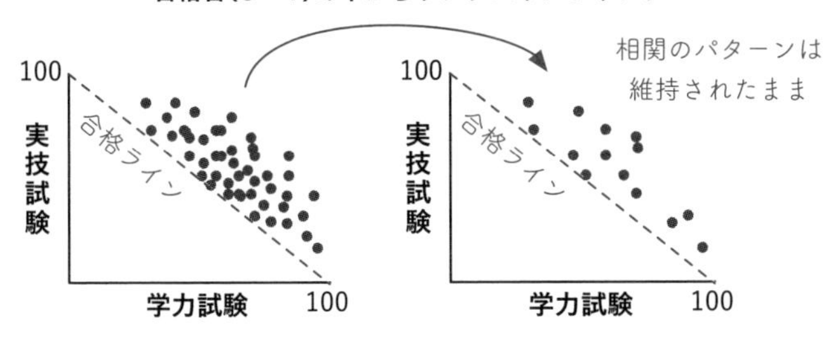

図 2.17 合流点で条件付けされた集団からのランダムサンプリング

上記のケースを因果ダイアグラムで描くと、「合格の可否(試験の総合点)」が合流点となっていることがわかります(図 2.16 右上)。このような合流点の値に基づく選別があらかじめ行われていると、そもそも因果関係のない「実技試験の点数」と「学力試験の点数」のあいだに無意味な相関が生じてしまいます。とくに、「学力試験の後に実技試験が行われる」といった時間的な順序関係がある場合には、「学力試験が実技試験に影響を与える」という形の誤解も生じえます。このように、データの観測までに至る過程において、「合流点」で何らかの選別がされている場合には、因果関係の推測の結果に大きなバイアスが生じる可能性があるので、注意が必要です。

余談となりますが、このケースは「ランダムサンプリングは、バイアスのない因果効果の推定を保証するものではない」ことを直感的に理解するためのよい例となっています。ここでは「当該の芸術系大学における受験者」というもともとの興味の対象となる集団から、「合格者」というくくりで集団が選別される過程で「実技試験の点数」と「学力試験の点数」の相関が生じてしまっているため、その「合格者」の中からいくらランダムにサンプリングを行ったとしても、合流点バイアスによるそれらの要因間の無意味な相関は消えません[14](図 2.17)。

こうした、そもそものサンプル元の集団への選別過程の中で生じる予期せぬ特性の偏り(第 9 章)は、しばしば見逃されがちです。たとえば、インターネッ

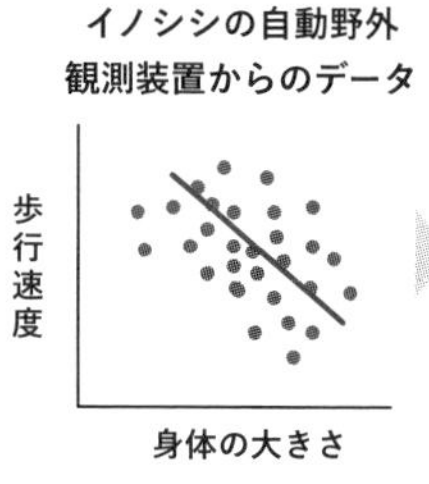

身体が大きいほど
歩行速度は遅い？

「ある程度以上の歩行速度」か
「ある程度以上の身体の大きさ」の
少なくとも片方の条件を満たさないと
認識率が落ちるという事情があった

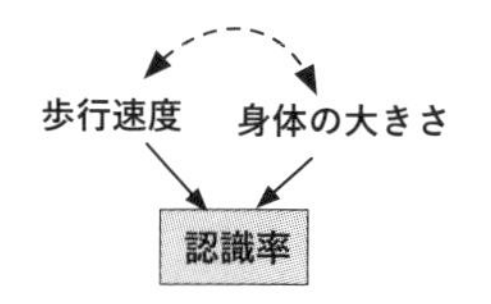

認識率の低下により
ここの部分のデータが
欠測し、見かけ上の
相関が生じていた！

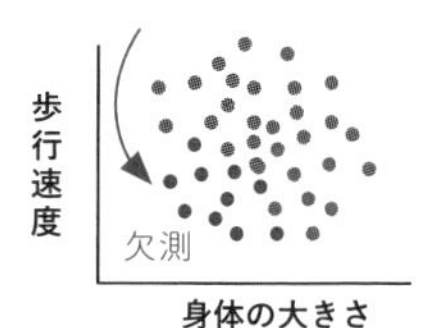

こういう合流点バイアスは
気づきにくいので注意が必要！

図 2.18　測定装置の“クセ”によって合流点バイアスが生じる例

トを用いたアンケート調査において「調査会社が契約するモニター 10000 人」の中からランダムサンプリングで回答者が選ばれていたとしても、もともとのモニター集団を選別する過程で生じた特性の偏りは、ランダムサンプリングで調整できるわけではありません。こうした選別過程に伴う特性の偏りは、因果推論に限らず、データ解析一般においても注意が必要です。

合流点バイアスは、たとえば観測装置の“クセ”により生じる場合もあります。見つけにくい合流点バイアスの例として、イノシシの自動野外観測装置の仮想例を考えてみます。

ある山村でイノシシによる農作物への食害が増加しており、イノシシの個体数管理のために、まず山中でのイノシシの個体数をモニタリングすることになりました。ここでは、カメラ付きの自動観測装置を山中に設置することにより、自動でイノシシの数を計測します。この自動観測装置では、認識されたそれぞれのイノシシの「歩行速度」と「身体の大きさ」をデータとして取得することができます。そこで、計測されたそれらのデータについて散布図を描いてみたところ、図 2.18 左のような相関が見られました。

さて、図 2.18 左のデータから、「大きいイノシシほど歩行速度が遅い」と言

14）ここで「え、ランダムサンプリングしてもバイアスは消えないの⁉」と思った方は、おそらく無作為“抽出”と無作為“割付”の区別がついていないものと思われます。無作為割付については第 3 章で説明しますので少々お待ちください。

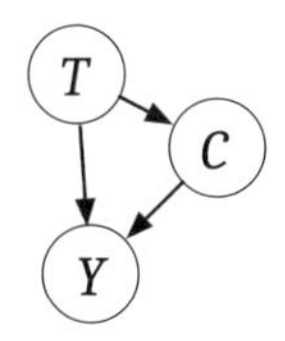

図 2.19　C が中間点の例

えるでしょうか？

実は、そうではありません。この相関の背景には、自動観測装置がもつ独特の"クセ"がありました。この自動観測装置では、イノシシを認識する際に、そのイノシシが「ある程度以上の歩行速度をもつ」か「ある程度以上の身体の大きさをもつ」の少なくとも片方の条件を満たさないと認識率が落ちるという難点がありました。そのため「小さくて歩行速度の遅いイノシシ」のデータが欠測となっていました。こうした特定の特性の組み合わせでのみ生じる欠測により、観測データにおいてはあたかも「大きいイノシシほど歩行スピードが遅い」かのようなパターンが生じていたわけです(図 2.18 右)。

この例のような、サンプルが観測までに至る過程に内在する、意図しない"クセ"により生じるバイアスはとても発見しづらいものです。こうしたバイアスによる落とし穴を避けるためには、与えられたデータの数値だけではなく、「それぞれのサンプルが観測までに至る過程(つまり広い意味での「測定」)」の内実についてもよく理解しておくことが大切です。

その 3：中間点のケース――「調整しすぎ」によるバイアス

では次は、T, Y, C の 3 変数において「C が中間点のケース」を考えます。

ここでは、図 2.19 の上流―下流関係にある 3 つの池を考えます。各池の水位 T, C, Y のデータ生成メカニズムは以下の構造方程式で記述されるとします。

$$\begin{cases} C = \beta_{T \to C} T \\ Y = \beta_{T \to Y} T + \beta_{C \to Y} C \end{cases} \quad (式\ 2.5)$$

ここで式 2.5 と図 2.19 は、池 C には池 T から水が流れ込み、池 Y には池 T と池 C から流れ込む上流―下流関係を表しています。

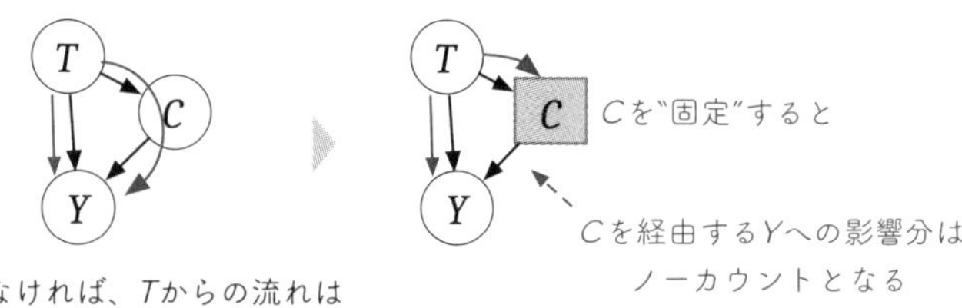

図 2.20 中間点 C を固定すると C を経由する影響が遮られてしまう

このような構造のとき、変数 C は $T \to Y$ の因果関係における「中間点」あるいは「中間変数」とよばれます。この構造方程式から生じたデータに対して、Y を目的変数、T と C を説明変数とした重回帰モデルで回帰すると、T の偏回帰係数 β_T は、式 2.5 の「$\beta_{T \to Y}$」に対応した値となります。

一方、図 2.19 の上流—下流関係の場合には、T への介入は C を通しても Y に影響を与えるので、$T \to C \to Y$ の経路での効果も含めたその本来の T への介入効果は、式 2.5 の 1 番目の式を 2 番目の式に代入して得られる $Y = \beta_{T \to Y} T + \beta_{T \to C} \beta_{C \to Y} T$ の式から、「$\beta_{T \to Y} + \beta_{T \to C} \beta_{C \to Y}$」となります。そのため、この場合には(説明変数に T と C を用いた重回帰モデルにおける) T の偏回帰係数 β_T と、$T \to Y$ の介入効果は、$\beta_{T \to C} \beta_{C \to Y}$ の分だけズレることになります。

この状況を人工池 T, C, Y の例で考えると、$T \to Y$ の介入効果を見る際に、T と Y の中間にある池 C の水位が固定される(= C が重回帰モデルの説明変数として加わる)ことにより、$T \to C \to Y$ 経由での水の流れが池 C で遮られてしまい、その分だけ T から Y へのトータルでの水の流れが過小評価されてしまう状況として理解できます(図 2.20 右)。図 2.20 と以前に見た図 2.12 の例を対比してまとめると、「$T \to Y$ の介入効果」と「説明変数に T と C を用いた重回帰モデルにおける T の偏回帰係数」は、「C が分岐点」のときには一致するのに対し、「C が中間点」のときにはかえってズレてしまうことになります。

具体的なイメージをつかむために、外来種の駆除についての仮想例を考えてみます。

ある地域一帯の湖沼において、外来魚 B が増えたことにより、似たような餌の選好性をもつ在来魚 A の個体数が減っています。そこで、近年の取り組

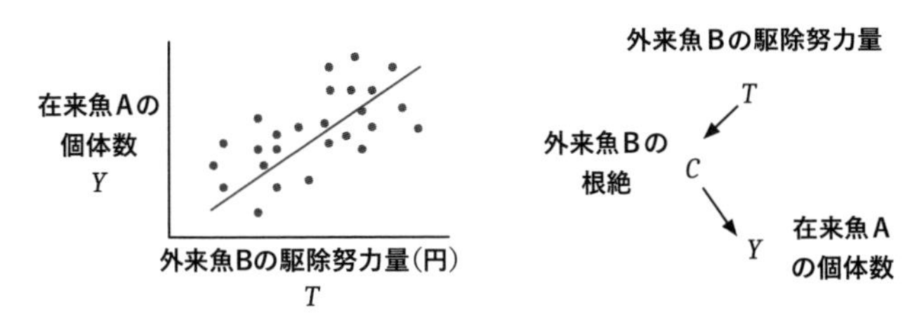

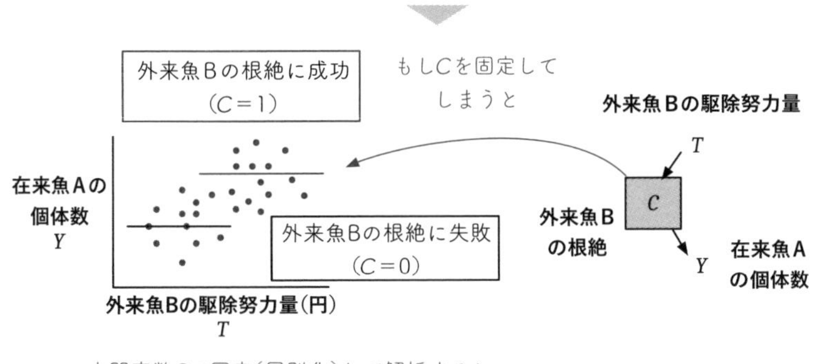

図 2.21 在来魚 A の保全のための外来魚 B の駆除の効果の例

みとして、在来魚 A の保全を目的として、複数の地点で外来魚 B の駆除事業を行うことにしました。その効果を見るために、外来魚 B の駆除努力量 T と在来魚 A の個体数 Y のデータを散布図に描いたところ、図 2.21 上のような関係になりました。

散布図をみると、T と Y の間には「外来魚 B の駆除努力量 T を増やすと、在来魚 A の個体数 Y が増える」という関係があるようです。

さて、手元には、各地点において外来魚 B の(当該地域における)根絶に成功したかどうかのデータもあります。そこで、ためしに外来魚 B の根絶の成功の有無 C で層別化して回帰してみたところ、「根絶成功 $C=1$」と「根絶失敗 $C=0$」のどちらのグループにおいても、傾きはほぼゼロとなり、「外来魚 B の駆除努力量 T」と「在来魚 A の個体数 Y」の間の関係が消えてしまいました

(図 2.21 下)。これはどう解釈したらよいのでしょうか？

C が中間点であるこうしたケースでは、「根絶成功の有無 C」で層別化すると、T への介入で生じた介入効果そのものの流れ(“表口パス”)が C の固定により「ブロック」されてしまう(変数の追加により水路が遮断されることを「ブロック」とよびます)ので、$T \rightarrow Y$ の因果効果が過小に推定されてしまいます。このように、中間変数のような調整すべきでない変数を調整してしまうことを過剰調整(overconditioning)とよびます。このケースでは、図 2.21 上の因果ダイアグラムが適切であれば、「根絶成功の有無 C」で層別化しないままの状態で見た T と Y の関係が、$T \rightarrow Y$ の介入効果を素直に反映しています。そのため、たとえば回帰分析の場合には、C のデータを説明変数に含めない単回帰モデルから得られた T の回帰係数の方を、$T \rightarrow Y$ の介入効果として解釈すべきケースとなります。

少し補足しておきます。上記の例では、「根絶成功の有無 C」を固定するとかえって因果効果の推定値にバイアスが生じました。しかしこれは、「根絶成功の有無 C」を計測したり、それを加えたモデルを検討すること自体が無意味ということではありません。「根絶成功の有無 C」で固定すると T との見かけ上の関連が消えるということは、在来魚 A の回復のためには「根絶」がまさに鍵であることを意味しています。たとえばこの結果をもとに、外来魚 B の駆除の実際の作業をより「根絶」にフォーカスしたものに改善していくなど、より大きな枠組みから駆除のやり方を改善するためのフィードバックとしてこの結果を活かすことが考えられます。つまり、「T の因果効果のバイアスのない推定」の観点からは、C を含んだ解析をする意味はありませんが、そもそもの目的である「在来魚 A の保全」という観点からは、C の影響について検討する意味は大いにあります。こうした因果効果の媒介経路を検討することの意義は第 8 章で見ていきます。

BOX 2.3 因果ダイアグラム関係の専門用語の補足

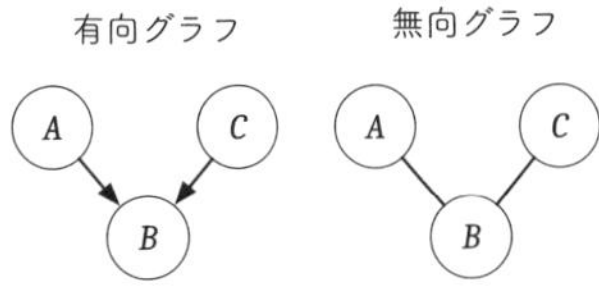

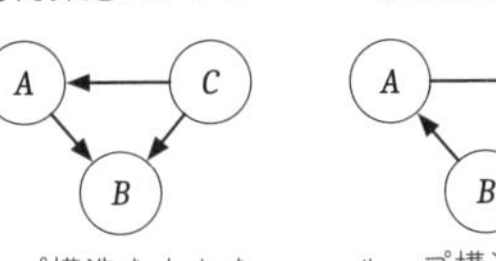

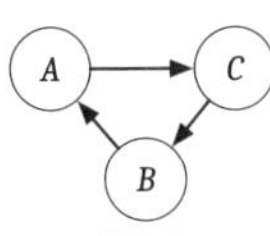

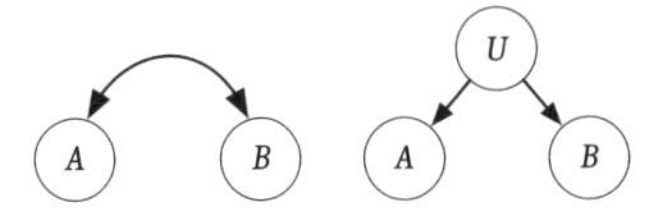

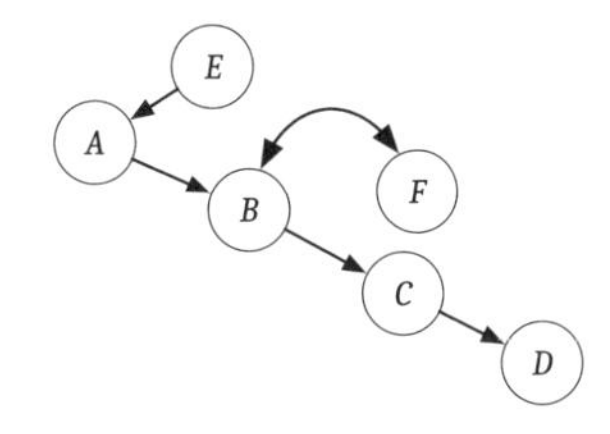

図 2.22 グラフ用語の補足

本書では、変数とその間の関係を規定した因果構造(の視覚的表現)を「因果ダイアグラム」とよんでいます[15)]。一般に、こうした図は有向非巡回グラフ(Directed Acyclic Graph, DAG)とよばれることもあります。ここで「グラフ」は頂点(vertex, node)と矢線(arrow)から構成され、矢線が向きをもつ(有向である)ものを「有向グラフ」とよび、向きをもたないものを「無向グラフ」とよびます(図 2.22a)。有向グラフの中で、まったく巡回しないものを「有向非巡回グラフ」、どこかで巡回するものを「有向巡回グラフ」とよびます(図 2.22b)。統計的因果推論で多く扱われるのは、有向非巡回グラフのほうです。また、因果ダイアグラムでは、変数の錯乱項(誤差項)どうしが独立でない場合、それらの変数間の関係を双方向矢線として表現します[16](図 2. 22c)。同じことを、潜在変数 U を用いて表現することもあります[17]。

本書では話の導入の際に、「丘にある人工池」のアナロジーで説明したため、変数間の向きの非対称性について「上流—下流」という説明をしました。より一般的なグラフ用語としては、それらの上流—下流関係は、親—祖先、子—子孫—非子孫、配偶者などの用語で表されます(図 2. 22d)。また、ある変数間が一方向の矢線と変数の連なりの「流れ」でつながっているとき、その流れを「有向道」とよびます(たとえば、図 2. 22d の「$A \to B \to C \to D$」の流れを「$A \to D$ の有向道」といいます)。

2.2.5 3変数のケースのまとめ

では、T, Y, C の3変数のケースについてまとめます。この3変数で「処置 $T \to$ 結果 Y」の因果効果を推定する場合には、

(1) C が「分岐点」の場合は C を固定せよ

(2) C が「合流点」または「中間点」の場合は C を固定してはいけない

となります。長々と説明してきたわりにはシンプルなまとめになりました(図 2.23)。

上記のまとめは“3変数バージョンのバックドア基準”ともいえるものですが、巷で用いられている経験的な変数選択ルールとあまり変わらないように感じるかもしれません。わざわざバックドア基準というコトバを持ち出さなくと

15) 「因果ダイアグラム」という概念には、その図が「確率変数の生成過程のモデル」であることが含意されています。一方、「有向非巡回グラフ」は頂点とその間の矢線から構成された非巡回的なグラフ一般を指すものであり、それが何かの「モデル」であることまでは含意していません。なお、因果ダイアグラムの数学的な定義も含めた詳細については黒木[12]第 3.1 節をご参照ください。

16) 「A と B の誤差項が独立でない」という状況は、たとえば「A と B の両者に影響を与える未観測要因が存在する」状況に対応します。「誤差項どうしの独立性」については、オンライン補遺 XB で解説しています。

17) ここでの潜在変数 U は、必ずしも単一変数であることを表現したものではなく、その構造を含めてどのようなものであるかわからない変数(の集まりを代表させたもの)の表現として用いられています。

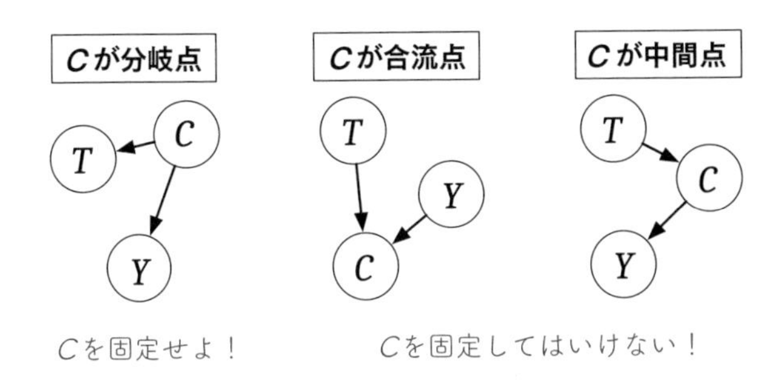

図 2.23　3変数のケースのまとめの図

も、「共通の原因となる変数はモデルに含める(上記(1)に対応)」や「処置の下流の変数はモデルに加えない(上記(2)に対応)」という指針は、統計的因果推論の実務においても比較的広く知られています。そのため3変数の場合では、わざわざ因果ダイアグラムを描いて考えることに対してあまりご利益は感じないかもしれません。しかし、4変数以上の一般的な場合を考慮する上では、因果ダイアグラムを描いて整理しないとなかなか判断が難しい場合が出てきます。

2.2.6　ステップ5――4変数以上(処置 T、結果 Y、共変量 $C_1, \ldots, C_J$)のケース――「流れ」に着目する

4変数以上での分岐点の例

いままでの T, Y, C の3変数の例では“変数”をベースに考えてきました。ここからの4変数以上の例では、“流れ”をベースに考える必要がでてきます。例として、T, Y, C_1, C_2 からなる次頁の図2.24の場合を考えていきましょう。

ここまで、3変数の場合では、T と Y の上流にある分岐点 C は、T と Y の非因果的な“シンクロ”の原因になることを見てきました。4変数の場合にも、たとえば図2.24の場合には、C_2 は上流にある分岐点であり、また処置 T と結果 Y の「共通原因(C_2 にインクをぶちまけると T と Y の両方に到達する)」になっており、T と Y の非因果的な“シンクロ”の原因になります。一方、C_1 について考えてみましょう。C_1 は分岐点ではなく、Y の原因ではあるものの T の原因ではない(C_1 にインクをぶちまけても Y には到達するが T には到達しない)ため、処置 T と結果 Y の「共通原因」ではなく、T と Y の非因果的な“シンクロ”

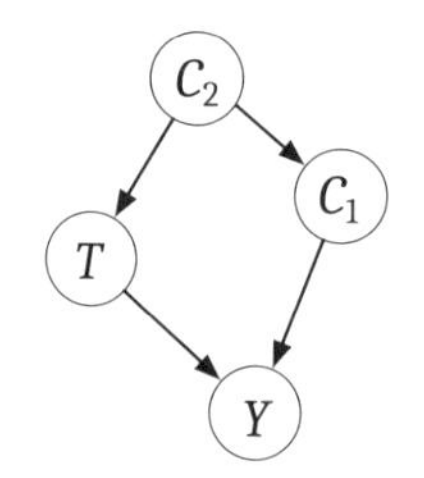

図 2.24　4 変数の場合のちょっと迷うかもしれない問い

の原因とはなりません。

ここで図 2.24 について、次の問題を考えてみましょう。T→Y の因果効果をバイアスなく推定するためには：

(1) C_2 は必ず固定するべきか？
(2) C_1 は固定する必要はないのか？
(3) たとえば「C_2 は観測不可能」かつ「C_1 は観測済み」のときは、どうすればよいのか？

さて、読者のみなさまは自信をもって答えることができるでしょうか？ このような問いに答えるためには、個々の変数の位置づけとともに、総体としての“流れ”の開閉に着目する必要が出てきます。それぞれの変数を固定する／しないケースを以下で見ていきましょう。

まず図 2.25a では、C_1 も C_2 も固定されていません。このときには、T→Y のバックドアパスが固定されず“開きっぱなし”になっていることがわかります。このような場合には、C_2 の変動によりこのバックドアパスを通して T と Y の間に「非因果的なシンクロ」が生じるため、T→Y の因果効果の推定にバイアスがかかります。一方、図 2.25b の場合には C_2 が“固定”されています。このときには、共通原因である C_2 が固定されるため「非因果的なシンクロ」がブロックされ、T→Y の因果効果の推定にバイアスは生じません。

では、図 2.25c の、C_1 が固定されている場合を考えてみましょう。C_1 は Y の上流にあるので「Y の原因」と言える(C_1 にインクをぶちまけると Y に到達する)変数ですが、T の上流にはないので「T の原因」とは言えない(C_1 にインク

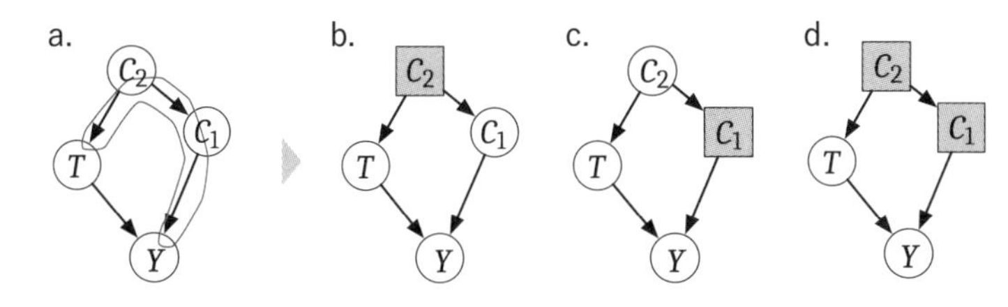

図 2.25 4 変数以上では変数ベースではなく“流れ”の開閉がキモ

をぶちまけても T には到達しない）変数です。つまり C_1 は T と Y の「共通原因」ではありません。しかし、C_1 が固定されると「非因果的なシンクロ」を生む水路はブロックされます。そのため、C_1 が固定されていれば、$T \to Y$ の因果効果の推定にバイアスは生じません。また、図 2.25d の C_1 と C_2 の両方が“固定”されている場合にも、それらの固定により「非因果的なシンクロ」を生む水路はブロックされているのでバイアスは生じません。

図 2.25 a～d の場合をまとめると、上記の問いの答えは以下のようになります。

$T \to Y$ の因果効果をバイアスなく推定するためには：

(1) C_2 は必ず固定するべきか？→“必ず”ではない。C_1 が固定されていれば C_2 が固定されていなくてもバイアスは生じない。
(2) C_1 は固定する必要はないのか？→ C_2 が固定されている場合は必要ない。C_2 が固定されていない場合には固定する必要がある。
(3) たとえば「C_2 は観測不可能」かつ「C_1 は観測済み」のときは、どうすればよいのか？→ C_1 を固定すればよい。

このように、4 変数以上の場合の分岐点については、それぞれの変数について個々に固定すべきかを判断するというよりも、バイアスを媒介するバックドアパスの水路がブロックされているかを判断することにより、どの変数を固定

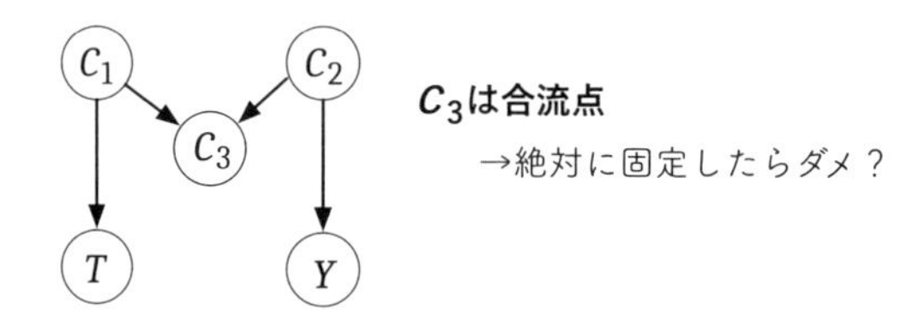

図 2.26 4 変数以上の合流点でのちょっと迷うかもしれない問い

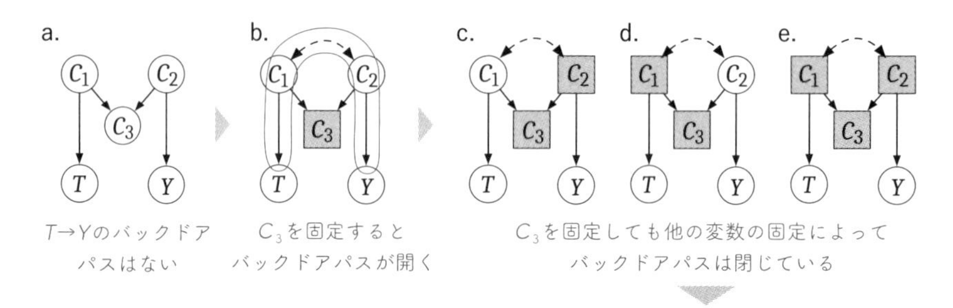

図 2.27 4 変数以上の合流点の場合でも "流れ" の開閉がキモ

するべきか／固定しなくてもよいのかが判断できます。

4 変数以上での合流点の例

では次は、4 変数以上の場合での合流点の例として、図 2.26 について、以下の問題を考えてみましょう。T→Y の因果効果をバイアスなく推定するためには：

合流点となる C_3 は絶対にモデルに加えてはダメか？

この問いに答えるためにも、"流れ" の開閉に着目する必要があります。それぞれの変数を固定する／しないケースを以下で見ていきましょう。

まず図 2.27a では、C_1 も C_2 も C_3 も固定されていません。このときには、

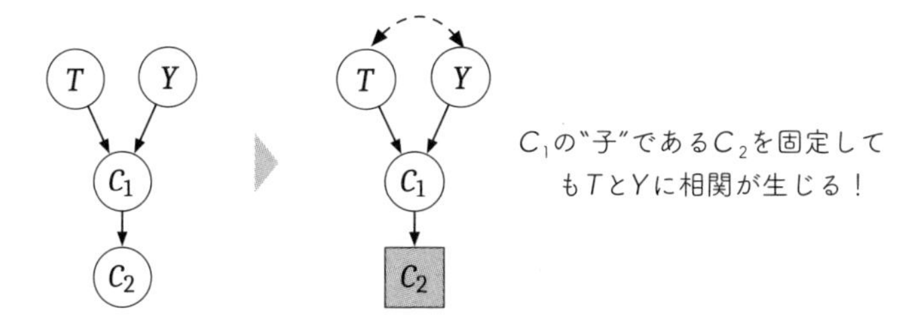

図 2.28 合流点の子孫を固定しても合流点の親に相関(双方向パス)が生じる

バックドアパスがないためバイアスが生じません。一方、図 2.27b の合流点となる C_3 だけ“固定”されている場合には、合流点 C_3 の固定により、それらの親である C_1 と C_2 の間に双方向の水路ができます。そのため、$T \leftarrow C_1 \leftrightarrow C_2 \rightarrow Y$ というバックドアパスが新たに形成されてしまい、バイアスが生じます。さらに図 2.27c のように C_3 と C_2 が固定されている場合には、C_3 の固定により生じたバックドアパスが C_2 の固定によりブロックされています。このため、C_2 が固定されている場合には、合流点である C_3 が固定されていてもバイアスは生じません。同様に図 2.27d, e の場合でも、C_3 が固定されているものの、バックドアパスは C_1 もしくは C_2 の固定によりブロックされているためバイアスは生じません。このように、4 変数以上の場合の合流点についても、その合流点そのものではなく、バイアスを伝える水路となる「バックドアパス」がブロックされているかを判断することにより、バイアスの有無を判断できます。

ここで 4 変数以上の場合の合流点についての補足として、合流点の下流の変数を固定しても、合流点の親に双方向の水路が生じることも見ておきます。合流点そのものが固定された場合に、親の間に双方向の水路が生じるというルールについてはすでに見てきましたが(図 2.15 参照)、図 2.28 のように、合流点 C_1 の下流にある C_2 について固定した場合にも、双方向の水路が生じます。

このことは、C_1 と C_2 が非常に関連の強い変数である場合を考えてみると納得できるかもしれません。たとえば、C_1 が「大学の合否」であり、C_2 が「その大学指定の制服の購入」であった場合、C_2 の変数は C_1 の変数と非常に相関が高いため、C_1 による固定と C_2 による固定は実質上は同じような効果をもつことになります。これは別の視点から見ると、C_2 は C_1 の代理変数としてふるまいうることを意味しています(BOX 2.4)。

BOX 2.4

代理(プロキシ)として働く変数のふるまい ――考えていくと沼へとつながる話

上記の合流点の下流の変数の例は、ある変数 C と類似したふるまい(変動)をもつ変数 C' は、因果効果の推定でのバイアス補正の観点からも類似した効果をもちうることを示しています。例として、図 2.29 の場合を考えてみます。

C が分岐点で、C の変数のデータは得られず、その下流にある C' のデータは得られるとします(図 2.29a)。この場合、C' を追加することで、バックドアパスを"部分的に"ブロックできます。この"部分的"なブロックの有効性の程度については、C と C' の関連が強いほど、C そのものの追加と近いブロックの効果をもち、関連が弱くなるほどその効果の程度も弱くなります。このことはつまり、分岐点となる変数自体が観測できない場合には、その変数と強い関連をもつ変数を"代理(プロキシ)"として使用することができれば、バイアスを(完全にブロックはできないにしろ)部分的に軽減できることを意味します。

2.2.6 項で述べたとおり、C が合流点の場合には、C ではなくその下流の変数 C' が追加されている場合にも、C の親となる変数間に非因果的な相関によるバックドアパスが"部分的に"形成されます(図 2.29b)。このようにして形成されるバックドアパスはかなり気づきにくいため、注意が必要です。一方、C が中間点の場合には、C ではなくその下流の変数 C' を追加した場合には、$T \rightarrow Y$ の因果効果自体が"部分的に"ブロックされてしまいます(図 2.29c)。合流点や中間点のプロキシの場合でも、"部分的に"の程度については、C と C' の関連が強いほど C そのものの追加と近い効果をもち、関連が弱くなるほど、その効果の程度も弱くなります。

上記の話は理論的には枝葉の話かもしれず、教科書などでも分量を割い

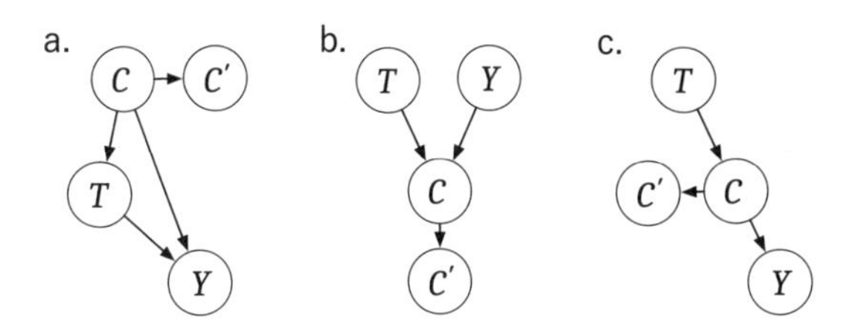

図 2.29　C の代理変数としての C' を考える

て説明されることはあまりありませんが、現実のデータ解析においては重要な含意をもっているように思います。あまり明示的に意識することはありませんが、統計データにおいては多くの場合、「本来的に想定されている要因そのもの」ではなく、その代理指標が計測されて用いられています（たとえば「知能」の代理指標としての「IQ」など）。その意味で、私たちが日々の統計解析で C のつもりで扱っている変数の多くは、実は C' のほうに相当する場合も多いと考えられます。たとえば、ヒトの疫学データで調整に用いられる定番の共変量である「性別」や「人種」なども、メカニズム的な意味での「原因」というよりは、むしろそうした諸原因のプロキシとなる変数であり、そもそも対象となるデータにおける「性別」「人種」という概念は実際にはいったいぜんたい何を含意しているのか、「性別」「人種」が原因であるとはいったいいかなる事態を意味しうるのか——という、概念的検討の沼へとつながっています。つまり普段の解析であっても、一見明確な概念によって構成されている「プール」のつもりで入ったら、実は、プロキシまみれの「沼」だったということがありえるわけです。このことは、潜在的に多くの解析において、「本来的に想定されている要因そのもの」とその「プロキシとなる測定指標」の間には概念的なギャップが存在し、そのことにより、たとえばバックドアパスが完全に閉じ切れていない場合が大いにありうることを含意しています。統計的因果推論においては、「本来的に想定されている要因そのもの C」とその「代理指標

C'」の間のギャップからバイアスが漏れ出ていないか(バックドアパスを閉じ切れているか)どうかを検討することが重要となる局面があり、諸変数の概念的な内実と外延をきちんと確認することが、しばしば重要となります。こうした概念的検討の話は第 8, 9 章で詳しく議論します。

4 変数以上での中間点の例

では最後に、4 変数以上の場合での中間点の例を見ていきましょう。次頁の図 2.30 について、以下の問いを考えてみます。$T \to Y$ の因果効果をバイアスなく推定するためには：

中間点となる C_1, C_2 は絶対にモデルに追加したらだめ？

中間点の場合には、図 2.30 b, c, d のどの場合でも、$T \to Y$ のあいだの中間点を固定してしまうと、T からの因果効果が伝わる水路自体がブロックされてしまうので、T の因果効果を適切に推定できません。このように、中間点については 3 変数の場合でも 4 変数以上の場合でも、中間点は固定してはいけません。

2.2.7　4 変数以上のケースのまとめ

では、4 変数以上のケースについてまとめます。4 変数以上では、変数そのものよりも“流れ”に着目する必要があります。“流れ”に着目することにより、バイアスのない推定のための条件は、以下の 2 つのメッセージに集約できます。

条件(1) $T \to Y$ のバックドアパスをブロックせよ
条件(2) $T \to Y$ の流れ(有向道)をブロックするな(T から Y にいたるパス上の変数を固定しない)

この条件は(非常に細かい論点を除けば)もうほとんど、バックドア基準に相当するものになっています(図 2.31)。

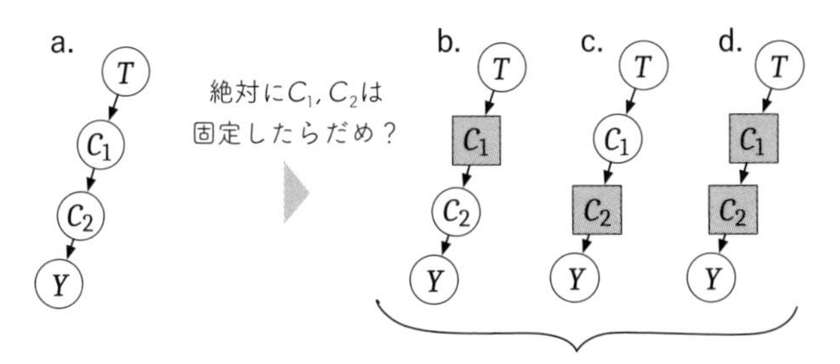

図 2.30　4変数の中間点の例

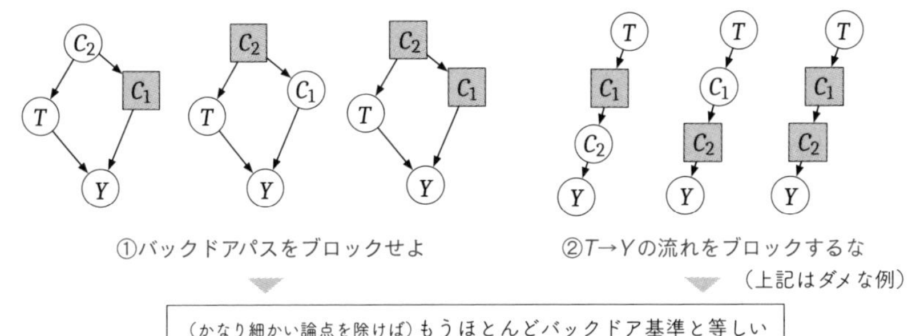

図 2.31　4変数以上におけるメッセージのまとめ

2.3　まとめとしてのバックドア基準 ——とどのつまり、どの変数をバランシングするべきなのか

いままでの議論をまとめて、いよいよ「バックドア基準」の具体的な内容を見ていきます。「バックドア基準」は、以下の2つの条件から構成されます（よりフォーマルな解説はオンライン補遺 X2 を参照）：

ある因果構造において T の下流に Y があるとき、$T \rightarrow Y$ の介入効果の推定において、次の2つの条件をどちらも満たす「追加した(調整を行った)共変量セット $C_1, \ldots, C_J$」は、$T \rightarrow Y$ についてのバックドア基準を満たすという。

条件(1) 追加された共変量 $C_1, \ldots, C_J$ によりすべての $T \rightarrow Y$ のバックドアパスがブロックされている(もしくは最初から $T \rightarrow Y$ のバックドアパスがない)

条件(2) 追加した共変量 $C_1, \ldots, C_J$ は T の下流側(子孫)ではない

条件(1)は要するに、「開きっぱなしのバックドアパスがない」ということを意味しています。開きっぱなしのバックドアパスがあると、そのパス上の変数の変動により「非因果的なシンクロ」が生じてしまうので、そのようなシンクロを防ぐために条件(1)が満たされている必要があります。条件(2)は、$T \rightarrow Y$ のパス上にある「中間変数」をモデルに追加しないことを意味しています。また、T の下流側(子孫)となる合流点を固定しないということも含意しています。

モデルに追加された共変量セットが「上記の2条件を満たす=バックドア基準を満たす」とき、たとえば重回帰分析の場合では、その重回帰モデルから得られた「T の偏回帰係数」をそのまま「$T \rightarrow Y$ の介入効果についてのバイアスのない推定値(一致推定量)」とみなすことが妥当となります。また、たとえば“シンプソンのパラドックス”が生じている場合では、バックドア基準を満たす変数を用いて層別化して解析すれば、「処置 $T \rightarrow$ 結果 Y の因果効果」をバイアスなく推定できます(BOX 2.5)。

BOX 2.5 バックドア基準の観点から見たシンプソンのパラドックス

バックドア基準を理解すると、いわゆる「シンプソンのパラドックス」が生じる原理を明晰に理解できるようになります。少し違う言い方をすると、「シンプソンの“パラドックス”」は「たんにバックドア基準を知らないからパラドックスのように見えているだけ」であり、そこにあるのは何らパラドックスではない(バックドア基準を知らないことによる単なる認識上

の混乱である)ことがわかります。数値例を見ていきましょう。多くの場合、シンプソンのパラドックスは、データの併合の仕方により、データから示唆される結論が変化する(かのように見える)現象として知られています。

次頁の表 2.1 は、ある集団における心筋梗塞の投薬の有無と、心筋梗塞の発生の関係をまとめたものです。「総計」をみると、投薬なし群での発生率は「0.216」、投薬あり群での発生率は「0.183」であり、これらの値を比較すると、投薬あり群の方が発生率が低いことから、投薬が心筋梗塞を減らす効果があるように見えます。一方、これらのデータを性別で分けたデータも見てみましょう。「女性」のデータでは、投薬なし群での発生率は「0.05」、投薬あり群での発生率は「0.075」であり、投薬あり群の方が発生率が高くなっています。また、「男性」のデータでも、投薬なし群での発生率は「0.3」、投薬あり群での発生率は「0.4」であり、投薬あり群の方が発生率が高くなっており、性別で分けた場合には投薬がかえって心筋梗塞を増やす効果があるように見えます。このように、データを併合したりしなかったりで、見かけ上の結論が変わってしまう状況をシンプソンのパラドックスとよびます。

では、結局のところ、投薬は心筋梗塞を減らすのでしょうか、それとも増やすのでしょうか? すでに私たちは「因果効果を推定したい場合には何を揃えるべきか」をバックドア基準に基づき判断できることを知っています。このとき、ドメイン知識(分析対象に関する背景知識)から、このデータの生成メカニズムが次頁の図 2.32a の因果ダイアグラムで表されるとします。

この因果ダイアグラムから、「投薬→心筋梗塞」の因果効果を推定するためには、バックドアパスを閉じるために「性別」を調整する必要があることがわかります。つまり、「性別」ごとに層別した解析に基づき解釈したものが「投薬→心筋梗塞」の因果効果の適切な推定となるため、結論としては「投薬は心筋梗塞の発生率を増加させる」という解釈の方がこの場合の適切な解釈となります。(ここであらためて表を見てみると、「投薬なし群」の内訳にもともとの発生率が高い男性のデータが多いため、「投薬なし群」の

表 2.1 シンプソンのパラドックスの数値例(性別の例)[18]

	投薬なし群		投薬あり群		総　計
	心筋梗塞あり	心筋梗塞なし	心筋梗塞あり	心筋梗塞なし	
女性	1	19	3	37	60
	発生率=1/20=0.05		発生率=3/40=0.075		4/60=0.0666
男性	12	28	8	12	60
	発生率=12/40=0.3		発生率=8/20=0.4		20/60=0.333
総計	13	47	11	49	120
	発生率=13/60=0.216		発生率=11/60=0.183		24/120=0.2

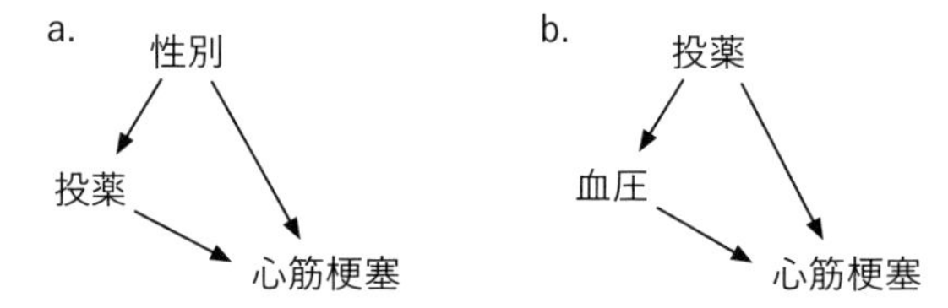

図 2.32 投薬と心筋梗塞の関係の因果ダイアグラム

表 2.2 シンプソンのパラドックスの数値例(血圧の例)

	投薬なし群		投薬あり群		総　計
	心筋梗塞あり	心筋梗塞なし	心筋梗塞あり	心筋梗塞なし	
低血圧群	1	19	3	37	60
	発生率=1/20=0.05		発生率=3/40=0.075		4/60=0.0666
高血圧群	12	28	8	12	60
	発生率=12/40=0.3		発生率=8/20=0.4		20/60=0.333
総計	13	47	11	49	120
	発生率=13/60=0.216		発生率=11/60=0.183		24/120=0.2

総計での発生率がそのぶん高い方に引っ張られていることがわかると思います。)

ちなみに——バックドア基準を理解していればもう言わずもがなですが——どの共変量で調整するべきかは、データセットそのものからは判断できないこともおさらいしておきたいと思います。前頁下の表 2.2 は、表 2.1 とまったく同じ数値ですが、共変量が「低血圧群」「高血圧群」となっています。もしこのデータ生成メカニズムの因果ダイアグラムが図 2.32b であったときは、「血圧」は中間変数となるため、「血圧」では層別せずに「総計」で解釈する必要があります。つまり、結論としては「投薬は心筋梗塞の発生率を減少させる」という解釈が、この場合の適切な解釈となります。

これらの話は、シンプソンのパラドックス的状況において何が適切な解釈となるかは、数値そのものからは答えが出てこない問題であり、背景にある因果構造を考える必要があることを端的に示しています。(逆に言うと、「シンプソンのパラドックス」を長年パラドックスたらしめていたのは、伝統的な統計学における「因果(構造)の概念の不在」であったわけです[19]。)

2.4　いくつかの例題でのおさらい——習うより慣れよう

習うより慣れろです！　せっかくなので、いくつか練習問題を解いてみましょう。次頁の図 2.33 の因果構造において「$T \to Y$ の介入効果」を推定するとして、バックドア基準を満たす「共変量セット」はどれでしょうか。

バックドア基準の(1)(2)を再掲します。

条件(1)　追加された共変量 $C_1, \ldots, C_J$ によりすべての $T \to Y$ のバックドアパスがブロックされている(もしくは最初から $T \to Y$ のバックドアパスがな

18)　ここでの数値例はパール＆マッケンジー[21]の表 6.4 のものを基にしています。同書の第 6 章には因果ダイアグラムの枠組みを用いたシンプソンのパラドックスやモンティホール問題などの解説があります。

19)　このあたりの議論の詳細はパール＆マッケンジー[21]を参照。

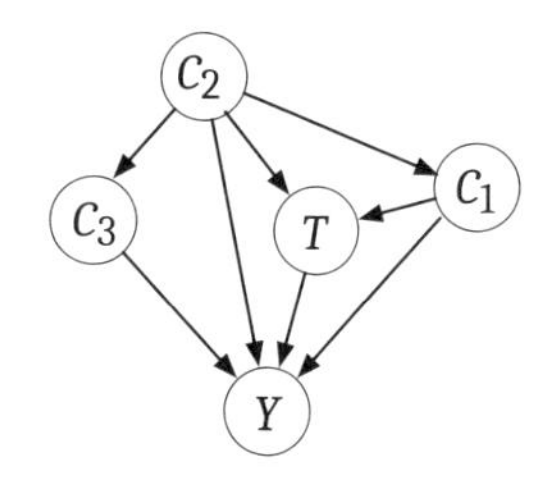

図 2.33 $T \to Y$についてバックドア基準を満たす共変量セットは？

い）

条件(2) 追加した共変量 $C_1, \ldots, C_J$ は T の下流側（子孫）ではない

まず、T の下流側の共変量はそもそもないので条件(2)は満たしています。では(1)についてはどうでしょうか。ある流れがバックドアパスかどうかを判断する方法として、その流れの中でいちばん高いところにある池（もしくは水路）にインクをぶちまけたときに、T と Y の両方にインクが到達する場合には、その流れが「バックドアパス」であると判断できます。そうした「（T と Y の）上流側の共通原因から T と Y の両方に影響を与える流れ」には $T \leftarrow C_1 \to Y$ と、$T \leftarrow C_2 \to Y$、$T \leftarrow C_1 \leftarrow C_2 \to Y$、$T \leftarrow C_2 \to C_1 \to Y$ の 4 つの経路があります（図 2.34）。この 4 つの経路をすべてブロックするためには、共変量として C_1, C_2 の 2 つを調整すればよいことになります。つまり、追加した共変量セット $\{C_1, C_2\}$ はバックドア基準を満たします。

ここで、「共変量として追加する」ときの判断のヒントとなる便宜的な方法のひとつを紹介しておきます。$T \to Y$ の介入効果の推定において、（非合流点の）共変量を追加したときには、「その追加した共変量に出入りする矢線のうち、直接に Y に刺さる矢線以外の矢線をすべて取り除いた」形を考えてみてください。上記の例の因果構造において C_1, C_2 を説明変数として追加する場合では、図 2.35 右の形に置き換えて考えるということです。このとき、「（T と Y の）上流側の共通原因から T と Y の両方に影響を与える流れ」が存在しなければ、それらの追加によりバックドア基準の条件(1)が満たされています。

では次は、少し複雑な構造をもつ次々頁の図 2.36 を見てみましょう。どの

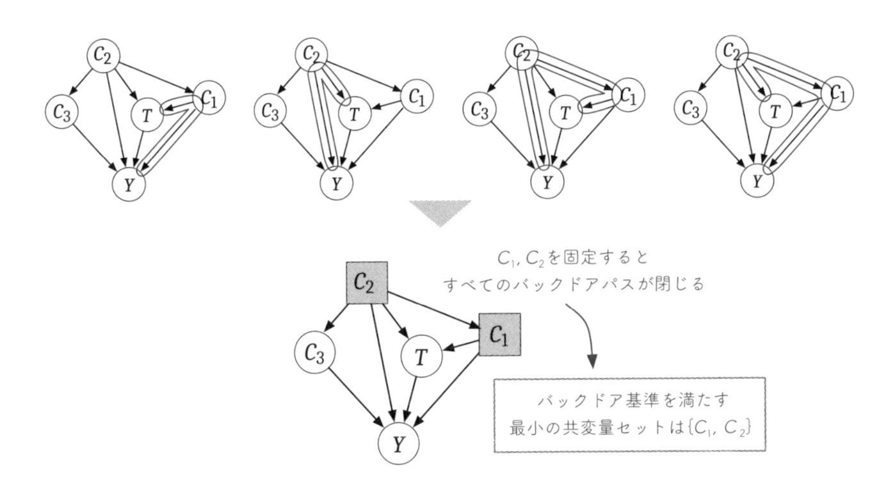

図 2.34 $T \rightarrow Y$についての 4 つのバックドアパスと、そのブロック

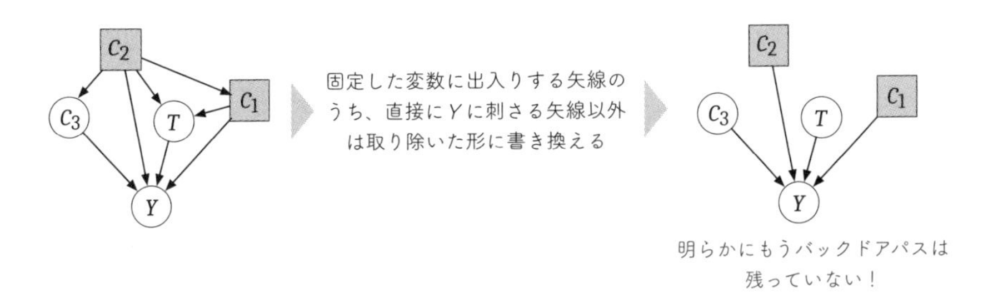

図 2.35 調整した変数に出入りする矢線を取り除いて判定してみる

共変量のセットがバックドア基準を満たすでしょうか？

この場合、バックドア基準を満たす最小の共変量セットは$\{C_1\}$になります。C_1から直接にYに刺さる矢線以外の矢線をすべて取り除いた図を考えてみると、「(TとYの)上流側の共通原因からTとYの両方に影響を与える流れ」は存在しないことがわかると思います(図 2.37 左)。

ちなみに、たとえばここでさらにC_5を共変量として加えた$\{C_1, C_5\}$はバックドア基準を満たしません(図 2.37 右)。C_5を追加すると「(TとYの)上流側の共通原因からTとYの両方に影響を与える流れ」として$T \leftarrow C_2 \leftrightarrow C_3 \rightarrow Y$という

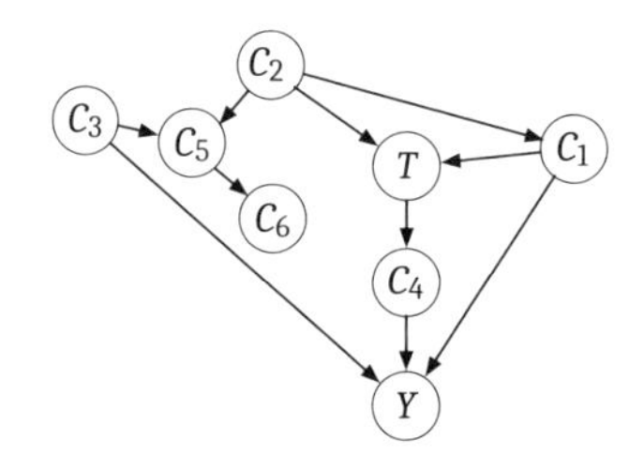

図 2.36　$T \rightarrow Y$ についてバックドア基準を満たす共変量セットは？(少し複雑な例)

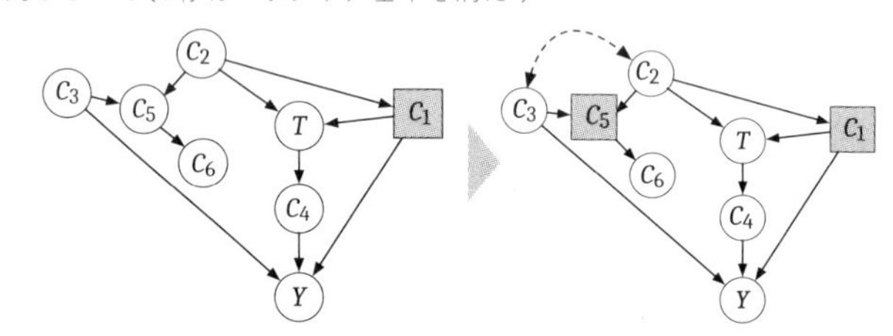

図 2.37　$T \rightarrow Y$ についてのバックドアパスのブロック(少し複雑な例)

新たなバックドアパスができてしまうため、条件(1)が満たされないことになります。また、中間点である C_4 を共変量として加えた$\{C_1, C_4\}$も、条件(2)の違反となり、バックドア基準を満たしません。

最後に、因果構造が一部しかわからない例として、図 2.38 を見てみましょう。この図は、上流にある因果構造は不明であるが、その中の未観測の要因が Y への影響をもつこと、また未観測の要因は T へは変数 C_1 と C_2 を通してのみ影響をもつことを意味しています。このとき、どの共変量のセットがバックドア基準を満たすでしょうか？

この場合、バックドア基準を満たす最小の共変量セットは$\{C_1, C_2\}$になりま

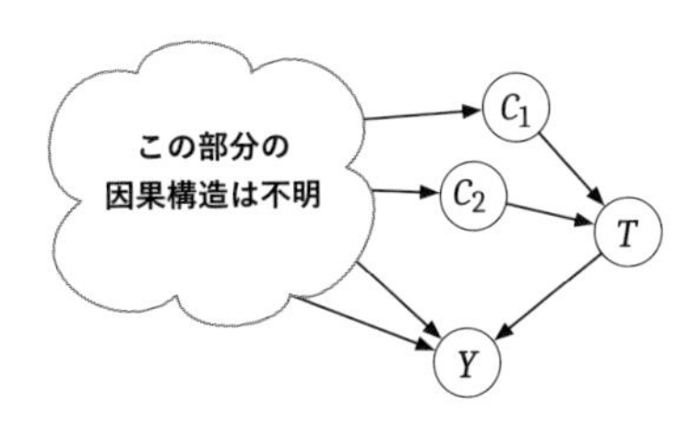

図 2.38　$T \rightarrow Y$ についてバックドア基準を満たす共変量セットは？(構造が部分的にしかわからない例)

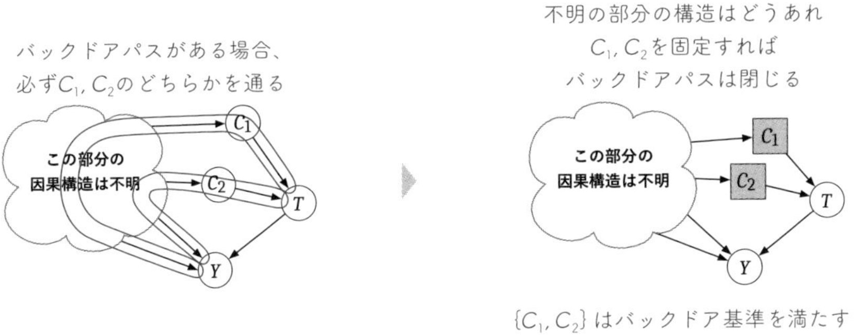

図 2.39　$T \rightarrow Y$ についてのバックドアパスのブロック(構造が部分的にしかわからない例)

す(図 2.39)。このように、バックドア基準が満たされるかどうかを判断するためには、関連する因果構造の全体を知る必要は必ずしもありません。これは逆に言うと、バックドア基準に基づく考察によって「介入効果を知るために観測すべき変数」を大幅に絞り込めることを意味しています(BOX 2.6)。

BOX 2.6 因果構造の全体を知る必要はない——路線図の喩え

「因果構造の全体を知る必要はない」ということをイメージとしてつかむために、路線図の喩えを考えてみましょう。

いま、筆者が統計数理研究所(東京都立川市の立川駅近郊)に出張しており、茨城県つくば市の自宅に電車で戻ろうとしているとします。最寄り駅はつくば駅です。もしあなたが何らかの理由により筆者が自宅に帰るのを阻止したいと考えたとき、どの駅を封鎖すれば筆者の帰宅を阻止できるでしょうか?(図2.40)

みなさんご存じの通り、首都圏の極度に複雑な鉄道網を考えると、東京の西側の「立川駅」から東へと抜けて「つくば駅」へと至る経路は無数に存在します。そのことを考えると、どの駅を封鎖すればよいのかを考えるのは気が遠くなるほどの複雑な問題と思われるかもしれません。しかし、適切な背景知識があれば、この問題は非常にシンプルな問題になります。

実は、「つくば駅」へと至るつくばエクスプレス線では、「守谷駅」の先は「つくば駅」まで一本線となっています。この知識さえあれば、最低限「守谷駅」を封鎖すれば——首都圏の極度に複雑な鉄道網がどうなっているかを知らずとも——筆者が電車で「立川駅」から「つくば駅」に帰ることを阻止することができます。このように、システムのつながり方の全体は高度に複雑な場合であっても、ポイントとなる部分についての適切な粒度の背景知識があれば、どこをブロックすればよいかわかる場合があります。このアナロジーと同様に、バックドア基準を満たす変数を検討する際に必要となるのは、あくまでポイントとなる部分における適切な粒度の背景知識であり、その因果構造の全体を知る必要はありません[20)]。

そもそも論を言うと、この世界の森羅万象はビッグバンからの因果的なつながりをもっています。そのため「因果構造の全体を知る必要がある」なんてことを言い出したら、ビッグバン以降のもろもろのすべての事象を考慮する必要があることになります。そんなことはおそらく神様にしかで

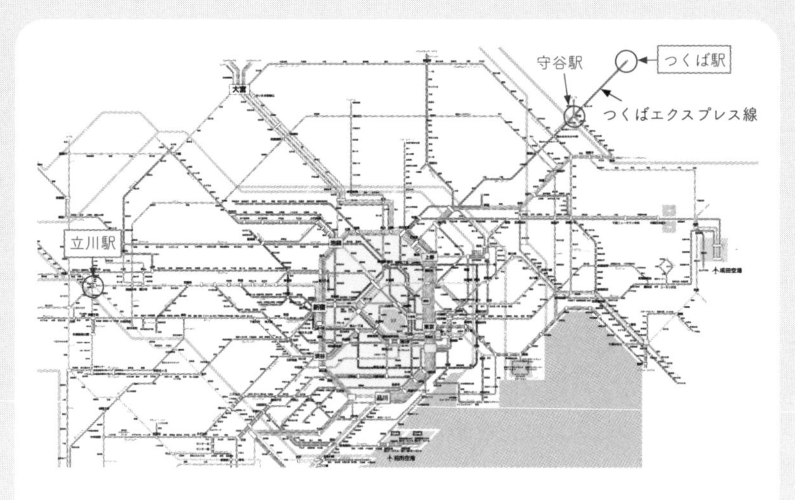

図 2.40　立川駅からつくば駅へ筆者が帰るのを阻止するにはどの駅を封鎖すればよいか？

きません。なぜ私たちは、統計的因果推論において「ビッグバン以降のすべて」を考えなくてもよいのか——それを、バックドア基準は説明してくれています。過去のもろもろの経緯や背景はあれど、「$T \to Y$ のバックドアパスをブロックする要因」を加えれば、たとえ森羅万象のすべてを知らずとも、「$T \to Y$ の因果効果」のバイアスのない推定は得られるのです[21]。

20）実はこのアナロジーにはさらに続きがあります。つくば市の地元住民であれば、守谷駅が封鎖されても、常磐線経由で「ひたち野うしく駅」から回ってつくば市に帰るという裏ルートを容易に思いつくでしょう。つまり守谷駅の封鎖により帰宅を阻止できると考えるのは必ずしも正しくなく、守谷駅の封鎖だけではブロックが完全でない可能性があるということです。これは、「記載されていることだけで判断すると、現場の人々の間では常識的なドメイン知識を見落とし、誤った仮定に基づく推定を実施してしまいがちである」ことのアナロジーにもなっています。妥当な統計解析のためには、想定外の事象がないかの確認のために現場に足を運ぶことも時にはクリティカルに重要です。

21）とは言ってもバックドア基準を検討するための「真の因果構造」を知ることができるのは神様だけだよね、というさらなるツッコミはありうるでしょう。結局のところ因果推論は原理的に人知を超えられない、という話は第 3 章でまた説明します。

2.5 バックドア基準を踏まえて、「目指すべきゴール」をアップデート

本章では、因果効果の推定の際に「調整するべき共変量」と「調整しなくてもよい共変量」と「調整してはいけない共変量」を、バックドア基準に基づき理論的に特定できることを見てきました。

具体的なデータ解析の文脈では、BOX 2.1 でも説明したとおり、(データの測定とモデル式の設定が適切であることを前提として)重回帰モデルに含まれている共変量セットが「($T \to Y$ について)バックドア基準を満たす」という理論的な条件を満たしているときには、処置 T の偏回帰係数を「処置 $T \to$ 結果 Y の因果効果」のバイアスのない推定量として解釈できます。また、たとえば“シンプソンのパラドックス”が生じている場合では、バックドア基準を満たす変数を用いて層別化して解析すれば、「処置 $T \to$ 結果 Y の因果効果」をバイアスなく推定できます。このようにデータ解析の実務上では、バックドア基準は「統計的因果推論の観点からの変数選択の理論的な基準」として捉えることができます。

第1章での話と本章でのバックドア基準の話を総合すると、統計的因果推論において私たちが目指すひとつのゴールを、より明確にアップデートできます。それはつまり、

> 異なる処置 T を受けた処置グループ間で、**バックドア基準を満たす諸特性のセット $C_1, \ldots, C_J$ において**分布がバランシングしている

という状況になります。これは、統計的因果推論というものを理解する上でとても重要なアップデートです。バックドア基準は、因果効果をバイアスなく推定するためには「あらゆる他の特性のすべて」においてバランシングが達成されている必要はないことを意味しています。バックドア基準を満たすためには考慮する必要がない「その他の特性」(たとえば図 2.36 の C_2, C_3, C_4, C_5, C_6)は、異なる処置 T を受けたグループ間でバランシングしていなくとも、T と Y の間の因果関係によらない“シンクロ”の原因とはならないため、調整をしなくて

もバイアスの原因にはなりません[22]。このように、統計的因果推論において「調整するべき特性」と「調整しなくてもよい特性」があることを理解することで、全知全能の神でなくても因果効果を推定しうることが、すんなりと理解できます。

さて、本章で扱ってきた例では、データの背後にある因果ダイアグラムの構造が、少なくともある程度は描ける場合を見てきました。しかし、現実の解析では、情報の不足などにより、バックドア基準を満たす変数を特定できるような充分な因果ダイアグラムを描くのが難しい場合も多いと思われます(BOX 2.7)。また、バックドア基準を満たす変数が未観測である場合も多いでしょう(BOX 2.8)。次の章では、そうした場合でも「処置 T と他のすべての特性 C_1, ..., C_J の独立性」を根こそぎ成立させることを期待できる強力な方法である「無作為化」について、欠測の枠組みに基づく因果推論の理論的モデル(潜在結果モデル)の考え方とともに学んでいきます。

2.6 この章のまとめ

- 分岐点は“共通原因”によるバイアスを生む原因となるので、注意が必要である。
- 合流点や中間点の固定／調整は“新たなバイアス”を生む原因となるので、注意が必要である。
- 以下の２条件がいずれも満たされているとき、共変量セット $C_1, ..., C_J$ は、$T \rightarrow Y$ についてバックドア基準を満たしている。
  (1) $T \rightarrow Y$ について、開きっぱなしのバックドアパスがない
  (2) それらの共変量は T の下流にない
- $T \rightarrow Y$ についてバックドア基準が満たされているとき、(データの測定とモデル式の設定が適切であるという前提において) $T \rightarrow Y$ の介入効果をバイアスなく推定できる。

22) ただし、推定精度の観点からはモデルに含んだほうがよい場合も多いです。

BOX 2.7 因果ダイアグラムなんて描けません！

バックドア基準を満たす変数を特定するために、因果ダイアグラム(やDAG)を描いてみましょう！と言われても、バックドア基準を満たしているかを判断できるレベルの因果ダイアグラムを描けないことも多いかと思います。そんなとき「因果ダイアグラムなんて描けないんだからバックドア基準なんて知ったところで意味ないよ！」と思うことがあるかもしれません。それが人情というものです。

しかし、「因果ダイアグラムを描こうとしたけど描けない部分がたくさんある」と思い知ることも、データ解析者としては重要な体験です。本来満たすべき理論的条件を理解し、その理論的条件を特定するために必要な知識の状態と、現在の自分たちの知識の状態の間にどのくらいギャップが存在するかについての感覚をもっておくのは、解析の内的・外的な妥当性への自分なりの相場観をもつ上でとても大切なことです。いささか逆説的ですが、因果ダイアグラムの本質的な機能のひとつは、「(自分たちが思っていたよりも)因果ダイアグラムが描けない」という体験そのものの中にあるとも言えます。

また、たとえ結果的に「正しい因果ダイアグラム」が得られなくても、因果ダイアグラムを描きながら諸要因間のつながりを検討することは、分析対象の総合的な理解に向けてのよいステップとなります。特に、データ分析の専門家が、ドメイン知識をもつ専門家や現場に詳しいスタッフと一緒にチームとして分析を行う場合には、因果ダイアグラムがもたらす直感的で俯瞰的な視点は、チーム内での知見共有においてしばしば本質的な役割を果たします。因果ダイアグラムと分析対象の概念的理解の関係については、第8，9章で詳しく見ていきます。

また、必ずしも「正しい因果ダイアグラム」の全体像がわからなくても、変数選択の指針として使える簡易的な基準(disjunctive cause criterion)も提案されています[23]。この基準によると、含めるべき変数について

は、

- 結果変数に影響を与えている変数
- 処置に影響を与えている変数
- 処置と結果の両方に影響を与える変数があるが観測できないとき、その未観測変数に対する代理となりうる変数[24]

とされています。バックドア基準の観点から見ると、どの変数も、(もしバックドアパス上にある変数もしくはその代理であれば)加えることで、バックドアパスを閉じる機能をもっていることがわかるかと思います。逆に、含めるべきでない変数については、

- 中間変数
- 操作変数

とされています[25]。このdisjunctive cause criterionは、因果ダイアグラムの全体像を見ているわけではありませんが、結果や処置に対して各共変量が上流にあるか、下流にあるかなどの部分的な構造情報を利用していることには変わりありません。バックドア基準の考え方は、因果ダイアグラムが完全に把握できているとき以外は使われていないというわけではなく、わかる範囲での因果構造からdisjunctive cause criterionのような実用上の指針を導く際の理論的な基盤にもなっています。

23) VanderWeele [31]。
24) プロキシ変数についてはBOX 2.4も参照。
25) 中間変数を含めるとバックドア基準が満たされないことは、いままで見てきたとおりです。一方、操作変数(第7章で扱います)の話はバックドア基準そのものとは少し違う話で、操作変数に該当する変数を共変量に追加すると、バックドアパスが完全に閉じていない場合などに、推定のバイアスがかなり増幅されうることが知られています。

BOX 2.8 「バックドア基準を満たす変数セット」なんて観測できません！

バックドア基準を満たす変数セットを調整すればOK！と言われても、バックドア基準を満たすために必要な変数が未観測であり、バックドア基準を満たしていない状態での推定しかできない場合も多いかと思います。そうした場合には因果効果の推定にバイアスがかかるため、理論的な観点からは、「そんな因果効果の推定なんて意味ないよ！」と思うことがあるかもしれません。気持ちはよくわかります。

しかし、実務的観点から考えると、バックドア基準が満たされるかどうかは必ずしもゼロイチの話ではありません。定性的には同じ「バックドア基準が満たされていない」場合であっても、定量的な話としては、それが大きなバイアスをもたらす（たとえば推定値に数倍の値の違いが出そうな）「太いバックドアパス」なのか、小さいバイアスしかもたらさない（たとえば推定値に数％の違いしか出なさそうな）「細いバックドアパス」なのかで話が変わってくることがあります。実務的な話としては、「ひとまず太いバックドアパスさえ閉じていれば問題ない」というケースもあり、必ずしも「バックドア基準が満たされない＝その因果効果の推定値は実用上も使えない」というわけではありません。

類似の話として、「バックドア基準で調整すべき変数を全部モデルに入れるのは無理だから、バックドア基準を知っていてもしょうがない」という意見があります。しかし場合によっては、調整すべき共変量が100個あったとしても、定量的にはそのバイアスの9割は、3個の共変量についてのバックドアパスを閉じれば消える、というようなこともありえます。そのため、必ずしも「バックドア基準を満たす変数のすべてを入れることができない＝その因果効果の推定値は実用上も使えない」というわけでもありません。実務的には、交絡によるバイアスは実用上問題がない程度に削減できていればよく、必ずしも交絡がゼロであることが求められるわけではありません。またむしろ、「交絡がゼロである」ことの証明を求める

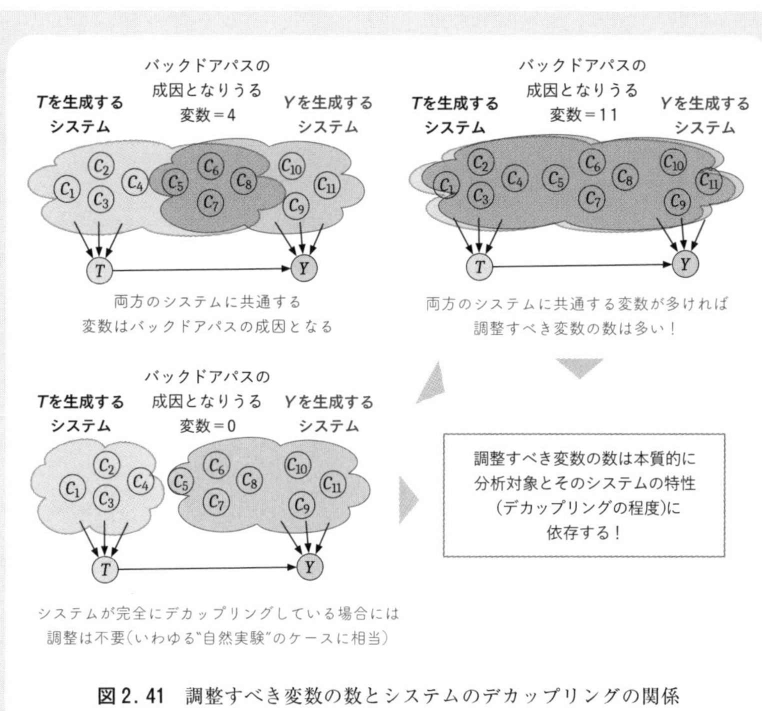

図 2.41 調整すべき変数の数とシステムのデカップリングの関係のイメージ図

よりも、感度分析により「もし交絡があったとしたらその影響はどの程度か」を検討していく方が建設的である場合も多いと考えられます[26]。

一般論として、「バックドアパスを閉じるために必要な共変量の数」は何によって決まるのでしょうか。それは、分析対象を構成するシステムの特性に大きく依存します。具体的には上の図 2.41 のように、「処置を生み出すシステム」と「結果を生み出すシステム」のデカップリングの程度が大きくなるほど、バックドアパスを閉じるために必要な共変量の数は少なくなります。つまり、「バックドアパスを閉じるために必要な共変量の

26) 交絡に関する感度分析については、VanderWeele and Ding [32]、McGowan [15] などに解説があります。

数が多いか少ないか」は、そもそもの分析対象に応じてケースバイケースで変わってくるものです[27]。

27) なお、この図に即して言うと、外生的ショックにより「処置と結果を生み出すシステムがデカップリングしている」状況を利用する特殊なアプローチとして、操作変数法(第7章)が挙げられます。また、無作為化は(典型的には処置の割付に何らかのランダム生成器を用いることにより)「処置と結果を生み出すシステムを完全にデカップリングする」ための取り組みであるとも解釈できます。

3

因果推論、その(不)可能性の中心
――潜在結果モデルと無作為化

前章では、因果効果の推定のためには「どの特性をバランシングする必要があるのか」を見てきました。本章では、バランシングを成立させるための強力な方法である「無作為化」を学んでいきます。

無作為化を用いると、すべての特性 $C_1, ..., C_J$ においてバランシングが成立することを期待できます。そのため、適用できる場合には非常に強力な方法となります。本章では、「欠測」の枠組みに基づく因果推論の理論的モデルである「潜在結果モデル」の考え方とともに、この無作為化を解説していきます。

3.1 潜在結果モデルへの入り口
――個体レベルでの因果効果から考える

第1章では因果効果について考える際に、リンゴのサンプルの「集団レベル」での平均的な効果について見てきました。一方、本章ではまずは「個体レベル」の因果効果から考えていきましょう。

3.1.1 因果効果は「本質的に不可知」？

個体レベルと集団レベルの因果効果を考えるため、本章ではノミに感染した猫への投薬治療の仮想例を考えていきます。

あなたは猫を飼っており、その猫の名前は「ばんとらいん」です。困ったことに「ばんとらいん」はノミに寄生されており、あなたは「ばんとらいん」にノミの駆除薬を与えるかどうか迷っています(説明を単純にするため、ここでは複数の「駆除薬」や複数の「ノミ」の系統は想定せず、「駆除薬」も「ノミ」も特定の単一の種類のものだけがある状況を想定します)。

このとき、ノミの駆除薬を投与するかどうかを決める際の材料としては、「駆除薬を与えることにより、駆除までの日数がどれくらい早くなると期待できるか」が重要な点となります。ここで、個体 i における「駆除薬の投与 T→ノミの駆除までの日数 Y」の因果効果を、投与した場合としない場合の差、すなわち

個体 i に駆除薬を投与した場合 $(T=1)$ の「ノミの駆除までの日数 Y」
　－個体 i に駆除薬を投与しない場合 $(T=0)$ の「ノミの駆除までの日数 Y」

と定義します。たとえば、駆除薬を投与した場合にはノミの駆除までの日数が4日で済み、投与しない場合には14日かかるのであれば、その因果効果は「－10日」となり、その個体 i は10日ぶん早くノミから解放されることになります。

この例をより一般的な形で表現すると、個体 i に対する「処置 T→結果 Y」の因果効果を

個体 i に処置 T を行った場合の結果 Y
　－個体 i に処置 T を行わない場合の結果 Y

と定義できます。さて問題はこれからです。実は、この定義による「因果効果」は本質的に不可知なのです。

3.1.2　因果推論の根本問題

なぜ上記の定義による「因果効果」は本質的に不可知なのでしょうか。それは単純な話で、

個体 i に処置 T を行った場合の結果 Y
　－個体 i に処置 T を行わない場合の結果 Y

の、両方の「場合」をともに観測することはできないからです[1)]。つまり、「「ばんとらいん」に駆除薬を投与した場合」には、「駆除薬を投与しない場合

1) もし猫の名前が「しゅれーでぃんがー」であった場合には別途の検討が必要かもしれません。

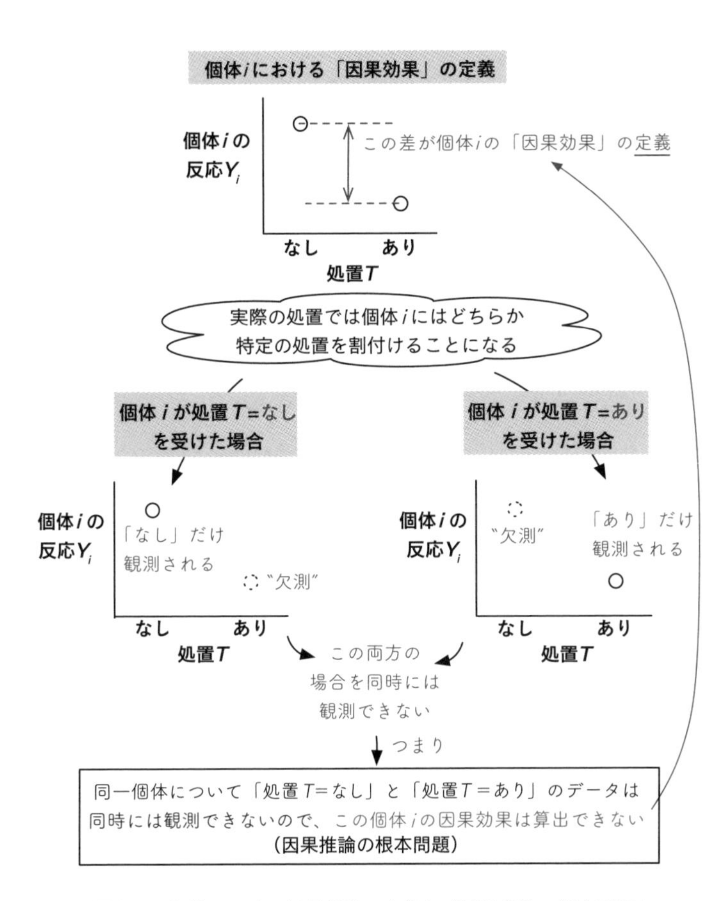

図 3.1　個体における因果効果の定義と「因果推論の根本問題」

の「ばんとらいん」のノミの駆除までの日数 Y」を知ることはできません。同様に、「「ばんとらいん」に駆除薬を投与しない場合」には、「駆除薬を投与した場合の「ばんとらいん」のノミの駆除までの日数」は知ることはできません。そのため、上記の「因果効果」は、そもそも知ることができないシロモノなのです(図 3.1)。

因果推論におけるこの本質的な困難は「因果推論の根本問題(the fundamental problem of causal inference)」とよばれており、基本的には途方に暮れるしかない問題です。ここで、私たちの大きな助けとなりうるのが**無作為化**です。以下で、無作為化がこの「根本問題」をどのように解決するのかを見ていきましょう。

3.1.3 ひとまず「N 個体からなる集団への因果効果」を考える

「因果推論の根本問題」への対処法として、まずは「集団への因果効果」を考えてみます。統計学の基本的な考え方は「多くの事例を集めれば、おそらく何らかの法則性が見えてくるだろう(帰納法)」です。そこで、「ばんとらいん」だけではなく「投薬した猫／しない猫」の多くの事例を集めることにより、「投薬 T→駆除までの日数 Y」の因果効果に迫ることを試みてみましょう。

まず、調査に協力してくれる猫を N 個体集めたとします。ここで、各猫 i ($i=1, ..., N$)への“因果効果”を以下のように定義します。

駆除薬を投与した場合($T=1$)の「猫 i のノミの駆除までの日数 Y」
−駆除薬を投与しない場合($T=0$)の「猫 i のノミの駆除までの日数 Y」

この個体レベルでの因果効果は、上記の「根本問題」で見たとおり、残念ながら、知ることのできないシロモノです。

ここで、各個体ではなく、「猫 N 匹のノミの駆除までの平均日数 $\bar{Y}$」に着目し、「集団への平均因果効果」を以下のように定義します。

駆除薬を投与した場合($T=1$)の「猫 N 匹のノミの駆除までの平均日数 $\bar{Y}$」
−駆除薬を投与しない場合($T=0$)の「猫 N 匹のノミの駆除までの平均日数 $\bar{Y}$」

こちらは、「猫 N 匹の集団」における「駆除薬の投与によるノミの駆除までの平均日数の差」になっています。

さて実は、ここで「集団への平均因果効果」を考えてみても、未だ「根本問題」はまったく解決されていません。なぜなら、「N 匹に投与した場合」には「投与しないときの「N 匹のノミの駆除までの平均日数」」は知ることができず、「N 匹に投与しない場合」には「投与したときの「N 匹のノミの駆除までの平均日数」」は知ることができないからです(図 3.2)。

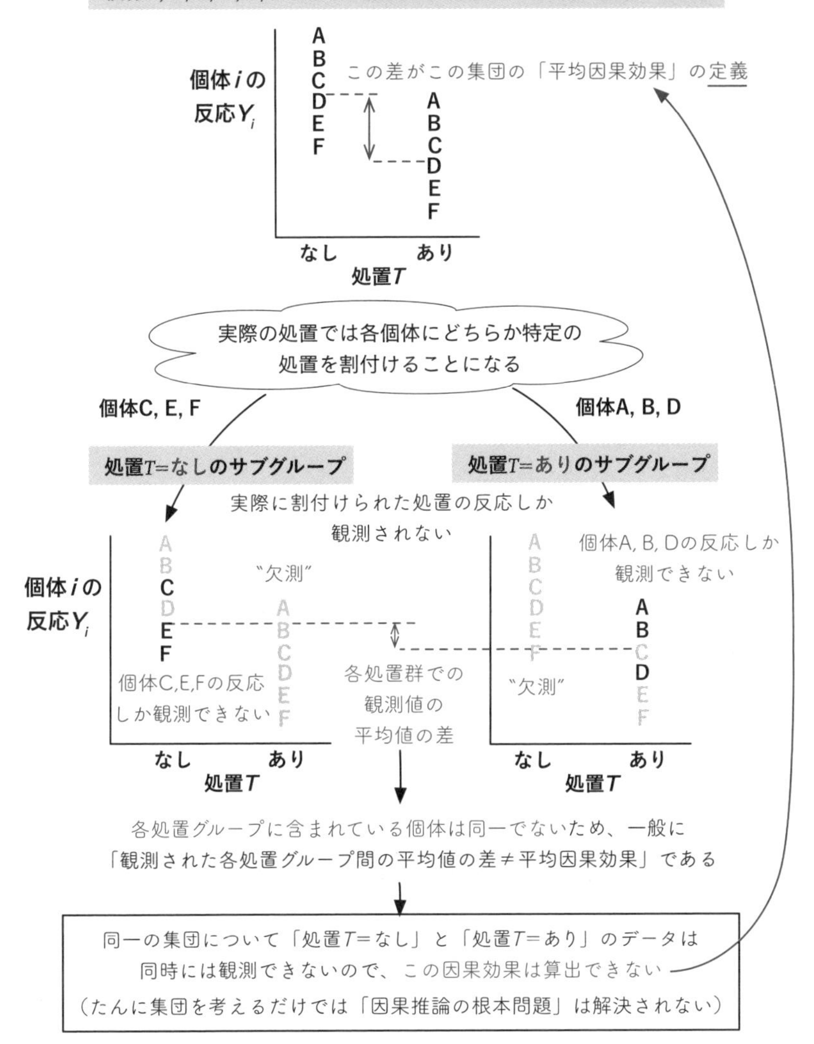

図 3. 2 たんに集団を考えるだけでは「因果推論の根本問題」は解決されない

3.1.4 N個体を２つに分ける

考えをさらに進めていきましょう。「駆除薬を投与した場合」と「投与しない場合」を同時に知ることができないのなら、合わせてN匹となるような「駆除薬を投与した猫」と「投与しない猫」の２つのサブグループを考慮すればよいかもしれません。ここでN匹の猫の内訳として、「駆除薬を投与した」サブグループはm匹、「投与しない」サブグループはk匹いたとします($N=m+k$とする)。このとき、対象としたN匹の集団における「駆除薬の投与T→ノミの駆除までの日数Y」の因果効果を

駆除薬を投与した($T=1$の)m匹のサブグループにおける「ノミの駆除までの平均日数$\bar{Y}$」
−駆除薬を投与しない($T=0$の)k匹のサブグループにおける「ノミの駆除までの平均日数$\bar{Y}$」

(式3.1)

という形で捉えることはできるでしょうか？

できそうな気もします。少なくとも、この場合には両方のサブグループにおける値を知ることは(原理的には)可能です。しかしながら、これはこれで問題が生じます。なぜなら、そもそも「投薬を受けたm匹」と「投薬を受けないk匹」の両者のサブグループには、それぞれ特性の違う猫たちが含まれている可能性があるからです(図3.3)。

たとえば「投薬を受けたm匹」の中には、そもそも他の持病があってノミの影響を受けやすかったり、比較的にノミが駆除されにくい特性(長毛種であるなど)をもつ猫たちが多く含まれているかもしれません。また、「投薬を受けないk匹」の中には、もう自然治癒によりほとんどノミがいない個体も含まれているかもしれません。第１章で見てきたように、異なる処置を受けるサブグループ間で特性のありようが異なる(特性の分布がバランシングしていない)場合には、それらのサブグループ間で観測される

駆除薬を投与した($T=1$の)m匹のサブグループにおける「ノミの駆除までの平均日数$\bar{Y}$」

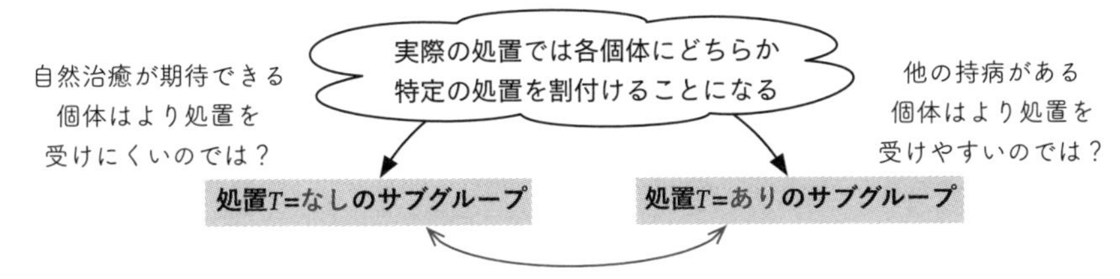

この2つのサブグループは処置 T 以外の特性において同等とみなせるか？

バックドア基準を満たす変数（特性）の組においてバランシングが
達成されていなければ、因果効果の推定にバイアスが生じうる

図 3.3 異なる処置を受けたサブグループ間では、諸特性が揃っているとは一般に期待できない

－駆除薬を投与しない（$T=0$ の）k 匹のサブグループにおける「ノミの駆除までの平均日数 $\bar{Y}$」

（式 3.1 再掲）

の値を計算しても、その差が「駆除薬の投与 T→ノミの駆除までの日数 Y」の因果効果に起因するものなのか、「異なる処置を受けたグループ間での他の特性の分布の違い」に起因するものなのかの判別がつきません。

ではいったん、この状況を俯瞰してみることにしましょう。ここで、Rubin の潜在結果モデル[7]の出番となります。

3.2　潜在結果モデル──「もしも」の世界も考える

上記の状況を、Rubin の潜在結果モデルの枠組みを用いて整理します。処置 T として「駆除薬を投与した／しない」の2つの場合、結果 Y として「投与した場合のノミの駆除までの日数／投与しない場合のノミの駆除までの日数」の2つの場合がありました。

これらの「処置 T×結果 Y」の組み合わせを表にすると、論理的には、4種類の「ノミの駆除までの日数」がありうることになります（図 3.4）。

これら4種類の「駆除までの日数 Y」を文で書き下すと

	処置$T=0$を受けたサブグループ	処置$T=1$を受けたサブグループ
処置$T=0$のときの結果	(i)の「駆除までの日数Y」	(ii)の「駆除までの日数Y」
処置$T=1$のときの結果	(iii)の「駆除までの日数Y」	(iv)の「駆除までの日数Y」

(ii)と(iii)のデータは「反事実的な可能世界」においてしか観測できない

図 3.4 「処置×結果」の 4 種類の組み合わせ

(i) 駆除薬を投与しない($T=0$ の)サブグループにおける、「投与しない場合($T=0$)のノミの駆除までの日数 Y」

(ii) 駆除薬を投与した($T=1$ の)サブグループにおける、「投与しない場合($T=0$)のノミの駆除までの日数 Y」

(iii) 駆除薬を投与しない($T=0$ の)サブグループにおける、「投与した場合($T=1$)のノミの駆除までの日数 Y」

(iv) 駆除薬を投与した($T=1$ の)サブグループにおける、「投与した場合($T=1$)のノミの駆除までの日数 Y」

となります。一見ややこしいですが、(i)と(iv)については、特に問題はないかと思います。文として素直に意味が通っていますし、実際にデータを得ることも(少なくとも原理的には)可能です。一方、(ii)と(iii)は、原理的にそもそも観測することができない「反事実的条件(counterfactual condition)」の下でしか得られないデータです。たとえば(ii)については

「駆除薬を投与した($T=1$ の)サブグループ」における、もし駆除薬を投与しなかったとき($T=0$)のノミの駆除までの日数 Y

という形で、「(事実としては投与したけれども)もし投与を受けていなかったとしたとき」という、事実とは異なる状況が想定されていることになります。潜在結果モデルではこのように、可能世界(BOX 3.1)でしか観測できない反事実的な状況も含めた枠組みで「因果効果」を考えます。

BOX 3.1 可能世界論と反事実

もしあなたがいまサイコロを振り、6の目が出たとします。このとき、「6の目」ではなくたとえば「3の目」が出た世界も同様にありえたかもしれない、と考えることは容易であるように思います。こうした「もしかしたらありえたかもしれない」世界のことを「可能世界」とよびます。サイコロの目のような些細な例にとどまらず、「1986年の6月にブエノスアイレスに雪が降っていた世界」「広島カープの背番号1の左打者がメジャーリーグに行った世界」「川崎フロンターレの背番号10がブンデスリーガに行った世界」「新型コロナウイルスが発生しなかった世界」「火星人が日本の内閣総理大臣になった世界」などの、現実的なものから荒唐無稽なものまで、おおよそ「それがありえることを想像できる世界」であれば「可能世界」の範疇となります。なんだか突飛かもしれませんが、こうした可能世界という考え方を用いることにより「可能性」や「因果」などの概念をうまく整理・分析できることが知られています。

たとえば、「Xは可能であった」とはどういうことかを考えてみましょう。これは「Xが生じた世界もありえたかもしれない」という意味内容に対応します。このことを可能世界の枠組みで整理すると、「Xが生じたことが真であった可能世界が、少なくともひとつ存在する」ということとして整理できます。逆に、「Xは不可能であった」ということは、「Xが生じた世界はありえなかった」、つまり「Xが生じたことが真であった可能世界はひとつも存在しない」こととして整理できます[2,3]。

では、統計的因果推論にも関係する、「XがYを引き起こす($X \to Y$の因果関係がある)」とはどういうことかも考えてみましょう。これは、「Xが真である可能世界ではYは真であるが、Xが真でない可能世界ではYは真でない」という状況に対応します。ここで比較されている2つの可能世界は、「X以外の要因はすべて同じ世界(最近傍の可能世界)」が想定されています。この意味内容をもう少し平たく言いかえると、「この世界では

Xが生じ、Yも生じたが、もしXが生じなかったら(=Xが生じなかった可能世界では)、Yも生じなかっただろう」ということに対応します。こうしたもしもの世界(可能世界)を用いた因果概念の定義は、反事実的条件に基づく定義として知られています。本章で取り扱う潜在結果モデルも、反事実的条件に基づき因果を定式化するモデルのひとつです[4)]。

上記の状況を、数式を用いてより一般的な形で表現すると以下のようになります。少しややこしいですが、こうした表現法に慣れると、統計的因果推論の考え方が自在に使えるようになるので頑張っていきましょう。

まず、興味がある結果をYとします(上記の例ではYは「ノミの駆除までの日数」に対応します)。そして、個体iの結果を$Y(i)$(上記の例では「猫iのノミの駆除までの日数」)と表記します。処置をTとし、$T=1$のとき「処置あり」、$T=0$のとき「処置なし」とします(上記の例では$T=1$は「投与あり」、$T=0$は「投与なし」に対応します)。

さらに、個体iが(実際に処置を受けるか否かにかかわらず)もし処置を受けたときに想定される結果を$Y(i)^{\mathrm{if}(T=1)}$、(実際に処置を受けるか否かにかかわらず)もし処置を受けなかったときに想定される結果を$Y(i)^{\mathrm{if}(T=0)}$と表記します[5)]。こうした「もしある特定の処置を受けた」場合に想定される結果を「潜在結果(po-

---

2) さらにこの延長として、「確率」を可能世界に関する測度として——たとえば「Xの確率は0.5である」ということを、「Xが真である可能世界の“面積”が0.5である」こととして——考えることも可能かもしれません。これはちょっと突飛な話に聞こえるかもしれませんが、たとえば、何万パターンもの気候変動の地球シミュレーション計算の結果から、「2050年に平均気温が4度を超える“確率”」を、「ありえる(シミュレーションにより生成された何万もの)“可能世界”の総数のうちで4度を超える“可能世界の数の割合”」として捉えることと、発想としてはかなり類似した話であるように思います。

3) あまり整理された気がしないかもしれませんが、このあたりの機微の話は三浦[17]、野上[19]などを参照。なお、筆者が「counterfactual」の訳語として「反実仮想」を用いない理由は、「counterfactual」が「仮の想像」かどうかはそれ自体が重要な論点であり、「反実仮想」という訳語にはいささか論点先取りの問題があると考えているからです。

4) さて、ではなぜ「違うようにもありえた世界」が、よりによってこの世界であったのでしょうか？ たとえば、よりによって、他でもないこの世界において新型コロナウイルス感染症の流行が起きたことを、どう考えればよいのでしょうか。この「世界がどのようにありえたのか」というある種の法則性に関わる話と、ある特定のことがらが「この世界でどうあったのか」という話の関係については、第9章で掘り下げて考えていきます。

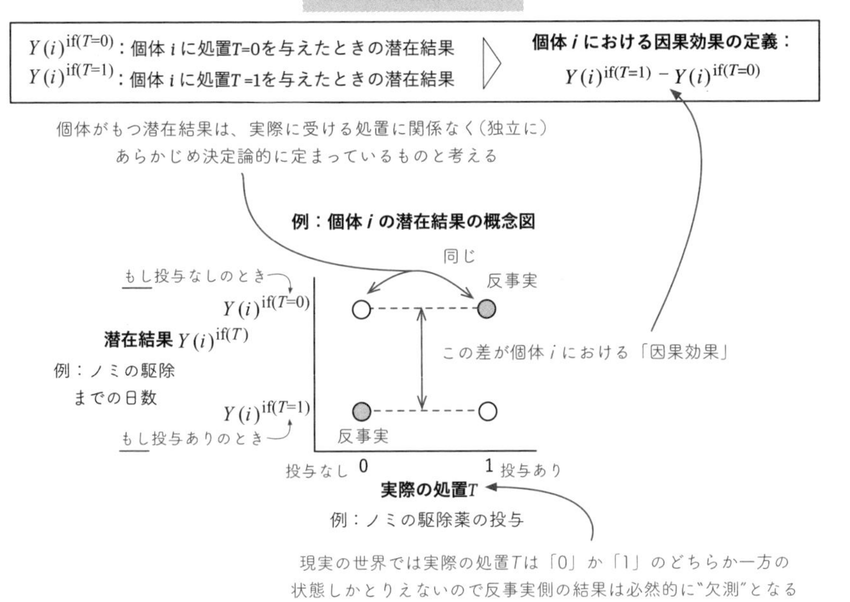

図 3.5　Rubin の潜在結果モデルと因果効果の定義

tential outcomes)」とよびます[6)]。ここでは、それぞれの個体は、実際に処置を受けるか否かにかかわらず、あらかじめ潜在的な「結果」をもっていると仮定していることに注意してください。つまりここでは、駆除薬を例にとると、ばんとらいんが「もし投与を受けたとき」の結果(Y(ばんとらいん)$^{\text{if(投与}T=\text{あり)}}$)および「もし投与を受けなかったとき」の結果($Y$(ばんとらいん)$^{\text{if(投与}T=\text{なし)}}$)は、実際に投与を受けたか否かにかかわらず、あらかじめ決まっていると考えています。このように、各個体の結果はあらかじめ(潜在的に／決定論的に)定まっており、

5) 一般的にはたんに $Y(i)^T$ と書かれることが多く、$Y(i)^{\text{if}(T)}$ の表記は一般的なものではないことにはご留意ください。本書では初学者向けの便宜として、この変数があくまで反事実的な概念であることの強調と、指数との表記上の混乱を避けるため、あえてこうした表記を用いています。また今後、集団平均値などの議論の際には「(i)」の部分を省略し、「$Y^{\text{if}(T)}$」と表記することもあります。

6)「潜在帰結」「潜在反応」とよばれることもあります。

表 3.1 観測値と潜在結果と因果効果の対応関係の表

列4〜9は潜在結果（潜在結果は直接観測はできない）

通常のデータ解析で
見える／扱う範囲は
列1〜3

（consistencyが成り立っている前提のもとで）
これらの潜在結果はこれらの観測値と等しい

					(i)	(ii)	(iii)	(iv)		
列1	列2	列3	列4	列5	列6	列7	列8	列9	列10	列11
個体i	処置T	Y	$Y^{\mathrm{if}(T=0)}$	$Y^{\mathrm{if}(T=1)}$	$Y^{\mathrm{if}(T=0)}\mid T=0$	$Y^{\mathrm{if}(T=0)}\mid T=1$	$Y^{\mathrm{if}(T=1)}\mid T=0$	$Y^{\mathrm{if}(T=1)}\mid T=1$	$Y^{\mathrm{obs}}\mid T=0$	$Y^{\mathrm{obs}}\mid T=1$
ぴかそ	0	8	8	4	8		4(反事実)		8	
だり	0	11	11	7	11		7(反事実)		11	
まちす	0	12	12	8	12		8(反事実)		12	
まぐりと	0	13	13	9	13		9(反事実)		13	
しゃがる	1	11	15	11		15(反事実)		11		11
みろ	1	16	20	16		20(反事実)		16		16
あんり	1	9	13	9		13(反事実)		9		9
くりむと	1	12	16	12		16(反事実)		12		12
平均		11.5	13.5	9.5	11	16	7	12	11	12

この差分(−4)が
集団全体での
真の因果効果
(ATE)

この差分(−4)が
T=0の処置グループ
における真の
因果効果 (ATU)

この差分(−4)が
T=1の処置グループ
における真の
因果効果 (ATT)

「処置グループ間で
観測された
平均の差(＋1)」は
先の真の因果効果
とはズレている！

因果効果は潜在結果のレイヤーで考えないと本来は計算できない！

「実際に観測されうるのはそのどちらかのみであり、もう一方は“欠測”となる」というのが、潜在結果モデルの基本的な考え方になります(図 3.5)。このとき、個体 i における因果効果は

$$Y(i)^{\mathrm{if}(T=1)} - Y(i)^{\mathrm{if}(T=0)}$$

として定義されます。

それでは、集団レベルでの「潜在結果」についても考えていきましょう。ここでは、集団内での潜在結果の平均値を考えていきます。イメージをつかむための数値例として、表 3.1 を参照しながら見ていきます。

この表の列 1 は猫の個体を、列 2 はそれぞれの個体が受けた処置 T を、列

3は観測された結果 Y を表しています。通常のデータ表では、この列1～3までしか存在しませんが、今回は潜在結果も含めた他の列も見ていきましょう(実際には潜在結果そのものは知ることができませんが、ここは「神の視点」から、潜在結果の値も既知のものとして表内にまとめています)。ここで、各個体 i の「実際に投与を受けるか否かにかかわらず、もし投与しないとき($Y(i)^{\text{if}(T=0)}$)」の潜在結果の値は列4です(ここでは個体を表す i を省略して書いています)。対象とする集団が N 個体から構成されているとき、集団全体の「もし投与しないときの潜在結果の平均」は

$$E[Y(i)^{\text{if}(T=0)}]=\left(\frac{1}{N}\right)\sum_{i=1}^{N}[Y(i)^{\text{if}(T=0)}]$$

となり、表の例では「13.5日」となっています(列4最下段)。また、「実際に投与を受けるか否かにかかわらず、もし投与したとき($Y(i)^{\text{if}(T=1)}$)」の潜在結果(列5)の平均は

$$E[Y(i)^{\text{if}(T=1)}]=\left(\frac{1}{N}\right)\sum_{i=1}^{N}[Y(i)^{\text{if}(T=1)}]$$

となり、表の例では「9.5日」となっています。

ここでさらに、処置と結果の組み合わせを数式で書き下してみましょう。潜在結果モデルの宿命としてこのあたりの表記は煩雑になりますが、混乱しそうな場合には焦らずに、数式の各パーツの意味をひとつひとつ確認しながら捉えていけば大丈夫です。

まず、(i)の「処置を受けなかったサブグループが、もし処置を受けなかった場合の結果(列6)」の平均は

$$E[Y(i)^{\text{if}(T=0)} \mid T=0]$$

となり、表の例では「11日」になります。一方、反事実的状況となる(ii)の「処置を受けたサブグループが、もし処置を受けなかった場合の結果(列7)」の平均については

$$E[Y(i)^{\text{if}(T=0)} \mid T=1]$$

となり、表の例では「16日」になります。同じく反事実的状況となる(iii)の「処置を受けなかったサブグループが、もし処置を受けた場合の結果(列8)」の平均については

$$E[Y(i)^{\mathrm{if}(T=1)} \mid T=0]$$

と表され、表の例では「7日」です。(iv)の「処置を受けたサブグループが、もし処置を受けた場合の結果(列9)」の平均は

$$E[Y(i)^{\mathrm{if}(T=1)} \mid T=1]$$

と表され、表の例では「12日」です。

また、潜在結果ではなく、実際にデータとして観測された値を $Y(i)^{\mathrm{obs}}$ と表記すると、$T=0$ のサブグループにおいて観測された結果(列10)の平均は

$$E[Y(i)^{\mathrm{obs}} \mid T=0]$$

となり、表の例では「11日」になります。一方、$T=1$ のサブグループにおいて観測された結果(列11)の平均は

$$E[Y(i)^{\mathrm{obs}} \mid T=1]$$

となり、表の例では「12日」になります。これらの $Y(i)^{\mathrm{obs}}$ の値が、列3の観測データにおける Y の値に対応することになります[7]。

ここで、因果効果の推定における重要ポイントを以下のようにまとめることができます：

(1) 因果効果の推定においては、「反事実的状況下のデータ」の値も知る必要がある

(2) 現実に観測可能なのは、「事実として起きた状況」下でのデータのみである

この(1)のポイントは、「駆除薬の投与 T→ノミの駆除までの平均日数 Y」の因果効果が「(iv)と(ii)の差」、つまり

(iv)駆除薬を投与したサブグループの「投与したときのノミの駆除までの平均日数 Y」

− (ii)駆除薬を投与したサブグループの「投与しないときのノミの駆除までの平均日数 Y」

で定義されることに対応します。

---

7) ここでは、上記の潜在結果と観測値が等しいという条件(一致性、consistency)が成り立っていると仮定されています。

なお、ここでは、すでにノミの寄生があり、駆除薬投与の検討対象となる猫への効果に興味がある(ノミの寄生がなく、そもそも駆除薬投与の対象とならない猫に対する効果への関心は薄い)という文脈から、「駆除薬を投与したサブグループにおける平均因果効果(Average Treatment effect on the Treated, ATT)」に着目しています(BOX 3.2)。ATT を数式で表現すると、駆除薬を投与したサブグループは「$T=1$ で条件付けされた集団」であるため

$$E[Y(i)^{\text{if}(T=1)} \mid T=1]-E[Y(i)^{\text{if}(T=0)} \mid T=1]$$

となります。この第2の項は、反事実的状況下でのみ得られるデータとなっています。表3.1の例を見ると、「列9の平均」と「列7の平均」の差分である「−4日」が、この定義による因果効果の値になります。

BOX 3.2　ATT と ATE と ATU

ひとくちに"平均因果効果"といっても、どの(サブ)グループを対象とするかでその値も概念的な解釈も変わりうるため、注意が必要です。本文の例では、駆除薬投与の検討対象となる猫たちへの効果に興味があるという文脈から、「処置を行った($T=1$ で条件付けされた)サブグループにおける平均因果効果(ATT)」に着目しています。一方、「集団全体における平均因果効果」に興味がある場合には、集団全体での潜在結果の差($E[Y(i)^{\text{if}(T=1)}]-E[Y(i)^{\text{if}(T=0)}]$) である Average Treatment Effect (ATE)が一般に着目されます。また、「処置を行わない($T=0$ で条件付けされた) サブグループにおける平均因果効果 (Average Treatment Effect on the Untreated, ATU)」は、$E[Y(i)^{\text{if}(T=1)} \mid T=0]-E[Y(i)^{\text{if}(T=0)} \mid T=0]$ と定義されます。表 3. 1 の数値例では、ATT、ATE、ATU のいずれも「−4 日」となっており、この例では「投薬 T→駆除日数 Y」の平均因果効果は処置の異なる各サブグループにおいても、集団全体においても変わらないことを示しています。

	処置 T=0を受けたサブグループ	処置 T=1を受けたサブグループ
処置 T=0のときの結果	(i) T=0における観測データ $E[Y^{\mathrm{if}(T=0)}\|T=0]$	(ii) 観測不可能（反事実） $E[Y^{\mathrm{if}(T=0)}\|T=1]$
処置 T=1のときの結果	(iii) 観測不可能（反事実） $E[Y^{\mathrm{if}(T=1)}\|T=0]$	(iv) T=1における観測データ $E[Y^{\mathrm{if}(T=1)}\|T=1]$
共変量の分布（個体の諸特性）	処置群間で同等であることを一般に期待できるわけではない！ ≠	

図 3.6　潜在結果モデルの枠組みによる現在の状況の整理

一方、前述のポイント「(2)現実に観測可能なのは、「事実として起きた状況」下でのデータのみである」は、私たちが実際に観測できるのは(i)と(iv)のデータのみであることに対応します(図 3.6)。この(i)と(iv)の差は観測可能ですが、「(i)の $T=0$ のサブグループ」と「(iv)の $T=1$ のサブグループ」の間で共変量の分布が同等である(バランシングしている)ことは、一般には期待できません。そのため、「投与したサブグループ」と「投与しなかったサブグループ」の間での「観測されたグループ間差($E[Y(i)^{\mathrm{obs}} \mid T=1]-E[Y(i)^{\mathrm{obs}} \mid T=0]$)」が、「投与の有無」によるものか、それとも「サブグループ間での特性(共変量)の分布の違い」によるものかの見分けがつかないという問題があります。表 3.1 の例で見ると、「投与したサブグループ」と「投与しなかったサブグループ」の間で、「もし投与したとき(しなかったとき)」の潜在結果の分布を比較すると、平均で 5 日分ズレています(「もし投与したとき」は列 8 vs 9、「もし投与しなかったとき」なら列 6 vs 7)。この違いにより、「受けた処置の異なるサブグループ間で観測された反応の差($E[Y(i)^{\mathrm{obs}} \mid T=1]-E[Y(i)^{\mathrm{obs}} \mid T=0]$)」は「+1 日(=列 11 の平均−列 10 の平均)」となり、上記で定義された真の因果効果である「−4 日」とは食い違った値になってしまっています。つまりこのケースでは、ノミの駆除薬を投与されたサブグループは、駆除薬以外の何らかの特性の差によって、投与されないサブグループよりも駆除までの日数が平均で5日長くなっていることから、ノミの駆除薬が駆除までの日数を4日短縮させる効果がマスクされてしまっていることになります。現在の状況をまとめたのが図3.6です。

このような状況を前にして、私たちが目指しうるゴールは：

> 反事実的状況下でしか観測できない(ii)や(iii)のデータを、現実に観測可能な(i)や(iv)のデータを用いて“観測”する

ことになります。潜在結果モデルを導入することでただちに問題が解決する、というわけではありません。しかし、目指すべきところはかなりハッキリしました。

潜在結果と観測値の関係を数式で表現する

潜在結果と観測値の関係を数式で表現してみましょう。処置 T は0/1の2値のいずれかであるとしたとき、それぞれの猫の個体 i について処置 T を割付けたときに観測される結果 $Y(i)^{\mathrm{obs}}$ と、その潜在結果 $Y(i)^{\mathrm{if}(T)}$ の関係は

$$Y(i)^{\mathrm{obs}}=TY(i)^{\mathrm{if}(T=1)}+(1-T)Y(i)^{\mathrm{if}(T=0)}$$

という形で書くことができます。次頁の表3.2で対応させてみると、確かにこの式で潜在結果と観測値の対応を表現できていることが確認できます。こうペロッと式で書かれてしまうと普通のことのように思えるかもしれませんが、この式1つで反事実の世界と観測の世界の関係を簡潔に記述できてしまうのって、なかなか凄いことのようにも思います[8)]。

さて、やや脱線しますが、表3.2では処置 T は全員に対して確かに何らかの因果効果をもっています（すべての個体で $Y(i)^{\mathrm{if}(T=1)}-Y(i)^{\mathrm{if}(T=0)}\neq 0$）。

表 3.2　潜在結果と観測値の例

個体 i	処置 T	$Y(i)^{\text{if}\ (T=0)}$	$Y(i)^{\text{if}\ (T=1)}$	$Y(i)^{\text{obs}}$
ぴかそ	0	10	8	10
だり	0	12	14	12
まちす	1	10	12	12
まぐりと	1	12	10	10
平　均		11	11	11

その一方で、上記の集団全体における「真の平均因果効果」はゼロになっています($E[Y(i)^{\text{if}(T=1)}]-E[Y(i)^{\text{if}(T=0)}]=0$)。このように、「$T\to Y$の平均因果効果がゼロ」であることや「集団全体をみたときにTとYに相関がない」ことは、「$T\to Y$の因果効果がない」ことを必ずしも意味するわけではありません[9)]。こうした状況は、個体ごとに因果効果に違いがある(効果に異質性がある)ときに生じえます。この例の場合の処置Tに対する適切な解釈は、「処置Tは毒にも薬にもならない」では決してなく、その真逆である「処置Tはその対象によって薬にもなるし毒にもなる」です。誤った解釈を導かないためには、対象集団内の異質性には常に注意することが大切です(第 7, 8 章でより詳しく議論します)。

---

8) 筆者の心の中の「統計的因果推論、この式がスゴイ！ベストテン」の第1位です。

9) 稀なケースとは思われますが、こうした逆向きの因果効果が打ち消し合うことにより、個体レベルでは因果効果があるのに集団レベルでは相関がみられない(TとYが統計的に独立となる)現象が生じる可能性があります。因果グラフの用語として、(たとえばこうした逆向きの因果効果による打ち消し合いにより)データ生成過程に基づいた有向グラフ(この例だと$T\to Y$)からは読み取れない付加的な統計的独立関係があることを、「忠実性(faithfulness)が成り立っていない」とよびます(黒木[12] p. 63, Hernán and Robins [3] Fines Point 6.2)。

3.3 無作為化
——コイントスで「不可能」を「可能」に“フリップ”する

ここでいよいよ無作為化の出番です！ コインを片手に

反事実的状況下でしか観測できない(図3.6の)(ii)や(iii)のデータを、現実に観測可能な(i)や(iv)のデータを用いて“観測”する

ことを目指していきます。では、まず「図3.6の(ii)と(i)の値が等しいと期待できるような条件」を考えてみましょう。

解析の対象となるサンプルがすでに「投与するサブグループ」と「投与しないサブグループ」に分けられてしまっている場合には、さまざまな事情により、両サブグループ間での特性の分布の差はすでに生じてしまっているかもしれません。それならば、さらにその前の段階で、両サブグループ間で「特性の分布に差が生じない」ようなやり方で処置を割り当てればよいかもしれません。ここで「両サブグループ間に差が出ないような処置の割付の方法」の例として「コイントスで決める」というやり方があります。解析の対象となるN匹の猫それぞれについてコイントスを行い、オモテが出た猫たちには「投与するサブグループ($T=1$)」として駆除薬を投与し、ウラが出た猫たちには「投与しないサブグループ($T=0$)」として、駆除薬を投与しないことにしましょう。この場合には、両サブグループの間に大きな差は生じないものと期待できます。このように、各個体に対して無作為に処置を割り当てることを「無作為割付」といいます。

コイントスなどにより無作為に処置を分けた場合には、理屈として

(ii) 駆除薬を投与したサブグループにおける「投与しないときのノミの駆除までの平均日数」

の期待値は

(i) 駆除薬を投与しないサブグループにおける「投与しないときのノミの駆

除までの平均日数」

の期待値と一致すると考えられます。なぜなら、両サブグループはたんに無作為に分けただけなので、特性の分布にも差がない(バランシングしている)と期待でき、それらの潜在結果の平均値に差が出ると考えるべき理由が何もないからです。この理屈を数式でおさらいすると、上記の(ii)と(i)は、それぞれ

(ii) $E[Y(i)^{\text{if}(T=0)} \mid T=1]$ ← $T=1$ を受けたグループがもし $T=0$ を受けたときの Y の平均

(i) $E[Y(i)^{\text{if}(T=0)} \mid T=0)]$ ← $T=0$ を受けたグループがもし $T=0$ を受けたときの Y の平均

と書けます。ここで、コイントスの結果が、個人や集団の潜在結果についての予測の手がかりを何らもたらさないことを考えれば、コイントスの結果に基づく「処置 T」と「潜在結果 $Y(i)^{\text{if}(T)}$」は独立の関係にあることがわかるかと思います[10)]。このように、処置 T の値(どの処置を割付けられたか)と潜在結果 $Y(i)^{\text{if}(T)}$ の値(もし処置を割付けられたときにどのように反応するか)が独立の関係にあるときには、$E[Y(i)^{\text{if}(T=0)} \mid T]=E[Y(i)^{\text{if}(T=0)}]$、$E[Y(i)^{\text{if}(T=1)} \mid T]=E[Y(i)^{\text{if}(T=1)}]$となります。このとき

(ii) $E[Y(i)^{\text{if}(T=0)} \mid T=1]=E[Y(i)^{\text{if}(T=0)}]$

(i) $E[Y(i)^{\text{if}(T=0)} \mid T=0]=E[Y(i)^{\text{if}(T=0)}]$

となるため、「(ii)=(i)」とみなすことができます。すなわち、$T=1$ のサブグループにおける平均因果効果を、観測値を用いて計算できるわけです！(図3.7)

上記の話の鍵は「処置 T が $T=0$ か $T=1$ のどちらであるかは、潜在結果 $Y(i)^{\text{if}(T)}$ とまったく関係ない(=独立な)要素によって決められている」ことにあります。そのためには、必ずしもコイントスやサイコロのような“乱数生成器”を使わずとも構いません。たとえば「猫の飼い主の携帯電話番号の末尾が

10) ここでの独立性は「処置 T」と「観測された実際の結果 Y」の独立性ではないことに注意してください。

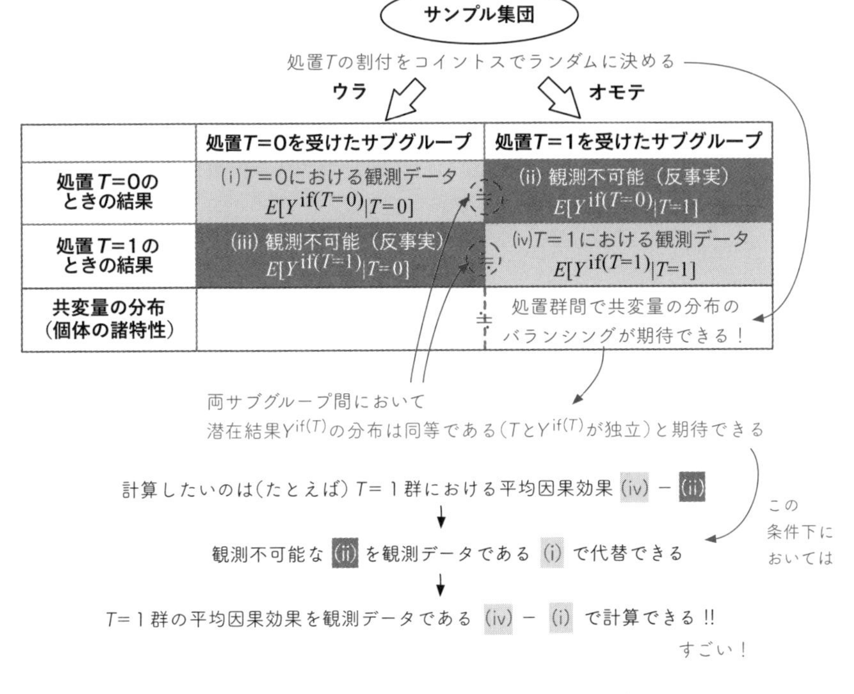

図 3.7 “コイントス”によって見えないものを見る

偶数か奇数か」によって各猫への投与の有無 T を割付けても、$E[Y(i)^{\mathrm{if}(T)} \mid T] = E[Y(i)^{\mathrm{if}(T)}]$を満たすと考えられるので、理屈としては何の問題もありません。逆に、投与するかどうか($T=0$ か $T=1$ か)の決定が、駆除までの日数に関連する要因(たとえば「ノミの寄生による重症度」)にも依存して決まるような場合(たとえば「重症度が高いほど投与を受けやすい」場合)には、「投与 T の有無」は「$Y(i)^{\mathrm{if}(T)}$」とは独立とは考えられないため、一般に「(ii) ≠ (i)」となります。

これまでの話をまとめると、現実には(ii)のデータは反事実的なので得ることはできませんが、無作為化により割付のサブグループを分けた場合には、(ii)と(i)は理屈の上では同等であると期待できます。そのため、「(ii)のデータの代替として(i)のデータを使う」という“迂回路”が使えるようになるわけです(図 3.7)。

この“迂回路”を使うことにより、

$$E[Y(i)^{\mathrm{if}(T=1)} \mid T=1] - E[Y(i)^{\mathrm{if}(T=0)} \mid T=1]$$

という、本来は観測できない項を含んだ形で定義される因果効果を、

$$E[Y(i)^{\mathrm{if}(T=1)} \mid T=1] - E[Y(i)^{\mathrm{if}(T=0)} \mid T=0]$$

という、観測できる値の差によって計算できます。これで、「駆除薬の投与 T→駆除までの日数 Y」の平均因果効果を、バイアスなく無事に推定できることになります[11]。このように、実験が可能な場合には「無作為に処置を割付ける(＝無作為な割付により異なる処置グループ間の特性の分布をバランシングする)」ことにより、「因果推論の根本問題」を統計学的に解決(迂回)することができます[12]。

---

11) 説明の流れでこの式は ATT の形になっていますが、ここでは $Y(i)^{\mathrm{if}(T)}$ と T が独立であるため、結局 $E[Y(i)^{\mathrm{if}(T=1)} \mid T=1] - E[Y(i)^{\mathrm{if}(T=0)} \mid T=0] = E[Y(i)^{\mathrm{if}(T=1)}] - E[Y(i)^{\mathrm{if}(T=0)}]$ であり、ATT＝ATE となります。

12) ここで「迂回」という表現を使いましたが、それには理由があります。そもそも今回の例で知りたかったのは「**ばんとらいんに**対するノミの駆除までの日数への因果効果」でしたが、私たちの推定対象はいつのまにか「投与を受ける集団における「駆除薬投与→駆除までの日数」の因果効果」にすり替わっています。そうです。そもそも知りたかった「ばんとらいんに対する因果効果」についての「因果推論の根本問題」は未だに解決していないのです。これは固有性をもつ個体というものが「交換不可能」であることによる論理的な限界です。推定された因果効果が「誰に対する」ものである(と考えうる)のかは理論上も実務上も非常に重要な論点となるので、第 8, 9 章でより詳しく議論します。

無作為化と管理のイメージ

調査観察データ

「signal」はデータの背景情報と“交絡”し見分けがつかない

均一化の下でのデータ

データの背景を均一に管理することで「signal」が浮かび上がる

無作為化の下でのデータ

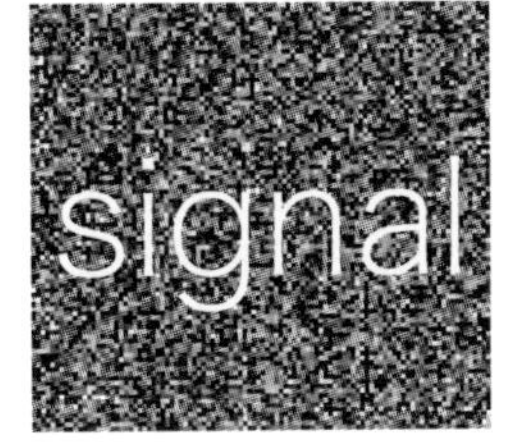

データの背景をノイズ化／無作為化することで「signal」が浮かび上がる

図 3.8 実験による均一化や無作為化のイメージ

実験の計画と実行において重要なことは、データに潜在する「情報」を見逃さないために、コントロール可能なものは「一定に管理(均一化)」し、コントロールできないものは「無作為化」することです。均一化や無作為化がされていない非実験データ(調査観察データ)は、背景因子と私たちが着目したい「情報」がごっちゃになって(交絡して)しまい、図 3.8 左のように見分けが難しい状況としてイメージすることができます。一方、実験における均一化や無作為化は、背景因子を均一に塗りつぶしたり(中央)、あるいは敢えてノイズまみれにする(右)ことで、データ内に潜在している「情報」を浮かび上がらせる方法論としてイメージできます。ここで、処置グループ間でバックドア基準を満たす共変量セットについて「バランシングする」とは、(処置 T に対して)背景因子となるそれらの共変量のうちコントロールできるものは一定に管理し、かつコントロールできないものは無作為化する(=T と共変量の分布を独立にする)ことにより、「処置 T の因果効果」を浮かび上がらせる作業としてイメージできます。

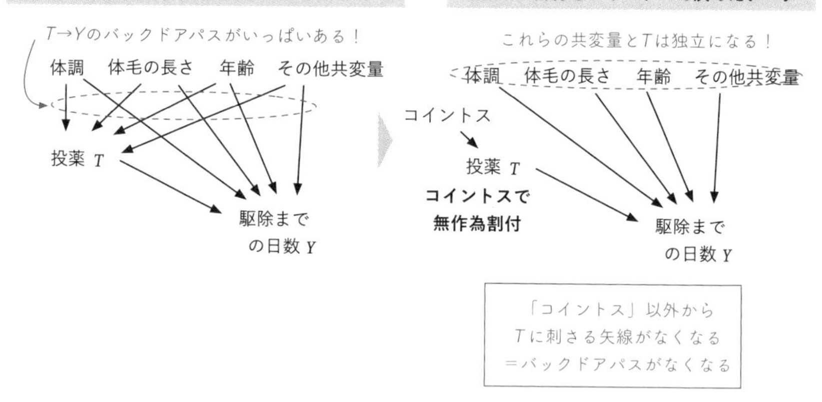

図 3.9 因果ダイアグラムの観点から見る「無作為化＝バックドアパスの除去」

3.4 因果ダイアグラムから眺める無作為化

3.4.1 バックドアパスの除去

本章を終える前に、因果ダイアグラムの観点からも「無作為化」を眺めてみましょう。

因果ダイアグラムの枠組みからは、無作為化はバックドアパスを除去してバイアスのない因果効果推定を行うための方法のひとつとして解釈できます。図3.9左は、(均一化も無作為化もされていない)調査観察データにおける因果ダイアグラムを描いたものです。ここでは、駆除薬を投与するかどうかの判断は他の共変量の状況に影響されうるため、多くの $T \to Y$ について、バックドアパスが開いたままになっています。一方、駆除薬を投与するかどうかの判断を「コイントス」の結果に従って無作為に割付けたときの因果ダイアグラムが右図です。ここでは、投薬 T の判断はコイントス以外の共変量とは関係なく(独立に)行われます。そのため、左図の調査観察データでは存在していたバックドアパスは除去されることになります。このように、無作為化は「因果ダイアグラムにおいて、共変量から処置 T に刺さる矢線を除去する」という作業に対応し

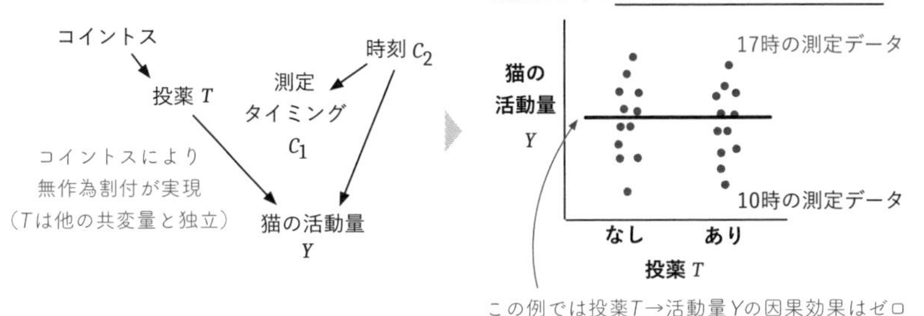

図 3.10 投薬 T の割付が無作為化されているため、猫の活動量の時間依存性はバイアスの原因にはならない

ます。この矢線の除去によりバックドアパスがなくなるため、無作為化の下で得られた実験データにおいては、異なる処置グループ間で観測された差をそのまま「処置 T による因果効果」として解釈できることになります。

3.4.2 せっかくの無作為化が崩れるとき

さて、次は応用問題として「せっかくの無作為化が崩れる場合」の例を、因果ダイアグラムで眺めてみましょう。

今度は、猫へのノミの駆除薬の副作用に興味があり、「投薬 T」が「猫の活動量 Y」に与える影響を調べることを目的とします。ここでは無作為化実験によりその影響を調べるために、投薬 T はコイントスの結果に従って無作為に割付けたとします。この無作為化により投薬 T は他の共変量とは独立となるため、バックドアパスはすべて消失します(図 3.10 左)。

この実験の例において、猫の活動量 Y を取り扱う上で 1 つ注意をする必要があるのは、猫は時間帯によって活動レベルが異なる傾向があることです。今回の調査の対象となった猫たちでは、夕方の 17 時には比較的活発であり、朝の 10 時には比較的おとなしい傾向がみられています。この活動量が時刻によって変わることは、投薬 T が無作為化されている場合には(何か余計なことをしない限り) $T \rightarrow Y$ の因果効果の推定においてバイアスの原因とはなりません。

では、「何か余計なこと」をしでかしてしまった例を見ていきましょう。

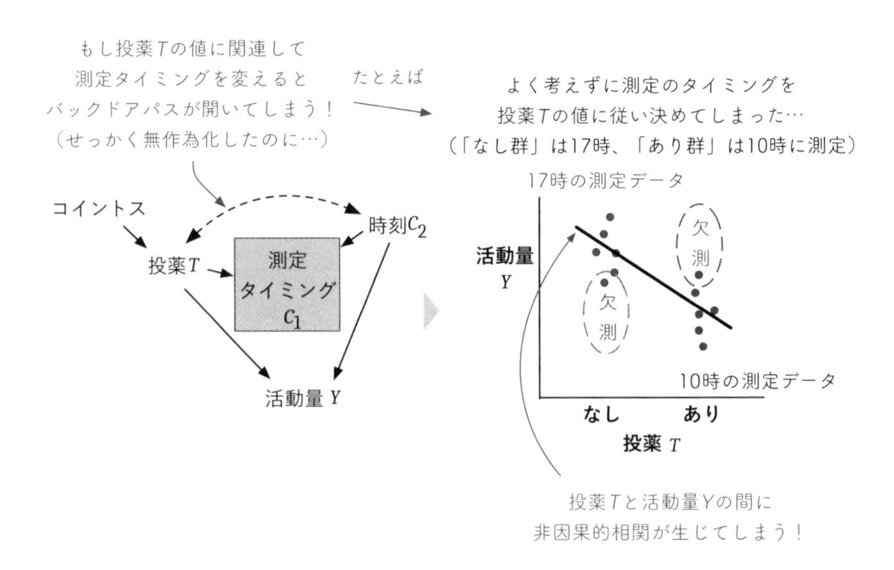

図 3. 11　せっかく無作為化したのに、測定プロトコルの不備で交絡が紛れ込んでしまった例

投薬 T はコイントスの結果に従って無事に無作為に割付けていたとします。ここで、実験者には時間的な余裕がなく、猫の活動量 Y の測定を午前(10 時)と夕方(17 時)の 2 回に分けてしか行えなかったとします。そしてここで、それぞれの猫をどちらの時間に測定するかを、投薬 T の値により決めてしまったとします。具体的には、実験の段取りの都合上、「投薬 T=あり」の猫たちは 10 時に、「投薬 T=なし」の猫たちは 17 時にまとめて測定したとします(図 3.11)。これは因果ダイアグラム上で考えると「測定タイミング C_1」が合流点となる形に対応し、合流点で条件付けをしてしまっているため[13]、投薬 T と時刻 C_2 の間に双方向パスができ、結果として $Y \leftarrow T \leftrightarrow C_2 \rightarrow Y$ のバックドアパスが生じている状況となります(図 3.11 左)。こうした「余計なこと」をしてしまうと、せっかく投薬 T を無作為に割付けたのに、その後の測定プロトコル

13) ここで各処置群における観測値 Y は特定の時刻 C_{12} における測定タイミング C_1 で得られた $P(Y \mid T, C_1=10\text{時})$ もしくは $P(Y \mid T, C_1=17\text{時})$ という C_1 の条件付きの値であり、C_1 が合流点の場合には合流点バイアスの原因となります。

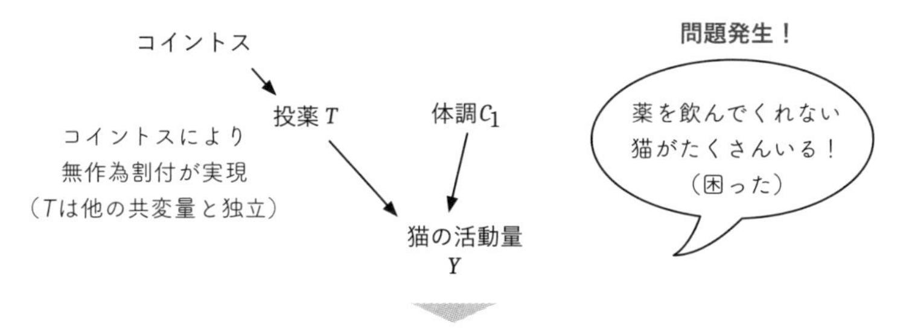

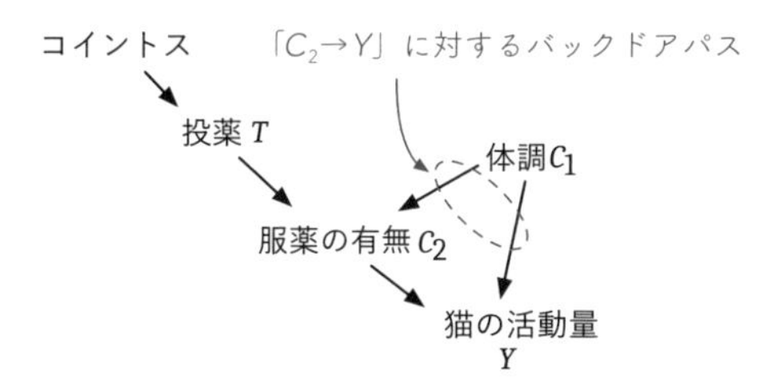

図 3. 12　不遵守への対応により交絡が紛れ込んでしまった例

における不備により、投薬 T と活動量 Y の間に非因果的相関が生じてしまいます(図 3.11 右)。無作為化は非常に強力な方法ですが、無作為割付が終わったところで一安心せず、割付後の実験プロトコルの中にバックドアパスをもたらす「水漏れ」がないかも丁寧に検討していきましょう。

3. 4. 3　無作為化を堅持するために——Intention-To-Treat 分析

もうひとつ、無作為化における「余計なこと」の例を見ていきます。

今回も、「投薬 T」が「猫の活動量 Y」に与える影響を調べることとし、また今回も、投薬 T はコイントスの結果に従って無作為に割付けていたとします(図 3.12 上)。ここで猫たちが気分屋の本領を発揮してしまい、「薬を飲んでくれなかった(服薬してくれなかった)猫がたくさんいる」という問題が生じてしまった状況を考えます。このように、処置の対象者が本来の処置 T の意図を遵守しない場合を「不遵守(noncompliance)」とよびます(第7, 8章)。

ここでもし「どの猫が服薬したか／しなかったか」のデータが記録されている場合には、人情としては「投薬の有無 T」ではなく、「服薬の有無 C_2」を処置とみなして、$C_2 \rightarrow Y$ の因果効果を見たくなるところです。

しかしながら、ここで悩ましいのは、無作為化されているのはあくまで投薬 T であって、服薬の有無 C_2 ではないということです。たとえば、服薬するかどうかはそのときの猫の体調 C_1 に依存する可能性があり、その C_1 は活動量 Y にも影響しうると考えられます。このとき、「$C_2 \rightarrow Y$」に対しては C_1 を介したバックドアパスがあるので、この服薬の有無 $C_2 \rightarrow$ 活動量 Y の因果効果の推定にはバイアスが生じてしまいます(図3.12下)。

こうした状況の対処法のひとつは、たとえ服薬されていない場合があっても、無作為化によるアドバンテージを堅持するために、あくまで投薬 T の割付の内容に従って「$T \rightarrow Y$ の因果効果」を推定するという方針です。こうした解析は、もともと想定していた治療行為(服薬)としての「処置 T」そのものというよりも、「処置 T への意図」の因果効果を見ている形になるため、「Intention-To-Treat 分析(治療意図に基づく分析)」とよばれて広く用いられています。

3.5　この章のまとめ

- 因果効果は「同じ個体に対して異なる処置を与えたときの結果の差」として定義できるが、実際には同じ個体に対して異なる処置を同時に与えることはできないので、因果効果は知ることができない。これを「因果推論の根本問題」とよぶ。
- 潜在結果モデルは、「もしある処置を与えたとき／与えなかったときの結果」という潜在結果の概念を導入することにより、因果効果を推定する枠組みを定式化したものである。
- 処置を無作為に割り当てた場合、「観測できない(反事実的な)潜在結果」を「実際に観測された結果」により代替できると期待できる。この代替により、「因果推論の根本問題」を迂回して、観測された結果に基づく因果効果の推定が可能となる[14]。

ひとくちに“統計解析”というけれど
——推定のそもそもの目的の違いと方法論との対応

統計的因果推論の方法論があまり浸透していない分野では、「そもそもなぜ従来の統計手法ではダメなのか？」「なぜ統計的因果推論の手法が必要なのか？」という疑問をもたれることがよくあります。たとえば、筆者の出自である生態学分野では、因果効果の推定のための回帰モデルを構築する際に、「なぜAICではなくバックドア基準で変数選択するのか？」と問われることがあります。そうした場合には、「そもそもの推定の目的は何か？」に立ち戻って考える必要があります。やや科学哲学的な話になりますが、科学において統計的推測が行われる際の「目的」と各目的に対応する「方法論」は、たとえば次頁の表3.3のように分類することができます。（この表は「正解」を示したものではなく、あくまで実務的な統計解析の目的の違いに対する、筆者なりの状況整理の試みです。）

まず「現象の予測」は、ある状況が観測されたときの現象を予測したい場合に対応します。2.1.2項で紹介した表現を用いると、$P(Y \mid T=see(\mathrm{Data}))$ の解析に対応します。これはたとえば、データから未観測の個体のもつ特性やYの値を予測することに対応します。理念的な話としては、このときに参照されるべき理論的な主要指標は、AICなどの予測能力に関する系統のものになると考えられます。

一方で、「現象の記述・説明」が目的となる場合もあります。ここで知りたいことは、理念的には「真理」です。とはいえ「真理」というと何やらおだやかではないので、現実的な話としては「最も尤もらしい説明仮説」や「(真理の縮約的表現としての)記述・説明モデル」とした方が穏当か

14) 次の第Ⅱ部からは因果効果を推定する具体的な諸手法の考え方について解説していきますが、第Ⅰ部の理論的な部分をより深く学びたい方のために、本章の内容の続きとなるオンライン補遺もありますので、中上級者の方はぜひそちらもご覧ください。

表 3.3　解析の目的の分類

目 的	知りたいことの例	参照されるべき指標の方向性の例
現象の予測	未観測の個体の値	予測能力(例：AIC 系)
現象の記述・説明	真理・最尤仮説	尤度・適合度(例：Bayes Factor 系)
因果効果の推定	施策の効果	識別可能性(例：バックドア基準、無視可能性)

もしれません。理学的研究ではしばしば、こうした説明仮説やモデルを得ることがデータ解析の目的となります。理念的な話としては、このときに参照されるべき理論的な主要指標は、Bayes Factor などの、仮説の尤度や適合度に関する系統のものになります。

そして最後の「因果効果の推定」は、特定の変数への介入時に生じる変化を推定したい場合に対応します。2.1.2 項で紹介した表現を用いると、$P(Y \mid T=do(\text{処置の状態}))$の解析に対応します。理念的な話としては、このときに参照されるべき理論的な主要指標は、バックドア基準・識別可能性・無視可能性・交換可能性[15]など、因果効果の推定量のバイアスのなさ(一致性)に関する指標となります。何か現状を変えたい場合に、介入のための施策を検討するときなどは、この「因果効果の推定」がデータ解析の目的となります。

最初の話に戻ると、統計的因果推論の方法論が未浸透の分野で「なぜ従来の統計手法ではダメなのか？」「なぜ因果推論の手法が必要なのか？」という疑問が出てくる理由は、上記の目的の違いが、しばしばとても曖昧にしか認識されていないからです。この認識の曖昧さにより、こうした分野では、AIC に基づき選んだ重回帰モデルの偏回帰係数を何も考えずに因果効果の推定値として扱うような、方法論的な根拠に欠ける実践がしばしば行われています。AIC は「因果効果のバイアスのない推定値が得られるか(識別可能性)」の問題とは理論的にまったく別のストーリーに属する指標であるため、AIC に基づくベストモデルを選んだところで、そのモデルの偏回帰係数が因果効果の適切な推定値になっているという理論的保証は、一般にありません。因果効果のバイアスのない推定値が得られるか(識別可能か)どうか(たとえば、バックドア基準が満たされているかどうか)は、データの背後にある因果構造(生成メカニズム)に依存する問題です。一方、AIC はサンプルサイズに依存してベストモデルが変わる指標です。データの背景にある生成メカニズムがサンプルサイズに依存して変化するわけがないことを考えれば、一般に AIC が識別可能性を測る指標になりえないことは容易に理解できると思います。

上記の議論が意味することは、適切なデータ分析を行うためには、「そもそもこの解析は何のために行うのだろう？」「そもそも我々の分野が本当に明らかにしたいのは何だろう？」という、自らの欲望に対する十分な自省が必要であるということです。自省なきデータ分析が常態となると、やがてデータ分析者は次から次へと登場する統計解析手法に使われるようになってしまいます。統計解析手法は、あくまで私たちが使うものであって、私たちが使われるものではありません。定期的に、自らと自分が所属する分野の欲望のあり方について、お互いに自省し語り合うことは、「分析や研究の対象をより深く理解したい」と願う分析者にとって重要なことと言えます。

15）識別可能性・無視可能性・交換可能性についてはオンライン補遺 X3 を参照。

第Ⅱ部
因果効果の推定手法

第Ⅱ部での推定アプローチの分類

ここまでの第Ⅰ部では、因果効果をバイアスなく推定するための理論的な条件について見てきました。その理論的な条件の表現の仕方はいくつかありますが、共変量(諸特性)の分布のバランシングという観点から表現すると

「異なる処置を受けているグループ間で、バックドア基準を満たす共変量セットにおいてバランシングが達成されている」

と要約できます。では、バランシングはどのように達成されるのでしょうか？ ここからの第Ⅱ部(第4～7章)では、この条件を達成するための具体的な手法を学んでいきます。

本書では、各推定手法を図Ⅱ.1, Ⅱ.2の包含関係での整理に基づき説明していきます。まず第4章では、バックドア基準を満たす共変量そのものに着目した手法を扱います(図Ⅱ.1, Ⅱ.2のA-1-1)。具体的には、層別化と標準化、マッチング、重回帰分析を用いた考え方を学びます。第5章では、処置の割付に着目した手法を扱います(図Ⅱ.1, Ⅱ.2のA-1-2)。具体的には、傾向スコアの考え方を学んでいきます。第4, 5章の方法は、調整の際に着目するポイントは異なりますが、どちらも共変量を利用してバランシングを達成する点では似通った手法といえます(図Ⅱ.1, Ⅱ.2のA-1)。第6章では、データの変換や局所的なデータへの着目によりバランシングの達成を目指す手法を見ていきます(図Ⅱ.1, Ⅱ.2のA-2)。具体的には、差の差法や回帰不連続デザインの考え方を学びます。これらの手法では、ある特定の条件を満たすデータ(のサブセット)を解析の対象とすることで、バランシングが実質的に達成されている状況を作りだすことを目指します。最後の第7章では、因果構造と経路情報を利用して因果効果を計算するアプローチを紹介します(図Ⅱ.1, Ⅱ.2のB)。具体的には、操作変数法、媒介変数法やフロントドア基準の考え方を学んでいきます。

図Ⅱ.1, Ⅱ.2にはさまざまな手法が含まれていますが、どの手法も目指す目的地自体は本質的には同様であり、いずれかの手法が本質的に優れているという話ではありません。それは同じ目的地に「バスで行くか／電車で行くか／自転車で行くか」の違いのようなものであり、どのアプローチをとるか自体に――特定の文脈におけるテクニカルな利便性における優劣はありえますが――本質的な優劣はありません(ただし、それぞれのアプローチによって得られる推定値の内実はそれぞれ異なりうるので、そこには注意が必要です)。実務的には、どのアプローチを採用するかは、取り扱うデータや対象の素性、解析目的、各手法が必要とする前提条件や仮定との兼ね合いにより判断することになります。その判断を適切に行うために、それぞれの手法がもつ強みや弱み、特徴を、これから学んでいきましょう。

いろいろな因果推論アプローチの包含関係の便宜的な整理

(A) バックドア基準を満たす共変量セットにおけるバランシングの達成を目指すアプローチ
→第4～6章　処置T→結果Yの効果推定にバイアスをもたらす「他の要因」を調整する

- (A-1) バックドア基準を満たす共変量セットを利用したバランシング
  →第4，5章 共変量データを利用して比較したいグループ間の"背景"を揃える
  - (A-1-1) 共変量そのものに着目した調整
    →第4章 共変量それ自体の方向から揃える
    - 層別化・標準化、マッチング
    - アウトカムモデルによる重回帰分析
  - (A-1-2) 処置の割付に着目した調整
    →第5章 処置の割付の方向から揃える
    - 傾向スコアの利用
    - 逆確率重み付け法
  - （A-1-1とA-1-2の両方向から）→ 二重ロバスト
- (A-2) データの変換や局所的データを利用したバランシング
  →第6章 "背景"が揃っているデータに変換する／着目する
  - (A-2-1) 差分化したデータの利用(差の差分析など)
  - (A-2-2) 処置の切り替わりの境界データの利用(回帰不連続デザインなど)

(B) 因果経路上を伝達する効果量の集計に基づき因果効果を計算するアプローチ
→第7章　処置T→結果Yの因果経路上を伝わる影響を積算的に算出する

- (B-1) 操作変数法
- (B-2) 媒介変数法・フロントドア基準
- (B-3) メカニズムモデルを利用した反事実シミュレーション
  （B-3は統計的因果推論の範疇からは外れるので、本書では対象外）

図Ⅱ.1 いろいろな因果推論アプローチの便宜的な整理[1)]と第Ⅱ部の構成

1) この図はあくまで説明の便宜のための分類の一類型であり、各手法は基本的に排他的でも対立的でもありません。なお、無作為化は、共変量の分布のバランシング達成の方法として捉えれば(A)的であり、乱数を利用して理想的な操作変数を生成する方法として捉えれば(B)的なアプローチといえます。

(A) バックドア基準を満たす共変量セットにおけるバランシングの達成を目指すアプローチ

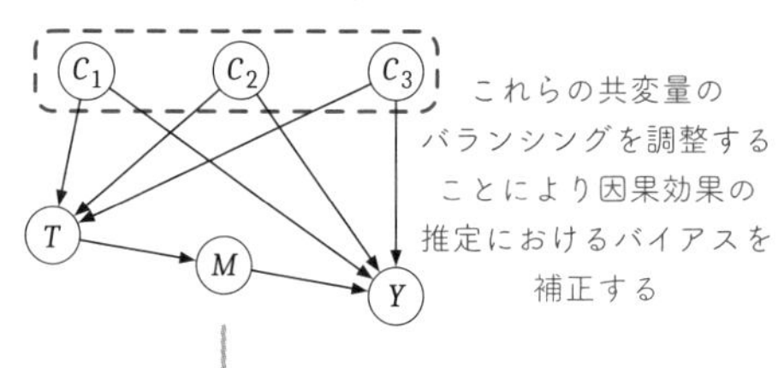

(B) 因果経路上を伝達する効果量の集計に基づき因果効果を計算するアプローチ

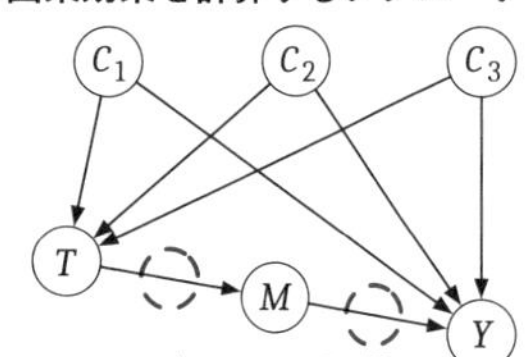

それぞれの因果経路上の影響の積み重ねに基づく計算により因果効果を推定する

(A-1) バックドア基準を満たす共変量を利用したバランシング

これらの共変量のバランシングを調整することにより因果効果の推定におけるバイアスを補正する

(A-2) データの変換や局所的データを利用したバランシング

データ変換等によりバランシングを調整すべき共変量自体を実質的に減らせるように(一連の仮定の下で)工夫する

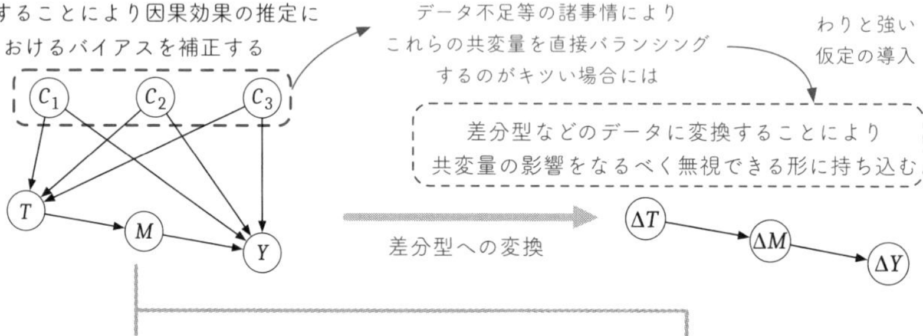

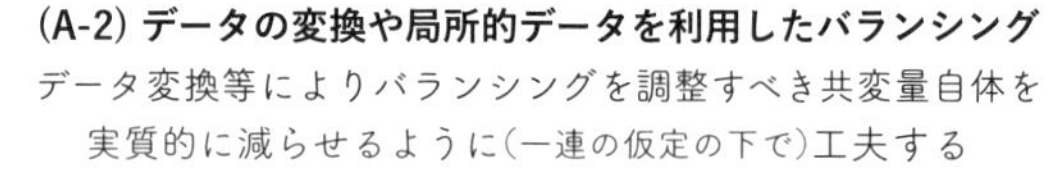

(A-1-1) 共変量そのものに着目した調整

共変量そのものに着目してバランシングする

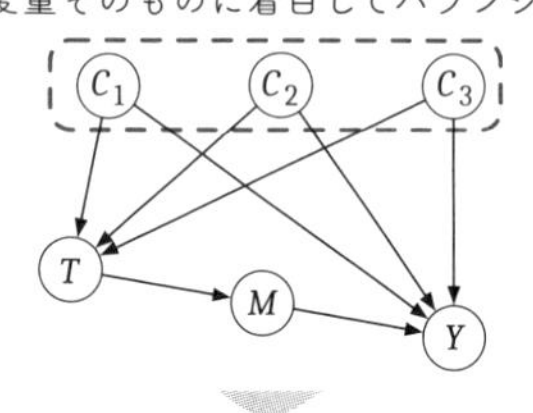

(A-1-2) 処置の割付に着目した調整

処置の割付に着目してバランシングする

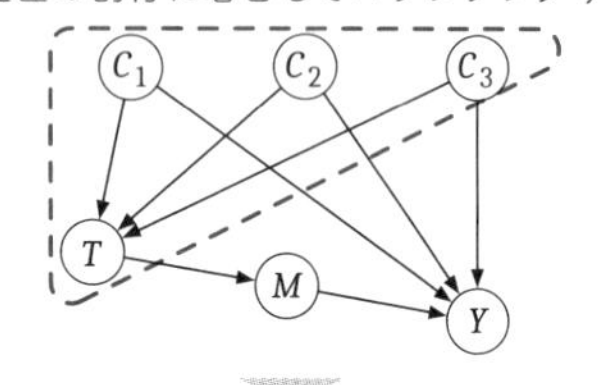

アウトカムモデル(Yを目的変数とした重回帰モデルなど)を用いる場合はここをモデル化するイメージ

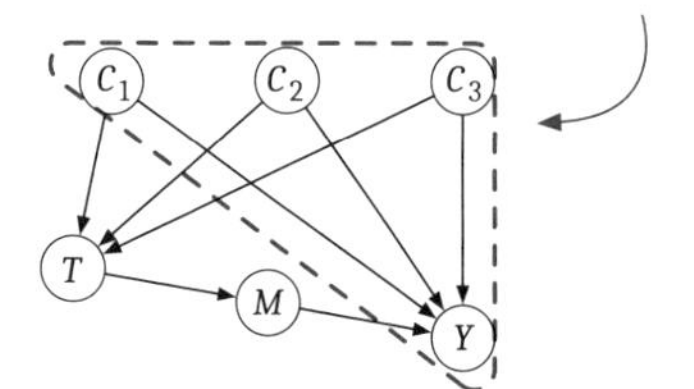

割付モデルを用いる場合(傾向スコア法等)はここをモデル化するイメージ

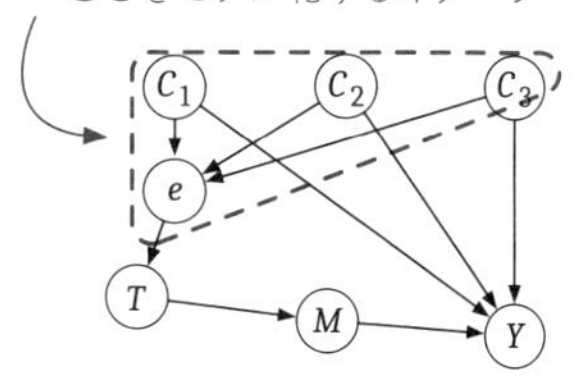

図Ⅱ.2 各アプローチのイメージ図

4 共変量に着目
――層別化、マッチング、重回帰分析

第3章では、猫へのノミの駆除薬の投与が、その駆除までにかかる日数に与える因果効果をみてきました。本章からは、無作為化されていない調査観察データの場合に、因果効果の推定にバイアスを与えうる特性をどう調整しうるかを考えていきます。たとえば、猫の「毛の長さ」という特性が「投薬の有無 T」と「駆除までにかかる日数 Y」の両方に影響してしまうような場合、どうすればよいでしょうか？ 本章では、こうしたときの対処法をいくつか学んでいきましょう。

具体的には、同じ共変量をもつ層ごとに分けて調整する方法(層別化と標準化)、共変量が似たペアを用いて調整する方法(マッチング)、共変量を回帰モデルに組み込んで調整する方法(重回帰分析)の考え方を見ていきます。

ここでは、バックドア基準を満たす共変量が観測されている(共変量のデータがある)状況を前提に考えていきます。なお、ここからの話の中心テーマは、因果効果推定におけるバイアスの補正なので、サンプルサイズの有限性に伴う誤差などによる推定値のズレは特に言及のない限り「ないもの」と便宜的に想定して説明していきます。

4.1 層別化と標準化で揃える

まずは手始めに、共変量を利用した「層別化と標準化」によるバランシングのアプローチを見ていきましょう。ここでは、第3章と同様、ノミに感染した猫への投薬治療の仮想例をもとに考えていきます。

第3章と同様に、あるノミに寄生されている猫の集団について、「ノミの駆除薬を与えることにより駆除までの日数が早くなるか」に興味があるとします。

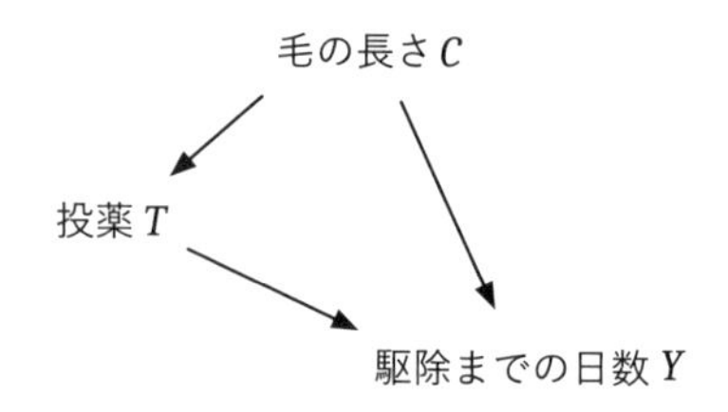

図 4.1 猫へのノミの駆除薬の効果の仮想例における因果ダイアグラム

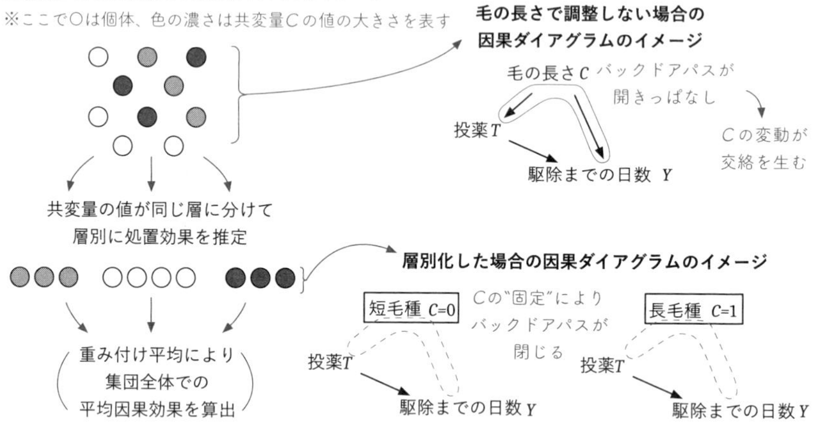

図 4.2 層別化と標準化による因果効果推定手法のイメージ図

ここで、T は投薬の有無(投薬なし：$T=0$、投薬あり：$T=1$)、Y は駆除までにかかる日数とします。ただ第3章と違い、一般に、駆除までの日数 Y は毛の長さに影響される傾向があるとします。ここで毛の長さを表す変数を導入し、短毛種の猫のとき $C=0$、長毛種の猫のとき $C=1$ とします。

このデータの背景にあるデータ生成過程は、図 4.1 の因果ダイアグラムで適切に表現されているとします。このとき、$T \rightarrow Y$ についてのバックドア基準を満たす共変量セットは$\{C\}$であり、$T \rightarrow Y$ の因果効果をバイアスなく推定するためには、共変量 C の分布のバランシングが必要となります。

まずは、層別化と標準化による手法のイメージを図でつかんでみましょう。

表 4.1　猫へのノミの駆除薬の投薬データの表

C=0は短毛種
C=1は長毛種

	(1)	(2)	(3)	(8)	(9)	(4)	(6)	(5)	(7)
						C=0の個体		C=1の個体	
個体 i	毛の長さ C_i	投薬T_i	駆除までの日数Y_i	$Y_i \mid T_i=0$	$Y_i \mid T_i=1$	$Y_i \mid T_i=0, C_i=0$	$Y_i \mid T_i=1, C_i=0$	$Y_i \mid T_i=0, C_i=1$	$Y_i \mid T_i=1, C_i=1$
ぴかそ	0	1	9		9		9		
だり	0	1	8		8		8		
まちす	0	1	7		7		7		
まぐりと	0	0	10	10		10			
しゃがる	0	0	11	11		11			
みろ	0	0	10	10		10			
あんり	0	0	9	9		9			
くりむと	1	1	14		14				14
ごっほ	1	1	15		15				15
むんく	1	1	14		14				14
ぶらつく	1	1	17		17				17
きたへふ	1	0	20	20				20	
集計	$P(C=0)$ =7/12	$P(T=0)$ =5/12	$E[Y]$=12	$E[Y \mid T=0]$ =12	$E[Y \mid T=1]$ =12	$E[Y \mid T=0, C=0]$ = 10	$E[Y \mid T=1, C=0]$ = 8	$E[Y \mid T=0, C=1]$ = 20	$E[Y \mid T=1, C=1]$ = 15

各処置グループ間でのYの平均の差は 0

C=0の個体の層での各処置グループ間のYの平均の差は−2

C=1の個体の層での各処置グループ間のYの平均の差は−5

集団全体での平均因果効果(ATE)を求めたいときには
それぞれのCの層ごとに$P(C)$で重み付けして足し合わせる

$$P(C=0)\times(-2)+P(C=1)\times(-5)$$
$$=(7/12)\times(-2)+(5/12)\times(-5)=-3.25$$

これがATEの推定値

図 4.2 の左側の○は個体、個体の色の濃さは共変量 C の値の大きさを表します。層別化では、集団を共変量 C の値が同じサブグループ(層)に分けて、その層ごとに処置効果を推定し、効果の集計により、層ごとの平均因果効果などを推定します。因果ダイアグラムでイメージすると、層別化で C を“固定”することによりバックドアパスを閉じる手法として捉えられます(図 4.2 右下)。

では、具体的な計算例もみていきましょう[1)](表 4.1)。

1) 本章以降の章での方針として、話を極力シンプルにする(計算の過程を暗算レベルで追えるくらいの複雑さに留める)ために、あえて極力小さいサンプルサイズの事例を用いています。

統計解析の話に進む前に、まずこのデータの基本的特徴を見ていきましょう。

(1) $P(C=0)=7/12,\ P(C=1)=5/12$ ← 12匹の猫のうち、短毛種が7匹、長毛種が5匹

(2) $P(T=0)=5/12,\ P(T=1)=7/12$ ← 12匹の猫のうち、投薬なしが5匹、投薬ありが7匹

駆除までの平均日数については、

(3) $E[Y]=((9+8+7)+(10+11+10+9)+(14+15+14+17)+20)/12=12$
← 12匹の猫全体での駆除までの平均日数は12日

(4) $E[Y\mid T=0, C=0]=10$ ← 短毛種、投薬なしグループでの駆除までの平均日数は10日

(5) $E[Y\mid T=0, C=1]=20$ ← 長毛種、投薬なしグループでの駆除までの平均日数は20日

(6) $E[Y\mid T=1, C=0]=8$ ← 短毛種、投薬ありグループでの駆除までの平均日数は8日

(7) $E[Y\mid T=1, C=1]=15$ ← 長毛種、投薬ありグループでの駆除までの平均日数は15日

投薬のない場合には、短毛種(10日)のほうが長毛種(20日)よりも平均で10日早く、投薬のある場合には、短毛種(8日)のほうが長毛種(15日)よりも平均で7日早く治っています。これは、投薬の有無以前に、そもそも短毛種のほうが一般に治りやすい傾向があることを意味しています。

一方、投薬の有無の異なる処置グループ間で駆除までの平均日数を比較すると、

(8) $E[Y\mid T=0]=((10+11+10+9)+20)/5=12$
← 投薬なしグループでの駆除までの平均日数は12日

(9) $E[Y\mid T=1]=((9+8+7)+(14+15+14+17))/7=12$
← 投薬ありグループでの駆除までの平均日数は12日

この(8)(9)だけをみると、投薬の有無による駆除までの平均日数に差はありま

せん。もちろん、異なる処置グループの間でバックドア基準を満たす共変量セット（ここではC）の分布がバランシングしていない場合には、(8)と(9)の差をそのまま「$T \to Y$の因果効果」とは解釈できません。実際にこの例では、

$P(C=0 \mid T=0)=4/5, P(C=1 \mid T=0)=1/5$

← 投薬なしグループの猫５匹の中で、短毛種は４匹、長毛種は１匹

$P(C=0 \mid T=1)=3/7, P(C=1 \mid T=1)=4/7$

← 投薬ありグループの猫７匹の中で、短毛種は３匹、長毛種は４匹

となっており、投薬なしグループでは短毛種の割合が、投薬ありグループでは長毛種の割合が高く、投薬の有無の異なる処置グループ間で毛の長さCの分布がバランシングしていないことがわかります。では、Cの分布をバランシングして、「$T \to Y$の因果効果」を推定してみましょう。

共変量そのものに着目して揃えていく方向からのバランシングの最もシンプルな方法として、まずは、Cの値に基づく層別化による解析を見ていきます。短毛種（$C=0$）のグループのみに着目して、処置グループ間での平均日数Yの差をみると、

(4) $E[Y \mid T=0, C=0]=10$

← 短毛種、投薬なしグループでの駆除までの平均日数は10日

(6) $E[Y \mid T=1, C=0]=8$

← 短毛種、投薬ありグループでの駆除までの平均日数は８日

$E[Y \mid T=1, C=0]-E[Y \mid T=0, C=0]=-2$

← 短毛種グループでの投薬の有無による駆除までの平均日数の差は−２日

となり、投薬により駆除までの日数が平均で２日短縮していることがわかります。第１章でも紹介しましたが、このように特定の共変量をもつサブグループごとに着目して解析することを「層別化」による解析といいます。

同様に、長毛種（$C=1$）のグループのみに着目して解析すると、

(5) $E[Y \mid T=0, C=1]=20$

← 長毛種、投薬なしグループでの駆除までの平均日数は20日

(7) $E[Y \mid T=1, C=1]=15$

← 長毛種、投薬ありグループでの駆除までの平均日数は 15 日

$E[Y \mid T=1, C=1]-E[Y \mid T=0, C=1]=-5$

← 長毛種グループでの投薬の有無による駆除までの平均日数の差は−5 日

となり、投薬により駆除までの日数 Y が平均で 5 日短縮していることがわかります。これらの例では、層別化された各層内では C は均一であり、処置グループ間での違いがないため、それぞれの層内での処置グループ間の差を、その層内での因果効果として解釈できます[2)]。

ではここで、それぞれの層内ではなく、もともとの集団全体で考えたときの因果効果(ATE, BOX 3.2)も考えてみます。ここでの「もともとの集団全体で考えたときの因果効果」とは、概念的には、「もし表 4.1 の 12 匹の全個体に投薬したときの Y の平均値」と「もし表 4.1 の 12 匹の全個体に投薬しなかったときの Y の平均値」の差を意味します：

$$\mathrm{ATE}=\sum_{i=1}^{12}[Y_i^{\mathrm{if}(T=1)}-Y_i^{\mathrm{if}(T=0)}]/12$$

← 「もし 12 匹の全個体に投薬したとき」と「もし 12 匹の全個体に投薬しなかったとき」の差の平均

また、この 12 匹の全個体における C の割合は、短毛種が $P(C=0)=7/12$、長毛種が $P(C=1)=5/12$ です。層別の平均因果効果をこれらの割合で重み付けして合算する標準化(standardization)の計算を行うことにより、以上の ATE の推定値を以下のように計算できます。

$P(C=0)(E[Y \mid T=1, C=0]-E[Y \mid T=0, C=0])$

← 短毛種での平均因果効果を短毛種の割合で重み付け

$+P(C=1)(E[Y \mid T=1, C=1]-E[Y \mid T=0, C=1])$

← 長毛種での平均因果効果を長毛種の割合で重み付け

2) この例のように、層(この例では $C=0$ の層と $C=1$ の層)により因果効果が異なることを(疫学系の分野では)「効果の修飾」とよびます(第 8 章)。

$$= (7/12) \times (-2) + (5/12) \times (-5) = -39/12 = -3.25$$

← 集団全体での平均因果効果

となり、ATE は−3.25となります。

このように、各層における因果効果に対して全体における割合での重み付け平均をとる標準化を行うことにより、ATE を推定できます。また、層別解析はバイアス補正の意味があるとともに、そもそもサブグループごとの因果効果を知ること自体が対象の理解に貢献する――たとえば異なる特性をもつ層で因果効果の大きさも異なることが判明する――ことも少なくないため、集団内に存在する異質性の影響を考察する上でも有効な方法です[3]。

なお、上記の例では共変量が1変数かつ2値(0か1のいずれか)をとる例を見てきましたが、共変量が複数かつ多値の場合でも、層別化による計算は原理的には可能です。ただし、共変量の数が増えるにつれ、現実的には計算できない場合が増えてくるため、そうした場合には傾向スコアの使用が検討されることになります(5.1節)。

4.2 マッチングで揃える

前節の層別化の例では、共変量が2値の場合を見てきました。このときは、データをサブグループに層別化することは容易です。では、共変量が連続量の場合を考えてみましょう。たとえば、バックドア基準を満たす共変量セットである C が「体重」であった場合を考えてみます。こうした連続量の場合には、C の値が「まったく同一」の個体を集めて層に分けるのは難しくなります[4]。

---

3) ただし、理論的な根拠もなく場当たり的にいろいろなやり方で層別に分けて複数の解析を行い、興味深いパターンが見られた場合のみを事後的にピックアップするような分析アプローチは、疑わしい研究行為(Questionable Research Practice, QRP)に該当するのでやってはいけません。層別解析を行う際には、何らかの理論的な根拠に基づいた層別化に留めること(あるいは、複数の層別のやり方で分析する場合には、探索的な目的であり多重比較の懸念があることを予め明示すること)が重要です。

4) 連続量をある範囲で区切って離散化したのち層別化するというやり方もアイデアのひとつです。その場合には、同一の状態として定義される概念内に連続的な variation が存在することになるので、SUTVA 条件(第8章)が成立していることの正当化が別途必要となります。

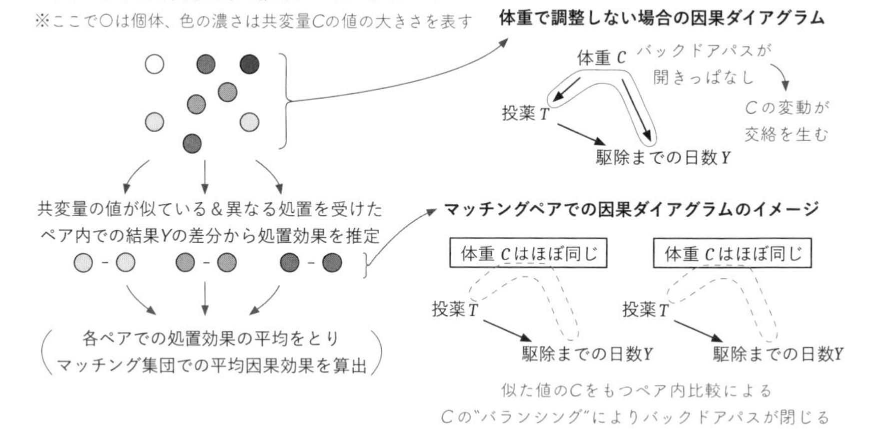

図 4.3　マッチングによる因果効果推定手法のイメージ図

こうした連続量を取り扱う場合には、体重 C が最も近いペアを選んで(＝マッチングさせて)比較することで、群間での体重の分布の違いをできるだけバランシングするという方法があります。

まずは、マッチングによる手法のイメージを図でつかんでいきましょう(図 4.3)。

マッチングでは、体重 C の値が似たペアごとに処置効果を推定し、それらの各ペアの処置効果の集計により平均因果効果などを推定します。因果ダイアグラムでイメージすると(図 4.3 右下)、体重が似た個体同士を選抜することにより各ペア内で体重を“バランシング”することで、バックドアパスを閉じる手法として捉えられます。

では、具体的な数値を用いた計算例をみていきましょう。

表 4.1 のデータの C を、「短毛種／長毛種」ではなく連続量である「体重」に変えた表 4.2 のデータで考えていきます。

あらかじめ種明かしとなりますが、この表 4.2 の Y は以下の式に基づいて作られています。

$$Y = -4T + 5C - 5 + \text{乱数}$$

表 4.2 猫へのノミの駆除薬の投薬データの表(共変量 C が連続量(体重)の場合)

	(1)	(2)	(3)	(4)	(5)	(7)	(8)
個体 i	体重 C_i	投薬 T_i	駆除までの日数 Y_i	$Y_i \mid T_i=0$	$Y_i \mid T_i=1$	$C_i \mid T_i=0$	$C_i \mid T_i=1$
ぴかそ	3.0	0	10	10		3.0	
だり	3.1	0	11	11		3.1	
まちす	3.5	0	13	13		3.5	
まぐりと	4.3	0	16	16		4.3	
しゃがる	4.4	0	17	17		4.4	
みろ	4.8	0	19	19		4.8	
あんり	5.1	0	20	20		5.1	
くりむと	3.6	1	9		9		3.6
ごっほ	4.2	1	12		12		4.2
むんく	4.5	1	13		13		4.5
ぶらつく	4.6	1	14		14		4.6
きたへふ	5.0	1	16		16		5.0
集計	$E[C]$ =4.175	$P(T=1)$ =5/12	$E[Y]$ =14.2	$E[Y\|T=0]$ =15.1	$E[Y\|T=1]$ =12.8	$E[C\|T=0]$ =4.0	$E[C\|T=1]$ =4.4

(6)

各処置グループ間での Y の平均の差は −2.3日

各処置グループ間での C の平均の差は 0.4kg

真の因果効果は −4日

与式より、投薬 T による因果効果の真の値は「−4」となります。また、体重 C が 1 kg 増加すると駆除日数 Y が 5 日伸びるというデータになっています。対応する因果ダイアグラムは前節の例と同じ構造であり、C をバランシングすればバックドア基準を満たすとします(図 4.4)。このデータにおいて、C によるマッチングの有無により T の因果効果の推定値がどう変わるかを見ていきましょう。

解析の話の前に、まずはこのデータの基本的な特徴を確認していきましょう。

(1) $E[C]=4.175$ ← 全 12 匹の猫の平均体重は 4.175 kg

(2) $P(T=0)=7/12, P(T=1)=5/12$ ← 12 匹の猫のうち、投薬なしが 7 匹、投薬ありが 5 匹

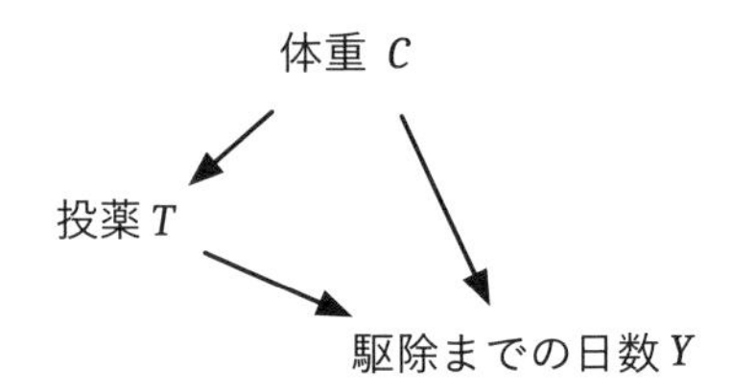

図 4.4 猫へのノミの駆除薬の効果の仮想例における因果ダイアグラム(体重が共変量)

駆除までの平均日数については、

(3) $E[Y]=14.2$ ← 12匹の猫全体での駆除までの平均日数は 14.2 日

(4) $E[Y \mid T=0]=15.1$ ← 投薬なしグループの猫7匹での駆除までの平均日数は 15.1 日

(5) $E[Y \mid T=1]=12.8$ ← 投薬ありグループの猫5匹での駆除までの平均日数は 12.8 日

(6) $E[Y \mid T=1]-E[Y \mid T=0]=12.8-15.1=-2.3$
← 投薬あり/なしグループの駆除までの平均日数の差は −2.3 日

投薬あり($T=1$)グループと投薬なし($T=0$)グループの平均の差は「−2.3 日」であり、駆除までの日数が2.3日短くなっていることがわかります。前述のとおり、このデータの生成式における因果効果の真の値は「−4日」なので、観測された異なる処置グループ間の差の大きさは真の因果効果の半分程度となっています。

共変量 C の分布のバランシングも見てみましょう。投薬あり/なしグループそれぞれにおける体重の平均は、

(7) $E[C \mid T=0]=4.0$ ← 投薬なしグループの猫7匹での平均体重は 4.0 kg

(8) $E[C \mid T=1]=4.4$ ← 投薬ありグループの猫5匹での平均体重は 4.4 kg

となっています。投薬ありグループのほうが 0.4 kg だけ平均体重が重いことがわかります。この「0.4 kg」の違いは小さいと感じるかもしれませんが、前述のとおり、この例では体重が1kg違うと駆除日数に5日間の違いが出るの

表 4.3　体重の最も近い個体同士のマッチングによる解析の例

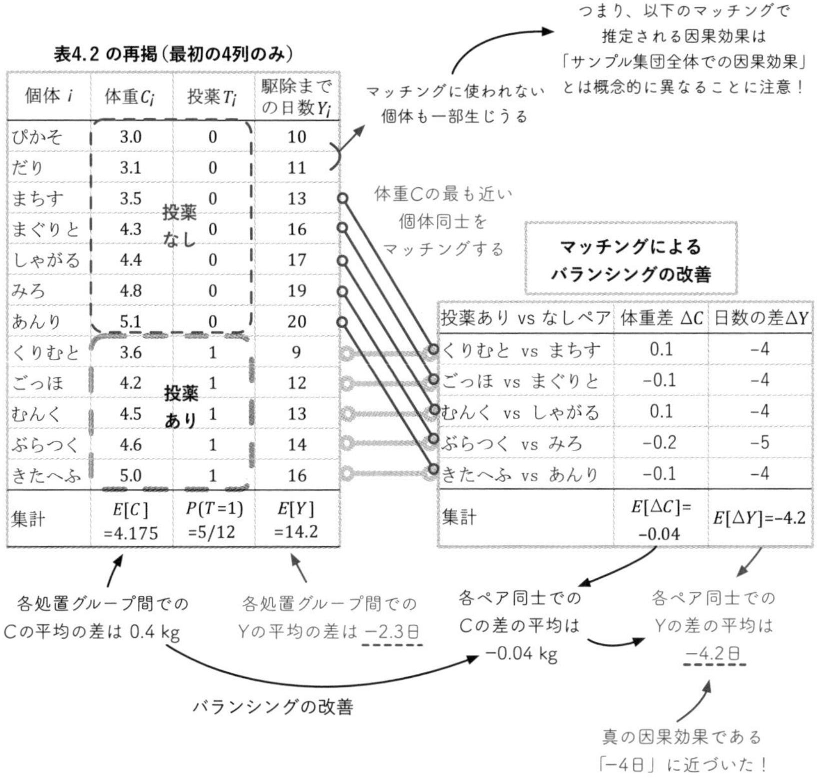

表4.2 の再掲（最初の4列のみ）

個体 i	体重C_i	投薬T_i	駆除までの日数Y_i
ぴかそ	3.0	0	10
だり	3.1	0	11
まちす	3.5	0	13
まぐりと	4.3	0	16
しゃがる	4.4	0	17
みろ	4.8	0	19
あんり	5.1	0	20
くりむと	3.6	1	9
ごっほ	4.2	1	12
むんく	4.5	1	13
ぶらつく	4.6	1	14
きたへふ	5.0	1	16
集計	$E[C]$ =4.175	$P(T=1)$ =5/12	$E[Y]$ =14.2

投薬なし

投薬あり

マッチングに使われない個体も一部生じうる

つまり、以下のマッチングで推定される因果効果は「サンプル集団全体での因果効果」とは概念的に異なることに注意！

体重Cの最も近い個体同士をマッチングする

マッチングによるバランシングの改善

投薬あり vs なしペア	体重差 ΔC	日数の差ΔY
くりむと vs まちす	0.1	−4
ごっほ vs まぐりと	−0.1	−4
むんく vs しゃがる	0.1	−4
ぶらつく vs みろ	−0.2	−5
きたへふ vs あんり	−0.1	−4
集計	$E[\Delta C]$= −0.04	$E[\Delta Y]$=-4.2

各処置グループ間でのCの平均の差は 0.4 kg

各処置グループ間でのYの平均の差は −2.3日

各ペア同士でのCの差の平均は −0.04 kg

各ペア同士でのYの差の平均は −4.2日

バランシングの改善

真の因果効果である「−4日」に近づいた！

で、因果効果推定のバイアスの観点からは小さくはない違いです。では、体重の分布のバランシングを改善するため、マッチングしてみましょう（表 4.3）。

ここでは、投薬ありグループの個体を基準に、投薬なしグループの個体をマッチングさせていきたいと思います。まず、投薬ありグループの猫のうち「くりむと」を基準として考えてみます。「くりむと」の体重は 3.6 kg なので、最も近い体重の個体を投薬なしグループから選ぶと「まちす（3.5 kg）」になります。これらの個体の駆除日数 Y_i の差は $Y_{くりむと} - Y_{まちす} = 9 - 13 = -4$ になります。同様に、投薬ありグループの猫 5 匹に対して、投薬なしグループから一番体重差の小さい個体をマッチングして各ペア内での Y_i の差を計算すると、

- くりむと(3.6 kg) − まちす(3.5 kg)：$Y_{\text{くりむと}} - Y_{\text{まちす}} = 9 - 13 = -4$
- ごっほ(4.2 kg) − まぐりと(4.3 kg)：$Y_{\text{ごっほ}} - Y_{\text{まぐりと}} = 12 - 16 = -4$
- むんく(4.5 kg) − しゃがる(4.4 kg)：$Y_{\text{むんく}} - Y_{\text{しゃがる}} = 13 - 17 = -4$
- ぶらつく(4.6 kg) − みろ(4.8 kg)：$Y_{\text{ぶらつく}} - Y_{\text{みろ}} = 14 - 19 = -5$
- きたへふ(5.0 kg) − あんり(5.1 kg)：$Y_{\text{きたへふ}} - Y_{\text{あんり}} = 16 - 20 = -4$

となります。

ここで、マッチングペア間での結果 Y_i の差の平均は$(-4-4-4-5-4)/5=$「−4.2 日」となります(表 4.3 右)。単純な投薬あり／なしグループでの平均の差は「−2.3 日」であり、真の値は「−4 日」なので、マッチングにより推定のバイアスが軽減したことがわかります。また、共変量の分布のバランシングの観点からみると、単純な投薬あり／なしグループ比較での体重 C の平均の差は 0.4 kg であったのに対し、マッチングペア間での C の差の平均は$(0.1-0.1+0.1-0.2-0.1)/5=-0.04$ kg であり、処置グループ間の比較において C の分布のバランシングが改善していることがわかります。この改善が、因果効果の推定のバイアスの軽減につながっているわけです。

このように、共変量の値が似たもの同士をマッチングさせて比較することにより、異なる処置グループ間での共変量の分布のバランシングをできるだけ改善させて解析をするのが「マッチングによる因果効果の推定」の考え方です。

4.3　重回帰分析で揃える

いままでの例では、処置 T が「あり／なし」の 2 値の場合を見てきました。この節では、処置 T が連続量の場合をみていきます。たとえば、投薬 T が「投薬あり／なし」ではなく、薬の量(mg)で表現されている場合を考えてみましょう。このときには「処置グループ」が連続的に存在するため、層別化後に各層内での処置グループ間の差をみるアプローチや、投薬のある個体とない個体をマッチングしてバランシングを目指すようなアプローチは難しそうです。こうした場合には一般に、重回帰モデルを用いて処置 T の連続的な変化を取り扱いながら、共変量を調整するアプローチが多く用いられます。

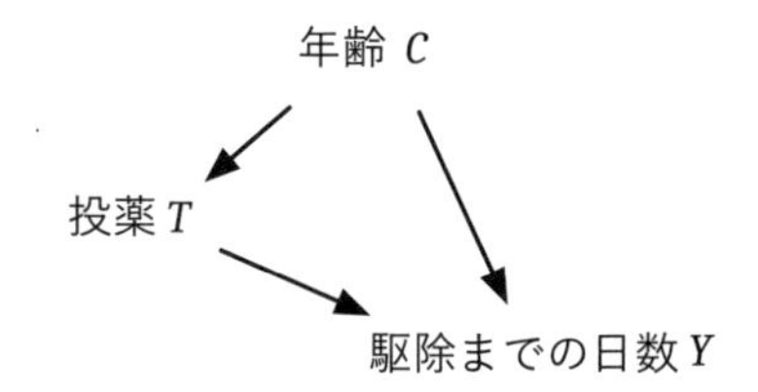

図 4.5 猫へのノミの駆除薬の効果の仮想例における因果ダイアグラム（年齢が共変量）

ここでも、前節までの例と同じく「ノミの駆除までの日数 Y」と「投薬 T」の関係を考えていきましょう。今回は、投薬 T は投与量の連続変数(mg)、共変量は年齢 C の整数値になっています（説明の単純化のため、C は 2, 4, 10 歳のいずれかの値をとるデータを想定します）。対応する因果ダイアグラムは先の 2 例と同じ構造であり、C を調整すればバックドア基準を満たすとします（図 4.5）。

まずは、重回帰分析による推定のイメージを図でつかんでいきましょう（図 4.6）。

重回帰モデルを用いた解析は、共変量の違いによって生じる結果の差を重回帰モデルで補正することにより、処置グループ間での共変量の分布がバランシングされた状況を作り出し、集団での因果効果を推定する方法です。因果ダイアグラムでイメージすると、重回帰分析で年齢 C を共変量として加えることは、年齢 C を重回帰モデルで“調整”することによりバックドアパスを閉じることとして捉えられます（図 4.6 右下）。

では、具体的な数値を用いた計算例をみていきましょう。今回は、表 4.4 のデータを考えていきます。

ここでもあらかじめ種明かしとなりますが、この表 4.4 のデータは以下の式に基づいて作られています。

$$Y = -0.05T + 5C - 5 + \text{誤差} \qquad \text{（式 4.1）}$$

与式より投薬 T の 1 mg 増加による因果効果の真の値は「-0.05」であり、また、年齢 C が 1 歳増加すると駆除日数が 5 日伸びるというデータになっています。このデータを用いるとき、重回帰モデルにおいて C を考慮するかど

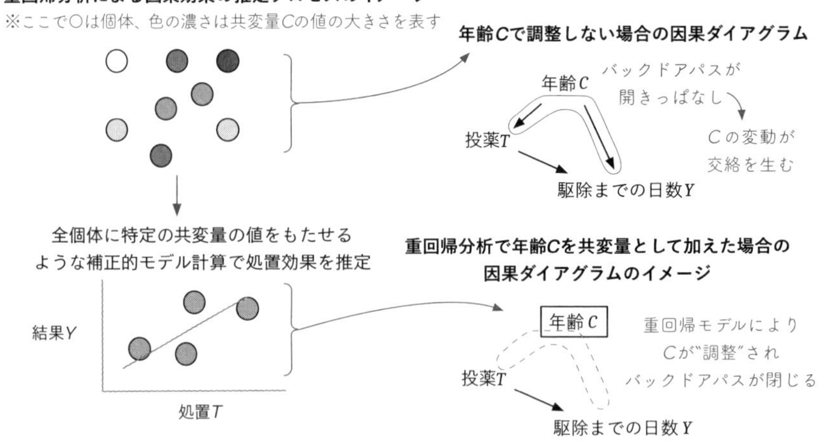

図 4.6 重回帰分析による因果効果推定手法のイメージ図

表 4.4 猫へのノミの駆除薬の投薬データの表(共変量 C が年齢の場合)

	(1)	(2)	(3)
個体 i	年齢 C_i	投薬量 T_i	駆除までの日数 Y_i
ぴかそ	2	19	5
だり	2	27	4
まちす	2	48	3
まぐりと	4	30	14
しゃがる	4	37	14
みろ	4	44	13
あんり	4	80	12
くりむと	10	73	42
ごっほ	10	70	42
むんく	10	82	41
ぶらつく	10	90	41
きたへふ	10	76	42
集計	$E[C]$ =6.0	$E[T]$ =56.3	$E[Y]$ =22.75

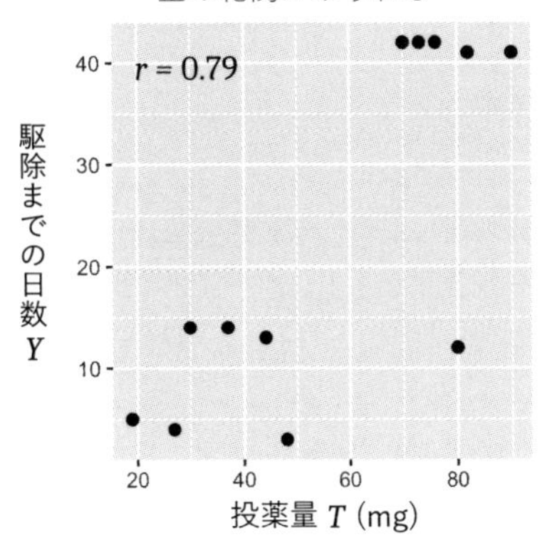

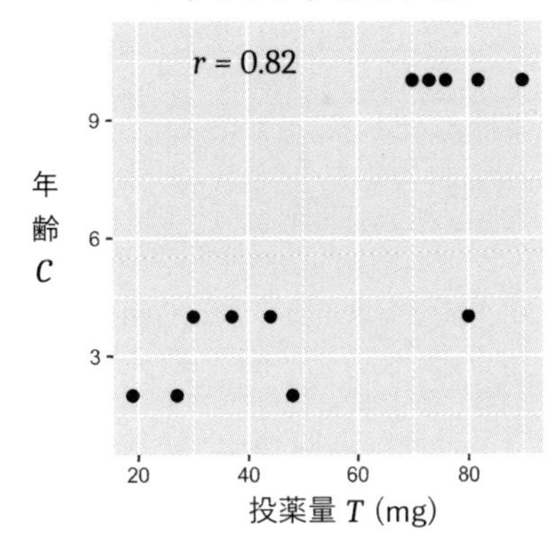

図 4.7　T と Y、T と C の間にそれぞれ強い相関がみられる

うかで、T の回帰係数の推定値がどう変わるかを見ていきましょう。

解析の前に、まずはこのデータの基本的な特徴を確認していきましょう。

(1) $E[C]=6.0$　← 全 12 匹の猫の平均年齢は 6.0 歳

(2) $E[T]=56.3$　← 全 12 匹の猫への平均投薬量は 56.3 mg

(3) $E[Y]=22.75$　← 全 12 匹の猫の駆除までの平均日数は 22.75 日

ここで、散布図を見てみましょう。投薬量 T と駆除までの日数 Y には正の相関があり、一見すると投薬が駆除までの日数を増加させるようにも見えています(図 4.7 左)。一方、投薬量 T を横軸にとり、年齢 C を縦軸にとって散布図を描くと、投薬量 T と年齢 C にも正の相関がみられる(=独立でない/バランシングしていない)ことがわかります(図 4.7 右)。

まずは比較のため、C がモデルに含まれていない(バックドアパスが閉じていない)単回帰モデルによる解析結果をみてみましょう。ここでの単回帰モデル式は $Y=\beta T+\alpha$ です。この単回帰モデルを用いた解析からは、T の回帰係数は「$\hat{\beta}=0.55$」と推定されました。この推定値は、式 4.1 による $T \rightarrow Y$ の真の因果効果である「-0.05」と比べると、符号も大きさもかけ離れた値となっています。ここで推定された回帰直線を散布図の上に描くと、図 4.8 のようになり

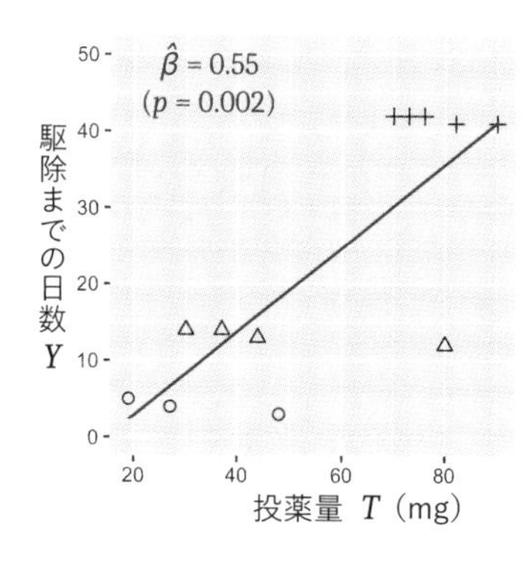

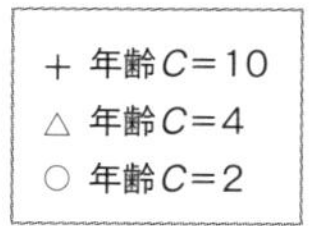

年齢Cの違いが単回帰直線の推定に
大きな影響を与えてしまっている！

図 4.8 年齢 C の違いが単回帰直線の推定に大きく影響している

ます。

この散布図を見てわかるように、ここでの回帰係数 $\hat{\beta}$ (0.55)と真の因果効果(−0.05)のズレは、年齢による違いが大きく影響しているために生じています。気をつけてほしいのは、この回帰係数は真の因果効果からはものすごくズレてしまっている一方で、p 値は $p=0.002$ であり、統計的には1% 水準でも有意になっていることです。これは、その回帰係数が「統計的に有意である」ことと「因果効果に対するバイアスのない推定値である」ことはまったく別の問題であることを端的に表しています。

では、年齢 C をモデルに含んだ(バックドア基準を満たした)重回帰モデルを使った解析結果をみてみます。重回帰モデル式は $Y=\beta_T T+\beta_C C+\alpha$ です。この重回帰モデルを適用した解析からは、T の偏回帰係数は「$\hat{\beta}_T=-0.048$」と推定されました。この値は、$T\rightarrow Y$ の真の因果効果(−0.05)にかなり近い値であり、C を説明変数として重回帰モデルに加えることにより、T の偏回帰係数 β_T を因果効果の推定値として解釈できるようになることがわかります[5)]。

手法の特徴の整理のため、層別化やマッチングの場合と比較してみましょう。層別化やマッチングでは、それぞれの個体がもっている共変量 C の値自体は改変されることはありませんでした。一方、重回帰分析の場合には共変量 C について「もしすべての個体が共変量 C についてある特定の値をもっていた場合」という反事実的状況に対応するような補正計算により、共変量が調整されています(巻末補遺 A1)。これは、それぞれの個体の側から見ると反事実的な共変量の値を強制的にもたされている(2歳の個体が「もしも6歳であったら」と想定されるような)状況に対応し、いささか"魔改造"というか、実はけっこう強い仮定を必要とする補正が行われています。

こうした反事実的な補正が正当化される条件を考えてみましょう。まずは、補正項の計算に用いられることになる重回帰モデルが適切である必要があります。たとえば、上記のデータに対して、不適切な(本来のデータ生成メカニズムとは異なり年齢 C の影響が2乗の項になっている)重回帰モデルである「$Y=\beta_T T+\beta_C C^2+\alpha$」を適用した重回帰分析をすると、$T$ の偏回帰係数は $\hat{\beta}_T=-0.0005$ と真の値よりも2桁小さく推定され、p 値も $p=0.925$ となり、T の影響をまったく検知できなくなります。このように、重回帰モデルに C が追加されている(バックドア基準が満たされている)場合でも、その重回帰モデルが背景にあるデータ生成メカニズムを適切に反映していない場合には、「モデルが合っていない(model misspecification)」ことによって、T の因果効果の推定値は不適切なものとなります。

また、やはり「モデルが合っていない」場合の類型のひとつとして、T の因果効果が C の値に依存して変わる場合(効果の修飾や異質性がある場合。第8章)にも、重回帰分析における「もしすべての個体が共変量 C についてある特定の値をもっていた場合」という暗黙の想定による問題が生じます。たとえば、年齢 C が2歳の場合と10歳の場合で T の因果効果が異なるとき、C の集団平均値(たとえば6歳)で推定された T の因果効果は、そのどちらともズレうることになります[6)]。

このように、重回帰分析は広く用いられている手法ではありますが、その共変量の調整において前提としているモデル上の仮定は必ずしも弱いものではありません。とは言え、そもそも一般に、統計的因果推論ではどの手法も、前提としている仮定は必ずしも弱くないのです。そのため実務上は、それぞれの手

5) 重回帰分析での補正計算の仕組みについては巻末補遺 A1 で説明しています。重回帰モデルでの偏回帰係数の散布図上でのイメージについては巻末補遺 A1 の図 A1.1 を参照ください。

6) もし T の因果効果にこうした異質性がある場合には、(効果の修飾を想定していない)重回帰分析から得られる因果効果の推定値の一般的な解釈は困難になります。

法の向き不向きを左右する諸条件(図4.9)をケースバイケースで検討した上で、手法を選んでいくことになります。いずれにしろ重要なことは、ドメイン知識を参照しながら、解析の前提となる仮定の妥当性を真剣に吟味することです。また、解析の結果として得られる因果効果の推定値(Estimand)については、用いた解析の手法に応じてその意味することが少しずつ異なるため(図4.9)、さまざまな可能性を想定した上で慎重かつ謙虚に解釈を重ねていくという心構えも重要となります。(概念と推定結果の解釈の吟味については、第8, 9章で詳しく議論します。)

4.4 この章のまとめ

- 共変量そのものに着目した調整の主なアプローチとしては、共変量の値に基づく層別化と標準化、マッチング、および回帰モデルに共変量を説明変数として加えた重回帰分析がある。
- 層別化と標準化を用いた解析では、同じ共変量をもつサブグループごとに因果効果の推定を行い(層別化)、その集団内での割合に応じた重み付け平均をとることにより(標準化)、集団全体での平均因果効果を推定する。
- マッチングを用いた解析では、異なる処置を受けた個体のうちで似た共変量の値をもつ個体をマッチングさせ、それらの個体間での結果の差を集計することにより、異なる処置グループ間での共変量の分布をできるだけバランシングさせながら集団での平均因果効果を推定する。
- 重回帰モデルを用いた解析では、共変量の違いによって生じる結果の差を重回帰モデルにより補正することにより、処置グループ間での共変量の分布がバランシングされた状況での集団での平均因果効果を推定する。
- 層別化、マッチング、重回帰モデルによる解析にはそれぞれの強み・弱み・特有の仮定があり、また、各手法により推定される因果効果も概念的に異なるものとなる(図4.9)。

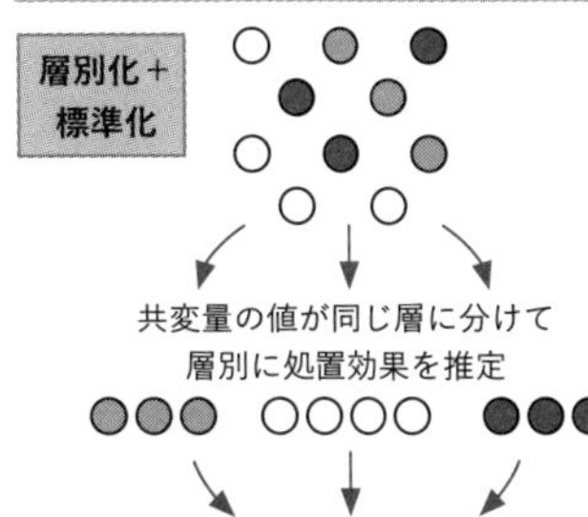

層別化の何が嬉しいか

- 共変量に関するモデルが不要
- 層による効果の違い（効果の修飾）が見えやすい

適用が苦しいケース

- 共変量and/or処置が連続量である
- 多数の調整すべき共変量がある

「誰」に対する平均因果効果の推定量をもたらすか？

- サンプル集団全体での平均因果効果(ATE)
（＋計算の過程において層別での平均因果効果も得られる）

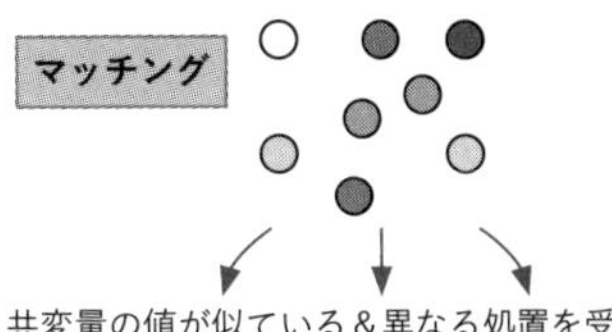

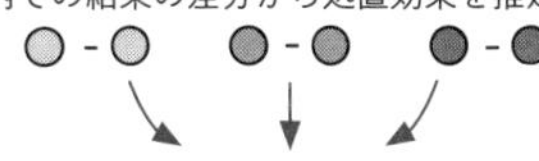

マッチングの何が嬉しいか

- 共変量が連続量でも対応可能
- 処置を受けた集団での因果効果（ATT）を推定可能

適用が苦しいケース

- 処置が連続量である
- 共変量が充分に近いペアをうまく作れない

「誰」に対する平均因果効果の推定量をもたらすか？

- サンプル集団内の「マッチングが成立したペア」での平均因果効果（処置あり個体をマッチ元とするとATTに対応）
- ペア作成から漏れる個体や、何度も使われる個体が多いと、もともとのサンプル集団とは特性の異なる集団に対する推定量になる

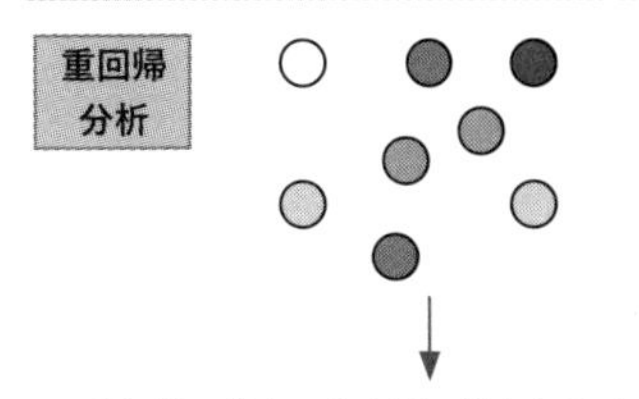

重回帰分析の何が嬉しいか

- 処置 and/or 共変量が連続量でも対応可能
- 異なる処置を受けている個体の共変量の重なりが小さかったり、多数の共変量がある場合でもエイヤッと（よくも悪くも）計算可能

適用が苦しいケース

- 重回帰モデルが生成モデルの妥当な近似表現となっているか判断できない

「誰」に対する平均因果効果の推定量をもたらすか？

- サンプル集団内のすべての個体が特定の共変量の値（集団平均値など）をもつような「仮想の集団」における平均因果効果
- 因果効果が共変量に依存して変わる場合には慎重な検討が必須

図 4.9 各手法の比較。各手法で推定される因果効果の内実は微妙に異なる

BOX 4.1 じゃあモデルなんて使わなければいいじゃないですか

回帰モデルを用いた推定の妥当性は、その回帰モデルが表現している変数間の関係に関する諸々の仮定(処置と結果の関係が線形である等々)に依存します。もし回帰モデルの仮定が適切でない場合には、その推定は妥当性に欠けるものとなります。一方、変数間の関係に関して特定のモデルを前提しない方法では、「モデルが適切でない」という理由により推定がおかしくなることはありません[7]。そのため、「じゃあモデルなんて使わなければいいじゃないですか。なんでモデルなんて使うんですか?」と思う人もいるかもしれません。その気持ちはよくわかります。

モデルが用いられる大きな理由は、解析の際に何らかのモデルの想定が必要となる場合がしばしばあるからです。典型的な例としては、処置(原因側の要因)が連続量の場合が挙げられます。

たとえば、PM2.5 などの大気汚染物質が健康に与える因果的影響を調べたいとします。多くの場合、大気汚染物質の濃度は連続量をとります。潜在結果モデルの枠組みで考えるときには、もし処置が「あり/なし」の2値であれば、その潜在結果として「処置あり」と「処置なし」の2つのケースだけを想定すれば十分です。しかし、処置が連続量の場合には、その潜在結果として無数の連続的な可能世界を想定する必要があり、潜在結果の差分としてその因果効果をシンプルに表現することは困難になります。これは端的に、潜在結果モデルの枠組みは、処置が連続量の場合の表現には向いていないことを意味しています。

こうした場合には、処置と結果の関係に関する何らかの仮定(モデル)をおくことにより、因果効果を推定可能な形で定式化することが必要になります。たとえば、処置の連続的な変化が結果に与える影響を線形のモデルにより表現し、そのパラメータの推定に回帰分析を適用することで、処置の因果効果を推定するアプローチがとられます。

このとき気をつけなければいけないことは、「処置が連続量である場合には、処置と結果の関係に関する何らかのモデルを仮定する必要がある」という話(＝回帰モデル等を仮定することの妥当性の話)と、「そのとき仮定したモデルは適切である」という話(＝仮定したモデル自体の妥当性の話)はまったく別の話ということです。そしてここで悩ましいのが、「仮定したモデル自体の妥当性」の判断それ自体がまたとても難しい問題であることです。本質的には、一般論として、「モデルの正しさ」を評価する絶対的な基準はなく、ドメイン知識や、モデルとデータとの整合性を見ながらその「正しさ」を総合的に判断していくことしかできません。この判断の難しさは、分析対象に対してあまり興味のない解析者が、統計的因果推論にモデルを持ち込むのを忌避する理由として十分なものと言えます。

さて、もう少し深く話を掘り下げてみましょう。分析対象に興味がある人にとって、多くの場合、「モデル」はしばしば解析上の小道具以上の意味をもちます。場合によっては、「分析対象の適切なモデル」を得ることのほうが、処置の因果効果を知ることよりも、もともとの本質的な興味に近いことさえあります。こうした興味を抱えた解析者は、しばしば「モデルの正しさ」と「バイアスのない因果効果の推定」の両方に興味があり、その二兎を追うことになります。

これはリスクのあるアプローチであり、分析がどっちつかずに終わる可能性もあります。しかしその一方で、解析者が「正しいモデル」について慎重な省察を重ねて検討することは、その推定された因果効果を正しく定義・解釈し、その解釈範囲の限界を見極め、質的研究へと課題をフィードバックするための良き吟味と研鑽の機会ともなりえます(第８，９章)。

7)「モデルと関係ない部分で前提とされる仮定や条件が成り立っていない」という理由で推定がおかしくなることは、普通にあります。

5
「次元の呪い」の罠の外へ
——傾向スコア法

本章では、前章よりもさらに複雑なケースを扱います。たとえば、猫の「毛の長さ」と「年齢」という特性の両方が、「投薬の有無 T」と「駆除までにかかる日数 Y」に影響してしまうような場合、どうすればよいでしょうか？また、そうした特性がもっともっとたくさんあるような場合には、どうしたらよいでしょうか？

前章では「共変量そのもの」に着目し、たとえば重回帰分析による手法では、「共変量 C と結果 Y の関係」の回帰モデル(アウトカムモデル)を利用して調整を行いました(図 5.1(1))。一方、この章では、「共変量 C と処置 T の割付との関係」に着目した調整のアプローチを解説していきます(図 5.1(2))。具体的には、傾向スコア法の考え方を学んでいきます。傾向スコア法では、「共変量 C と処置 T の関係」の回帰モデル(割付モデル)を作成し、その回帰モデルから推定した傾向スコアを用いて共変量の調整を行います。

5.1　傾向スコア法——“割付けられやすさ”を表す合成変数

さっそくですが、傾向スコア法を説明していきましょう。

前章で見た層別化の例では、バックドア基準を満たすために調整すべき共変量が1つだけの場合に、その共変量で層別化することで、異なる処置グループ間での共変量の分布のバランシングを行いました。ここではより一般的な場合として、調整すべき共変量 C が複数ある状況を考えていきます。

たとえば、バックドア基準を満たす共変量セットが C_A, C_B, C_C の3変数である場合を考えます。ここでそれぞれの変数が0/1の2値変数のとき、共変量の状態ごとの組み合わせを書き下すと、

(1) 共変量そのものに着目した調整

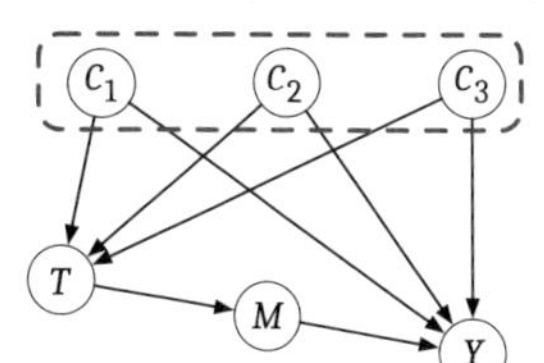

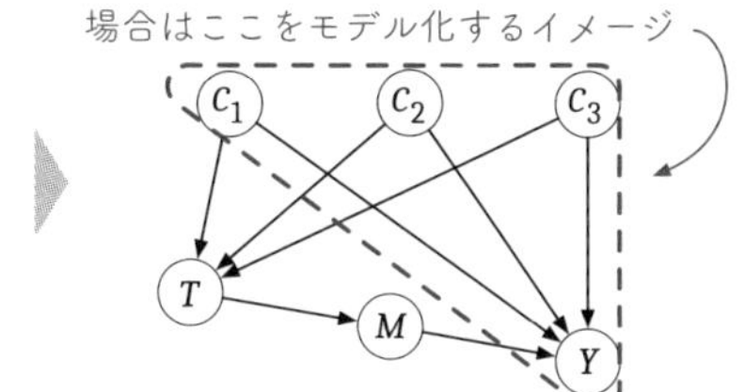

(2) 共変量と処置の割付との関係に着目した調整

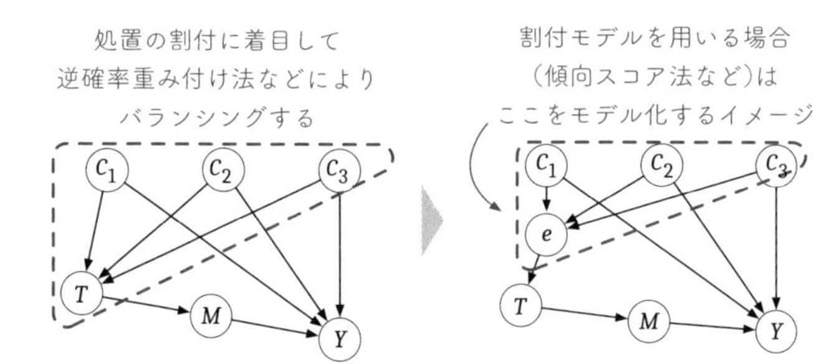

図 5.1 各アプローチによる調整のイメージ図

$$\{C_A=0, C_B=0, C_C=0\}, \{C_A=0, C_B=0, C_C=1\}, \{C_A=0, C_B=1, C_C=0\},$$
$$\{C_A=1, C_B=0, C_C=0\}, \{C_A=0, C_B=1, C_C=1\}, \{C_A=1, C_B=1, C_C=0\},$$
$$\{C_A=1, C_B=0, C_C=1\}, \{C_A=1, C_B=1, C_C=1\}$$

の$(2^3=)$ 8 パターンになります。同様に、変数が 10 個になると、その組み合わせの項の数は$(2^{10}=)$ 1024 パターンになります。もしここでサンプル集団のサイズが$N=100$ しかない場合を考えてみましょう。サンプル集団が 100 個体しかない場合には、1024 パターンの共変量の組み合わせの項があるとき、実際にそのパターンに対応する個体があるのはどんなに頑張ってもせいぜいパターンの 1 割程度です。こうした場合には、個体数がゼロの層が出てしまうため、層別化と標準化に基づく手法は適用できません[1)]。また、マッチングについても、1024パターンの組み合わせの下でのマッチングとなるため、何らかの大胆な仮定や工夫がなければ困難です。

一般に、バックドア基準を満たす変数セットがK個のm値変数からなるとき、m^K個の共変量の組み合わせを考える必要があります。このように、考慮すべき共変量の数(次元)が増えるほどそれらの組み合わせの数が爆発的に増えていき、その取り扱いがどうにもこうにも難しくなっていく現象を「次元の呪い」とよびます。

そこで傾向スコア法です。傾向スコア法の大きな利点は、この「次元の呪い」を避けられる点にあります。傾向スコア法では、複数の共変量から「処置が割付けられる傾向性(propensity)」を表す1つの合成変数(傾向スコア、propensity score)を構成することにより、次元の呪いを避けつつ、複数の共変量のバランシングをエイヤッと行います[2)]。

まずは、この方法を因果ダイアグラムでイメージしてみましょう。データの背景にある生成モデルを図5.2左のように描けるとします。ここでは、バックドア基準を満たすために考慮すべき共変量は多数($C_1, ..., C_K$)あります。ここで傾向スコアeは、図5.2右のように、$C_1, ..., C_K$を引数にもつ関数で決定される合成変数として解釈できます[3)]。このとき、この傾向スコアeを用いて「調整」することにより、複数のバックドアパスをまとめてブロックすることを目指すのが傾向スコア法の考え方です。

数式では、個体iのもつ傾向スコアe_iは次のように定義されます：

$$e_i = P(T_i = 1 \mid C_{1,i}, ..., C_{K,i})$$

このe_iは「個体iの共変量の値により定まる、$T=1$が割付けられる確率(傾向性)の強さ」を表しています。たとえば$e_i = 0.5$ならば「個体iが$T=1$を割付

1) 確率がゼロとなる層が出てしまう場合を「positivityの条件が満たされていない」と言います。

2) (便利さと誤推定のリスクのトレードオフは統計手法の常ですが)傾向スコア法であっても「次元の呪いを避ける」ことは決してリスクフリーではなく、複数の変数を一次元の合成変数へとまとめる際に誤推定(誤分類)の問題が生じえます。そのためある種の「エイヤ」感を伴うバランシングにはなります。とはいえ、傾向スコア法には、「その「エイヤ」により結果としてバランシングが改善したかどうか」を実際のデータから確認できるという大きな美点があります(5.3節)。

3) この図では単純化のため撹乱項は省略しています。

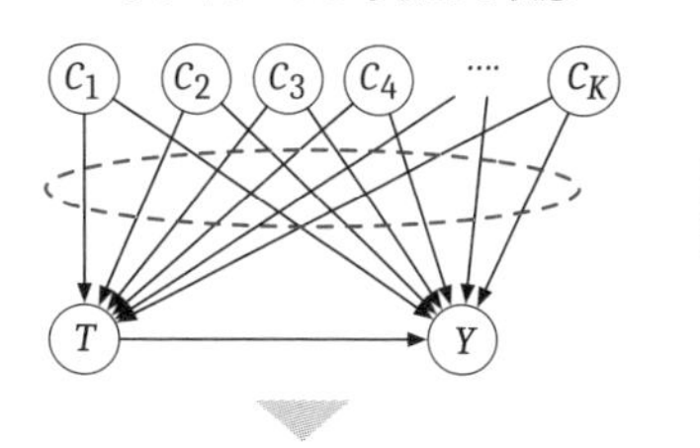

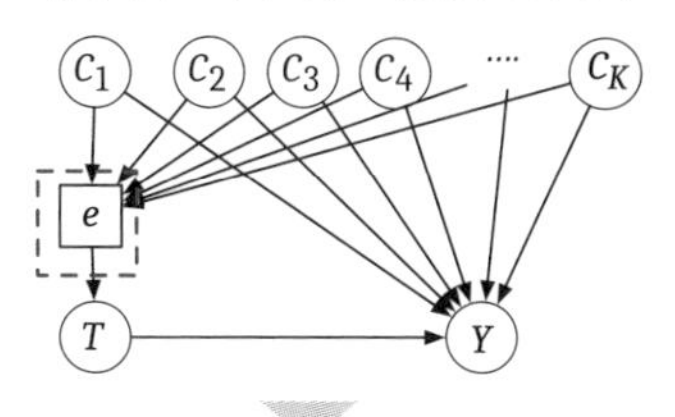

図 5.2 「バックドアパスをブロックする合成変数」としての傾向スコアのイメージ図

けられる確率は0.5（$T=1$と$T=0$は同じくらい割付けられやすい）」、また$e_i=0.9$ならば「個体iが$T=1$を割付けられる確率は0.9（かなり$T=1$を割付けられやすい）」となり、$e_i=0.1$ならば「個体iが$T=1$を割付けられる確率は0.1（かなり$T=0$を割付けられやすい）」という意味になります。つまり、傾向スコアe_iというのはある個体iがもつ（$T=1$への）"割付けられやすさ"を表す量と言えます。ここで「$T=1$を割付けられる傾向性が共変量の値により定まる」というのは、たとえば「年齢が高いほうが投薬を受けやすい」や「長毛種のほうが投薬を受けやすい」といったように、処置を受けるかどうかがその個体のもつ共変量の状態によって影響を受ける状況に相当します。

この傾向スコアの重要な特性として、共変量$C_1, \ldots, C_K$のセットがバックドア基準を満たすとき、それらの変数を用いて推定された傾向スコアeで条件付けることにより、潜在結果と処置が独立の関係になる（＝それらの共変量におけるバランシングが達成される）と期待できることが知られています[4]。式で表すと、

$$P(Y^{\mathrm{if}(T)}, T \mid e) = P(Y^{\mathrm{if}(T)} \mid e)$$

となります。別の言い方をすると、**"割付けられやすさe"が同じサブグループのあいだでは、実際にどちらの処置を割付けられたかにかかわらず、共変量の**

4）傾向スコア法の理論的側面については星野[4]の第3章に詳しい解説があります。

分布が異ならない(バランシングしている)と期待できることになります。つまり、傾向スコア e を利用した調整を行うことによって、複数の共変量 $C_1, \ldots, C_K$ による「次元の呪い」の罠へとハマることなく、複数の共変量におけるバランシングをいちどきに達成することが期待できるわけです。

実際の観察データの解析では、ある個体 i の傾向スコア e_i の値はデータから推定することになります。最も一般的には、処置 T の値を、バックドア基準を満たす共変量セット $(C_1, \ldots, C_K)$ を用いて以下のロジスティックモデル

$$T = \exp(\beta_0 + \beta_1 C_1 + \cdots + \beta_K C_K)/[1 + \exp(\beta_0 + \beta_1 C_1 + \cdots + \beta_K C_K)]$$

で回帰し、得られた回帰式のパラメータ $(\hat{\beta}_0, \hat{\beta}_1, \ldots, \hat{\beta}_K)$ を用いて

$$\hat{e}_i = \exp(\hat{\beta}_0 + \hat{\beta}_1 C_1^i + \cdots + \hat{\beta}_K C_K^i)/[1 + \exp(\hat{\beta}_0 + \hat{\beta}_1 C_1^i + \cdots + \hat{\beta}_K C_K^i)] \quad (式 5.1)$$

の式により、個体 i のもつ共変量セット $(C_1^i, \ldots, C_K^i)$ の値に基づき各個体 i の傾向スコアの推定値 $\hat{e}_i$ を算出する方法が多くとられています。

この傾向スコアの算出のそもそもの目的はあくまで「共変量の分布のバランシング」なので、このロジスティック回帰の回帰係数の評価、適合のよさ[5)]、解釈可能性などは重要ではありません[6)]。推定した傾向スコアがうまく機能しているかを確認するためには、あくまで共変量の分布のバランシングそのものが改善しているかどうかチェックすることのほうが重要です(5.3節)。また、結果として共変量の分布のバランシングがより改善されるのであれば、傾向スコアの推定をロジスティック回帰以外の推定手法(たとえば機械学習的手法)で行っても、原理的には何ら問題はありません[7)]。第4章でみた重回帰分析ではそのモデルがデータ生成過程の適切なモデルであることが必要とされることと比

---

5) 傾向スコア導出の際のチェックとして、以前はモデルの0/1判別能を示す C 統計量のチェックが推奨されることが多かったようですが、C 統計量はバランシングの達成度合いのよい指標ではない(たとえばコイントスによるRCT(次頁参照)の場合での0/1判別能(C 統計量)を考えると最低値の0.5になります)ため、昨今は共変量の分布のバランシングを直接確認する手法がより一般に用いられています。

6) そのため傾向スコアの算出の際は、多重共線性なども(完全多重共線性などの特殊な場合を除けば)あまり気にする必要はありません。

7) ロジスティック回帰は簡便ですが制約の強いモデルでもあるので、今後の手法の発展の中で機械学習的手法のほうが優れたバランシングをもたらす場合が増えてくるものと期待されます。

傾向スコア e で調整することにより
まとめてバックドアパスをブロック！

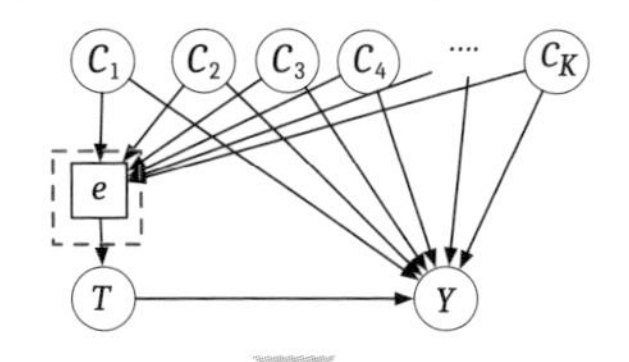

ここで、傾向スコアはバックドア基準
を満たす変数セットから構成される
"合成変数"として解釈できる

もし傾向スコアを構成する変数として
C_1 が考慮されていないと…

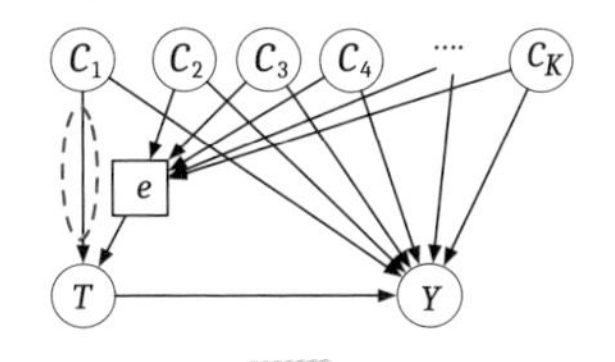

傾向スコアで調整を行っても
C_1 を通るバックドアパスは閉じて
いないのでバイアスは依然残る

図 5.3 傾向スコアを構成する変数セットがバックドア基準を満たしていない例

べて、この傾向スコアの推定モデルに必要とされる要件の緩さは、実用上の大きなメリットと言えます[8)]。

注意点として、傾向スコアの算出の際に用いられる変数セットがバックドア基準を満たしていない場合には、バイアスが残る可能性があります。たとえば図 5.3 右では、C_1 はバックドア基準を満たすためには考慮すべき変数ですが、傾向スコア e の算出の際に C_1 が含まれていない(傾向スコアが C_1 を含む関数として定義されていない)と、傾向スコア e で調整しても $T \leftarrow C_1 \rightarrow Y$ のバックドアパスは(別途 C_1 を調整しないかぎり)開きっぱなしとなります。別の言い方をすると、傾向スコア e でのバランシングが期待できるのはその傾向スコアの算出の際に含まれている変数のみなので、この場合には C_1 に関してはバランシングが達成されずに、バイアスが依然残ることになります。

傾向スコア法は RCT(Randomized Controlled Trial、無作為化比較試験)を模した手法と言われることもあるので、RCT の例とも比較しながら考えてみたいと思います。第 3 章で紹介した図の形(図 3.7)で書くと、RCT では無作為に処置を割付けることで、異なる処置グループにおける共変量の分布がバランシングしていると解釈できます。一方、傾向スコア法では、同じ傾向スコアをもつ

8) ただし傾向スコア法は、処置が連続量の場合には、基本的には適用の難しい手法です。

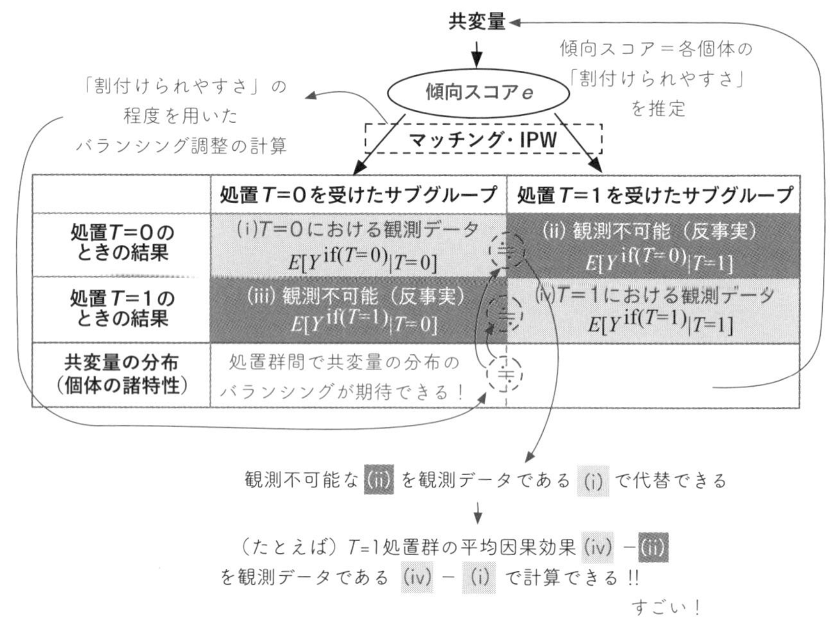

図 5.4　潜在結果の表からみた傾向スコア法のイメージ図(図 3.7 との比較)

($T=1$への“割付けられやすさ”が同じ)個体のあいだでは処置の割付は無作為に決まる、と解釈できます。そのため、傾向スコアの値で調整を行った処置グループ間では、無作為割付の状況が擬似的に達成されている(＝共変量の分布がバランシングしている)と期待できることになります(図 5.4)。

5.2　傾向スコア法を使ってみよう

では実際に、傾向スコア法を使った計算をしてみましょう！

前章からの例である猫へのノミ駆除薬の投薬の話の拡張として、体重(C_W)と年齢(C_A)の２つの共変量がある表 5.1 のデータを用いて考えていきます。本来ならば、共変量の数がもっと多くてサンプルサイズももっと大きいほうが傾

表 5.1　12 匹の猫によるノミ駆除薬の仮想データの表

	(1)	(2)	(3)	(4)	(5)	(6)	(7)		(8)	
個体 i	体重 C_W	年齢 C_A	投薬 T_i	駆除までの日数 Y_i	$Y_i \mid T_i=0$	$Y_i \mid T_i=1$	$C_W \mid T_i=0$	$C_W \mid T_i=1$	$C_A \mid T_i=0$	$C_A \mid T_i=1$
ぴかそ	3.7	4	0	7	7		3.7		4	
だり	4.1	4	0	9	9		4.1		4	
まちす	4.3	4	1	6		6		4.3		4
まぐりと	3.5	6	1	9		9		3.5		6
しゃがる	4.4	4	1	6		6		4.4		4
みろ	4.8	4	0	14	14		4.8		4	
あんり	5.1	6	0	23	23		5.1		6	
くりむと	3.6	5	0	10	10		3.6		5	
ごっほ	4.2	6	1	13		13		4.2		6
むんく	4.5	4	0	12	12		4.5		4	
ぶらつく	5.6	5	1	17		17		5.6		5
きたへふ	6.0	6	1	24		24		6.0		6
集計	$E[C_W]$ =4.5	$E[C_A]$ =4.8	$P(T=1)$ =6/12	$E[Y]$ =12.5	$E[Y \mid T=0]$ =12.5	$E[Y \mid T=1]$ =12.5	$E[C_W \mid T=0]$ =4.3	$E[C_W \mid T=1]$ =4.67	$E[C_A \mid T=0]$ =4.5	$E[C_A \mid T=1]$ =5.17

処置グループ間でのＹの平均値には差がない

処置グループ間で共変量のバランシングは崩れている

向スコア法のうまみは大きいのですが、ここでは計算過程を簡単に追えるように、「2 共変量・12 サンプル」というミニマルな例で考えていきます[9]。

まずはこのデータの基本的な特徴を見ていきましょう。

(1) $E[C_W]=4.5$　← 全 12 匹の猫の平均体重は 4.5 kg

(2) $E[C_A]=4.8$　← 全 12 匹の猫の平均年齢は 4.8 歳

(3) $P(T=0)=6/12$, $P(T=1)=6/12$　← 12 匹の猫のうち、投薬なしが 6 匹、投薬ありが 6 匹

駆除までの平均日数については、

9) サンプルサイズが小さすぎるので実務的には推定精度のほうで明らかに問題含みとなりますが、ここでは傾向スコア法のロジックの理解が目的のため、あくまで因果効果の推定における系統的なバイアスにのみ着目した議論をしていきます。

(4) $E[Y]=12.5$ ← 12 匹の猫全体での駆除までの平均日数は 12.5 日

(5) $E[Y \mid T=0]=12.5$ ← 投薬なしグループでの駆除までの平均日数は 12.5 日

(6) $E[Y \mid T=1]=12.5$

← 投薬ありグループでの駆除までの平均日数は 12.5 日

これらの投薬あり／なしの単純な集計結果をみると、投薬による駆除日数の変化はみられません。一方、処置グループごとでの共変量の分布をみると、

(7) $E[C_W \mid T=0]=4.3, E[C_W \mid T=1]=4.67$

← 投薬なしグループの平均体重は 4.3 kg、投薬ありグループの平均体重は 4.67 kg

(8) $E[C_A \mid T=0]=4.5, E[C_A \mid T=1]=5.17$

← 投薬なしグループの平均年齢は 4.5 歳、投薬ありグループの平均年齢は 5.17 歳

となっており、異なる投薬の処置グループ間で C_W, C_A の分布のバランシングは崩れていることがわかります(これらの値の違いの絶対値は小さく感じるかもしれませんが、この例はこの程度の偏りでもバイアスが生じる例となっています)。

ここであらかじめネタバレとなりますが、この表 5.1 の個体 i の Y_i の値は、与えられた処置 T_i と共変量 C_W^i, C_A^i の値に基づき、以下の式 5.2 に基づいて作られています：

$$Y_i = -5T_i + 6(C_W^i - \bar{C}_W) + 4(C_A^i - \bar{C}_A) + 15 + \text{乱数} \qquad (\text{式 } 5.2)$$

ここで $\bar{C}_W, \bar{C}_A$ は、このサンプル集団における体重(Weight)と年齢(Age)の平均値です。この式から、投薬 T による介入効果の真の値は「−5 日」、また、体重 C_W^i の値が 1 kg ぶん大きい場合には駆除日数が「6 日」、年齢 C_A^i が 1 歳ぶん高い場合には駆除日数が「4 日」伸びることがわかります。ここでの例は、年齢と体重により投薬 T も影響を受ける状況であり、因果ダイアグラムは図 5.5 で記述できる(つまり $\{C_W, C_A\}$ がバックドア基準を満たす変数セット)とします。

では以下で、傾向スコア法で C_W, C_A の分布をバランシングして、$T \to Y$ の

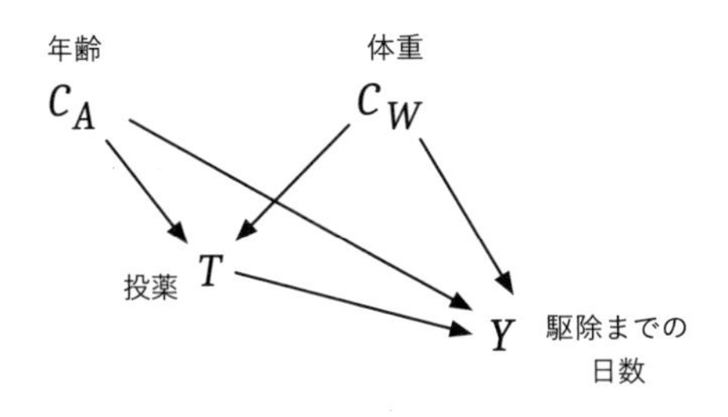

図5.5 今回の例の背景にある因果ダイアグラム

因果効果を推定してみましょう。

まず、ロジスティック回帰を用いて各個体の傾向スコアの値を推定します。ここでの目的変数は「投薬 T」、説明変数は「体重 C_W」「年齢 C_A」です。表5.1のデータから、ロジスティック回帰モデルのパラメータは、C_W の係数が $\hat{\beta}_{C_W}=0.54$、C_A の係数が $\hat{\beta}_{C_A}=0.81$、切片が $\hat{\beta}_0=-6.27$ と推定されました。これらのパラメータ値およびそれぞれの個体 i がもつ共変量 C_W^i, C_A^i の値を用いて、式5.1から、傾向スコア e_i の値を計算できます。たとえば、表5.1から「ぴかそ」のもつ共変量の値は $C_W^{ぴかそ}=3.7$ kg、$C_A^{ぴかそ}=4$ 歳であり、「ぴかそ」の傾向スコアを計算すると、「$\hat{e}_{ぴかそ}=0.26$」になります。こうして計算した傾向スコアを表5.1に追加したものが次頁の表5.2です。

このデータでは、C_W や C_A が大きくなるにつれ投薬を受けやすく、実際にそれらが大きいほど傾向スコアが大きくなっています。たとえば、「ぴかそ($C_W^{ぴかそ}=3.7, C_A^{ぴかそ}=4$)」の傾向スコアは「$\hat{e}_{ぴかそ}=0.26$」である一方で、「きたへふ($C_W^{きたへふ}=6.0, C_A^{きたへふ}=6$)」の傾向スコアは「$\hat{e}_{きたへふ}=0.86$」であり、$C_W$ や C_A の値が大きい「きたへふ」のほうが投薬をより受けやすい($T=1$ となりやすい)傾向が推定されています。

5.3 傾向スコアによるマッチング

では、推定した傾向スコアを用いて、$T \rightarrow Y$ の因果効果を推定してみましょう。

傾向スコアを用いた調整の代表的な手法としては、マッチング法によるもの

表 5.2　推定された傾向スコアの値を表 5.1 に追加した表

個体 i	体重 C_W	年齢 C_A	投薬 T_i	駆除までの日数 Y_i	傾向スコア $\hat{e}_i$
ぴかそ	3.7	4	0	7	0.26
だり	4.1	4	0	9	0.30
まちす	4.3	4	1	6	0.32
まぐりと	3.5	6	1	9	0.61
しゃがる	4.4	4	1	6	0.34
みろ	4.8	4	0	14	0.38
あんり	5.1	6	0	23	0.79
くりむと	3.6	5	0	10	0.42
ごっほ	4.2	6	1	13	0.69
むんく	4.5	4	0	12	0.35
ぶらつく	5.6	5	1	17	0.68
きたへふ	6.0	6	1	24	0.86
集計	$E[C_W]$ =4.5	$E[C_A]$ =4.8	$P(T=1)$ =6/12	$E[Y]$ =12.5	$E[\hat{e}_i]$ =0.5

この例では
「体重」と「年齢」が高いほど
「投薬」を受けやすい。
その2つの共変量による
影響を「傾向スコア」は
1つの変数の値で
まとめて表現
(一次元的に縮約)している

と逆確率重み付け(Inverse Probability Weighting, IPW)法によるものがあります。一般に、処置グループにおける平均因果効果(ATT, BOX 3.2)を推定することが目的の場合には、マッチング法が多く用いられます。一方、IPW 法は集団全体における平均因果効果(ATE)を推定する際に多く用いられます(巻末補遺 A2)。以下では、マッチング法による計算例を見ていきます。

マッチング法にはいくつかのアルゴリズムがありますが、今回の例ではシンプルに、傾向スコアの値の最も近い個体をマッチング(最近傍マッチング)していきましょう。処置グループにおける平均因果効果(ATT)の計算を目的として、「投薬あり $T=1$」の各個体に対して最も近い傾向スコアの「投薬なし $T=0$」個体を選ぶと、表 5.3 のような組のペアを作ることができます(今回の例では個体が 12 匹しかいないので、計算の便宜上、「ペアを作る際に同じ個体を複数回選んでもよい」というルール[10]で選んでいます)。

これらの各ペア間での Y の差分を集計すると、投薬による因果効果は平均で「−6.3 日(=(−3−14−6−10−6+1)/6)」となっています。単純な処置グル

10) マッチングアルゴリズムの分類としては、「復元あり・重み付けなしの最近隣法マッチング」に対応します。

表 5.3　傾向スコアを用いたシンプルなマッチングによる計算の例

推定量は
ATTに対応

「投薬あり」の個体に対して
傾向スコアが最も近い「投薬なし」の
個体を選んでペアを作る

傾向スコアが最も近い個体ペア間で
結果Yの差分をとる

個体のペア		傾向スコア e		日数 Y		Yの差分
投薬あり$T=1$	投薬なし$T=0$	投薬あり	投薬なし	投薬あり	投薬なし	(あり－なし)
まちす		0.32		6		−3
	だり		0.30		9	
まぐりと		0.61		9		−14
	あんり		0.79		23	
しゃがる		0.34		6		−6
	むんく		0.35		12	
ごっほ		0.69		13		−10
	あんり		0.79		23	
ぶらつく		0.68		17		−6
	あんり		0.79		23	
きたへふ		0.86		24		1
	あんり		0.79		23	
平均		0.58	0.64	12.5	18.8	−6.3

傾向スコアマッチングによる
共変量のバランシング調整後の因果効果

ープ間での結果Yの差は「0日($=E[Y|T=1]-E[Y|T=0]$)」であり、真の因果効果は「−5日」であることから、傾向スコアによるマッチングにより、推定のバイアスがかなり改善したことがわかります。

傾向スコアを用いたマッチングで、実際に共変量の分布のバランシングが改善しているかどうかも確かめてみましょう。次頁の表5.4では、傾向スコアでマッチングしたペア間での共変量の差を示しています。この表からわかるとおり、もともとの集団全体での処置グループ間の体重の差は「0.37 kg」だったものが、マッチングしたペア間では「−0.17 kg」に改善しています。同様に、年齢の差は「0.67歳」から「−0.17歳」に改善しています。このように、調整の結果として共変量の分布のバランシングが改善しているかどうかを実際の値で確認できることは、傾向スコア法の大きな美点です。また、今回のシンプ

表 5.4 傾向スコアを用いたマッチング後の共変量の分布のバランシングの改善

個体のペア		体重 C_W		体重 C_W の差分（あり－なし）	年齢 C_A		年齢 C_A の差分（あり－なし）
投薬あり $T=1$	投薬なし $T=0$	投薬あり	投薬なし		投薬あり	投薬なし	
まちす		4.3		0.2	4		0
	だり		4.1			4	
まぐりと		3.5		−1.6	6		0
	あんり		5.1			6	
しゃがる		4.4		−0.1	4		0
	むんく		4.5			4	
ごっほ		4.2		−0.9	6		0
	あんり		5.1			6	
ぶらつく		5.6		0.5	5		−1
	あんり		5.1			6	
きたへふ		6.0		0.9	6		0
	あんり		5.1			6	
平均		4.67	4.83	−0.17	5.16	5.33	−0.17

もともとの集団全体での処置グループ間の体重の差は平均0.37kg → マッチングペア間では平均−0.17kgに改善

もともとの集団全体での処置グループ間の年齢の差は平均0.67歳 → マッチングペア間では平均−0.17歳に改善

ルな例では共変量の数が2つだけなので傾向スコアによる調整のメリットを実感しにくいかもしれませんが、たとえば共変量の数が15個ある場合に、「傾向スコアという1つの変数の値でマッチングするだけで、それら多くの共変量の分布のバランシングをいちどきに調整することが期待できる」[11]というのは、傾向スコア法の大きなメリットです。

なお、今回の例では「最も傾向スコアの近い個体を選ぶ(かつ、同じ個体を二度選んでもよい)」というマッチングのルールで計算をしましたが、傾向スコア

11) 夢のない話をするようですが、実際には傾向スコア法で調整しても共変量の分布のバランシングがそれほど改善しない場合も少なくありません。実際の改善度はたとえば、解析対象のデータにおける“common support”(5.4節)の度合いに大きく依存します。傾向スコア法は(他の多くの手法と同様に)あくまでバランシングの大幅な改善を「確約」するものではなく、事前に私たちに許されるのは改善への「期待」までです。

のマッチング計算の実装においては、「傾向スコアの“近さ”の定義」および「ペアの抽出の方法」にはいくつかの異なるやり方があります。それらの方法および、マッチング法で得られた推定値の標準誤差の計算などの実装時の重要な論点については、高橋[28]の11章に詳細かつわかりやすい解説があります。

5.4 マッチングは相手あってこそ

さて実は、前節のマッチングでは明らかに望ましくない状況が生じています。最も傾向スコアが近い個体を選ぶという方針の結果として、マッチングした6ペア中の4ペアにおいて、処置なし($T=0$)の個体が「あんり」となっています。こうした状況では、特定の個体(ここでは「あんり」)の値に全体の推定量が左右されやすく、推定が不安定になりやすくなります[12)]。

こうした状況を生む本質的な要因として「処置グループ間で傾向スコアの分布の重なり(common support)が乏しい」ことが挙げられます。まずはざっくりイメージをつかんでみましょう(図5.6)。

この図の横軸は傾向スコアの値を、縦軸はその値をもつ個体の数を表しています。縦軸のゼロ点から上側が処置 $T=0$ を受けた個体の数で、下側が処置 $T=1$ を受けた個体の数です。$T=0$ の個体については上に伸びるほど、$T=1$ の個体については下に伸びるほど、その傾向スコアをもつ個体数が多いことを示しています。

図5.6aでは、同じような傾向スコアをもつ個体がどちらの処置グループにも一定数バランスよくいるため、処置グループ間で傾向スコアの分布はよく重なっています。こうした場合には、傾向スコアの近い個体を処置グループ間でマッチングするのは比較的容易です[13)]。一方、図5.6bでは、異なる処置グル

12) では同じ個体を重複して選ばなければよいかというと、話はそう単純ではありません。重複を禁止することにより、その分だけ傾向スコアの離れた(＝共変量の値が近いと期待できない)個体ペアが含まれるようになると、共変量の分布のバランシング調整がより不十分になるため、推定の不安定さとバランシングとのトレードオフを考量する必要があります。また、同じ個体を選んでもよいとする場合には重み付けにより調整を行う方法もあります(高橋[28] 11.9節)。

13) IPW法(巻末補遺A2)を用いた場合でも、少数の個体だけが極端なウェイトの値をもつ状況が比較的生じにくいので、比較的良好なバランシングと、安定した推定値が得られると期待できます。

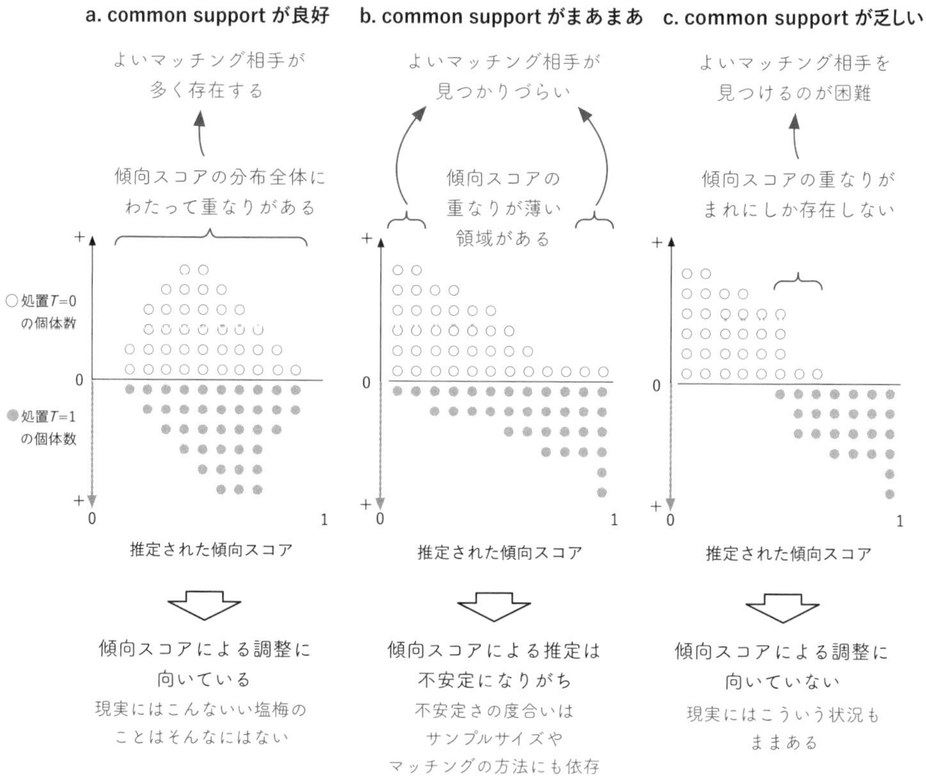

a. common support が良好
よいマッチング相手が
多く存在する
傾向スコアの分布全体に
わたって重なりがある
傾向スコアによる調整に
向いている
現実にはこんないい塩梅の
ことはそんなにはない

b. common support がまあまあ
よいマッチング相手が
見つかりづらい
傾向スコアの
重なりが薄い
領域がある
傾向スコアによる推定は
不安定になりがち
不安定さの度合いは
サンプルサイズや
マッチングの方法にも依存

c. common support が乏しい
よいマッチング相手を
見つけるのが困難
傾向スコアの重なりが
まれにしか存在しない
傾向スコアによる調整に
向いていない
現実にはこういう状況も
ままある

○処置 $T=0$ の個体数
●処置 $T=1$ の個体数
推定された傾向スコア

図 5.6 傾向スコア法による調整における common support の重要性

ープ間で傾向スコアの分布は重なってはいるものの、傾向スコアが 0 または 1 に近い部分では、その重なりが薄くなっています。このとき、分布の重なりが薄い部分では、傾向スコアの近いマッチング相手は見つかりにくくなります[14)]。さらに図 5.6c では、傾向スコアの分布の重なりがまれにしか存在しない状態になっています。このときには、重なりのない部分ではマッチングが難

14）IPW 法では極端なウェイトの値が少数の個体に与えられがちになるため、その分だけ推定が不安定になります。$e=0$ にかなり近い傾向スコアをもつ個体が処置 $T=1$ をもつときには、IPW のウェイトの値 $1/e$ は非常に大きくなりうることに注意が必要です。$e=1$ にかなり近い傾向スコアをもつ処置 $T=0$ の個体も同様。

しいため、傾向スコアによる調整は基本的には止めておいたほうがよい状況と言えます[15)]。

上記のことから、傾向スコアを用いた解析を行う際には、処置グループ間での傾向スコアの分布の重なりが十分にあることを確認しておくことがとても重要です。もし分布の重なりが乏しい場合には、傾向スコアの範囲を限定した解析や、傾向スコアの範囲に基づく離散化や層別化を選択するなどの次善の策を検討することになります。

5.5 この章のまとめ

- 共変量が複数ある場合には、「割付けられやすさ」を表す合成変数である傾向スコアを利用した方法により、「次元の呪い」を回避しながら共変量の分布のバランシングを行うことができる。
- 傾向スコアを利用したバランシングの具体的な方法としては、マッチング法や IPW 法(巻末補遺 A2)などがある。
- 傾向スコア法の大きな美点のひとつは、共変量の分布のバランシングが改善したかどうかを実際のデータからチェックできることにある。
- 傾向スコアを用いた調整では、処置グループ間での共変量の分布の重なりがあることが実務上重要なポイントとなる。

15) 傾向スコアが重なっている部分のデータだけ抜き出して分析する方法もありますが、その場合の因果効果はあくまでその「抜き出した集団における因果効果」であり、もともとのサンプル集団における因果効果とはかなり異なりうることに注意が必要となります。

6 共変量では調整できない、そんなとき
——差の差法、回帰不連続デザイン

国では数年前から、飼い猫たちの全頭把握のため「ニャイナンバーカード」を発行していますが、A 県でのカード取得率は伸び悩んでいます。そこで A 県の職員であるあなたは、「ニャイナンバーカード」の取得者に地域クーポンをプレゼントすることで、取得率を上げられないかと検討しています。しかし、まだ「地域クーポンの導入→カード取得率の増加」の因果効果のほどは不明です。さらに、地域クーポンの導入とカード取得率、双方に影響する特性はたくさんありそうですが、ろくなデータがありません。さあ、どうしましょう。

本章では、そんなケースを扱います。共変量のデータを用いて調整するというよりも、ある特定の条件を満たすデータ(のサブセット)を解析の対象とすることで、実質的にバランシングを達成させる方法(図Ⅱ.1, Ⅱ.2 の A-2)を見ていきます。まずは、アプローチのイメージを図でつかんでおきましょう。第 4, 5 章では共変量データが利用可能な状況において、それらのデータを用いた回帰分析や傾向スコア法によりバランシングの達成を目指すアプローチを見てきました(図 6.1(1))。一方、本章では、そもそも調整すべき共変量のデータが得られない状況を想定します。こうした状況において、強い仮定の導入とともにデータの変換や局所的データへの着目を行うことで、実質的に共変量の分布のバランシングが達成されている状況に持ち込むことを目指します(図 6.1(2))。

6.1 差分データへの変換によるバランシング ——差の差法

まず、いわゆる「差分」に着目した方法である「差の差法」について説明していきましょう。仮想例として、「ニャイナンバーカードの普及」の例を考え

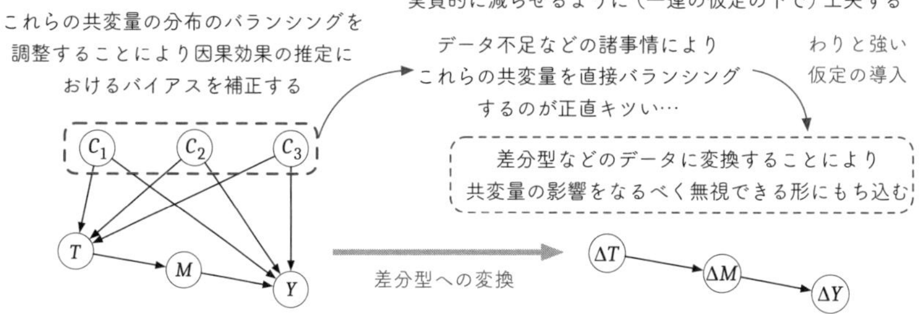

図 6.1 データの変換や局所的データに着目する手法のイメージ図

ます。

あなたはA県の職員で、国が5年前から飼い猫の全頭把握のために導入した「ニャイナンバーカード」の普及業務に携わっているとします。ニャイナンバーカードは、国内の全ての飼い猫に割り当てられた個体識別番号(ニャイナンバー)の証明書となるものであり、今後、自治体からの「子猫手当」などの支援を受けるために必要となるものです。国は10年以内にニャイナンバーカードの取得率(全飼い猫あたり)を90%とすることを目標としていますが、カード取得促進のための具体的な施策は各県に丸投げしています。あなたはA県における普及担当者として県内でのカードの取得率を向上させる必要があります。A県における目下の課題として、カード取得促進のための施策として、カードの取得時に地域クーポン(ふるさとニャイナンバークーポン)がもらえるという制度を導入するべきかどうかを検討しているとします。

検討の第1段階として、あなたはまずは「地域クーポンの導入がカードの取得率を上げているか」を調べるために、A県(地域クーポンなし)とB県(地域クーポンあり)におけるカードの取得率をまとめてみました(図6.2)。

この関係をみると、地域クーポンを導入しているB県のほうが、導入していないA県よりも、カードの取得率が高い傾向があるようです。

さて、この傾向を「地域クーポンの導入→カードの取得率」の因果的影響として解釈できるでしょうか？ たとえば、もし図6.2右の因果構造であった場

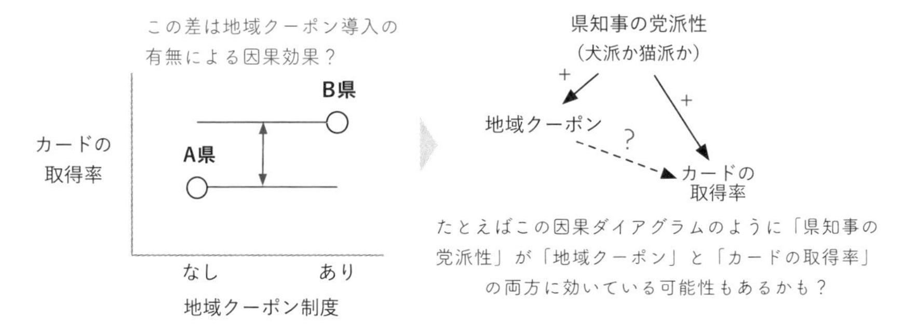

図 6.2 地域クーポンはカードの取得率を増加させているか？

合には、その県での「県知事の党派性(犬派か猫派か)」が「カードの取得率」と「地域クーポンの導入」の両方に影響を与えており、その結果としてＢ県のほうが高い取得率になっている可能性もありえます。「Ｂ県知事が猫派である」ことがＢ県内でのより強い行政的イニシアチブをもたらし、「カードの取得率」と「地域クーポンの導入」の両方を促進するのはありえる話かもしれません。こうした状況の場合には、図 6.2 左のようなパターンが見られたとしても「地域クーポンの導入→カードの取得率」という因果効果によるものではないかもしれません。

一方、猫好きの同僚が、地域クーポンが既に導入されているＢ県について、地域クーポンの導入前(2021 年)と後(2022 年)でのカードの取得率のデータもまとめてくれました。この関係をみると、地域クーポンを導入する前後で、カードの取得率は増加の傾向がみられます(図 6.3)。

この図では地域クーポンの導入の後にカードの取得率が上昇していますが、もしかしたら地域クーポンの導入がなくても上昇した可能性もあります。たとえば図 6.3 右のように、データがとられた 2021 年と 2022 年のあいだに日本全体における「ニャイナンバー制度の認知度」が上がり、その結果として「カードの取得率」が上昇した可能性もあるかもしれません。カードの取得率に影響を与えるものは地域クーポンだけではないため、このデータのみからは「地域クーポンの導入」がその特異的な原因とみなせるかどうかは判然としません。

もしここで、たとえば「県知事の党派性」や「ニャイナンバー制度の認知

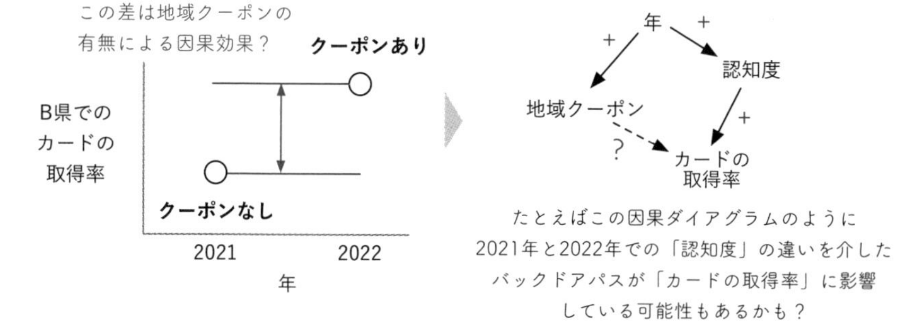

図 6.3 年による認知度の違いを介した交絡が影響しているかも？

度」のデータが観測されていれば、前章までの解析のようにそれらの共変量データを利用した交絡の調整ができたかもしれません。しかし、ここではそれらのデータは観測されていないとします。

ここで、共変量データの代わりに知恵を追加して、「県別での差分」のデータと「前—後の差分」のデータを組み合わせてみましょう。具体的には、「県内での前—後の差分」における「県別の差」を見ていきます。縦軸に「前—後の差分」をとり、横軸に「地域クーポンのあり／なし(＝B県とA県)」をとってまとめたのが、次頁の図 6.4 の右の 2 つの図です。

図 6.4 右上では、「地域クーポンのあり／なし」の県のあいだで、「前—後の差分」に大きな違いはありません。つまり、これらの「地域クーポン導入の前後の差」は、地域クーポンの有無とは無関係に生じているものであると考えられます。この結果を(以下で説明される諸前提条件が満たされているという仮定のもとで)解釈すると、「地域クーポンの導入→カードの取得率の上昇」の因果効果はみられない、という結論になります。

一方、地域クーポンの導入による因果効果がある場合(図 6.4 下)には、もし地域クーポンの有無以外に県別の差を生み出す他の要因がなければ、その「県内での前—後の差分」における「県別の差」を「地域クーポン導入による因果効果」と解釈できます。

このように(典型的には“時点間”差分と“地域間”差分などの)異なる次元の「差分」の組み合わせに着目し、差分型のデータに変換することにより、因果効果

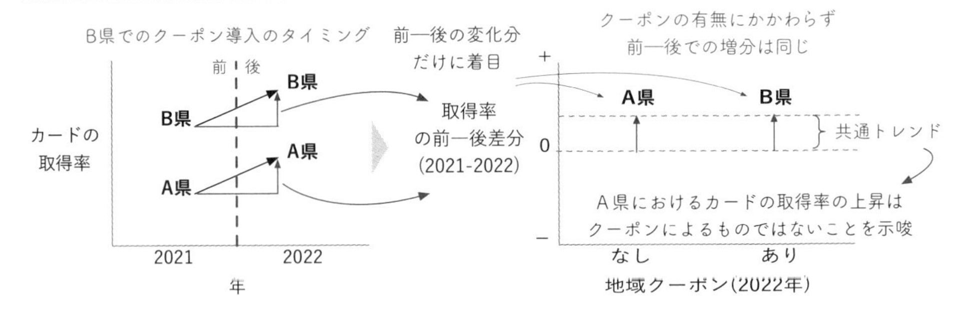

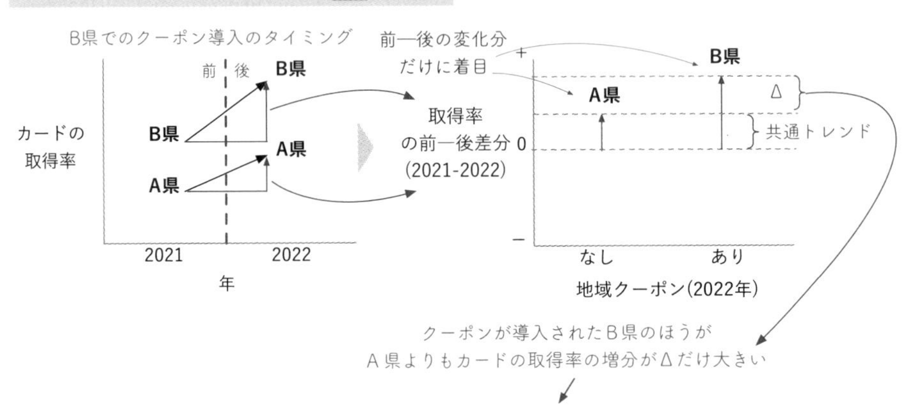

図 6.4 「前—後の差分」と「県別での差分」から因果効果を推定する

の推定におけるバイアスを調整する方法を「差の差(Difference-in-Difference)」分析といいます。

ここまでの内容を数式の形でおさらいしてみましょう。上記で見てきた2県での例について、ある年(*year*)のある地域(*area*)におけるカードの取得率 $Y_{area,\ year}$ を、以下の式

$$Y_{area,\ year} = \beta_T T_{area,\ year} + \beta_{党}党派性_{area,\ year} + \beta_{認}認知度_{area,\ year} + \varepsilon_{area,\ year}$$

で表現できるとします。ここで「$T_{area,\ year}$」「党派性$_{area,\ year}$」「認知度$_{area,\ year}$」はそれぞれ、*year* 年の地域 *area* における「地域クーポンの有無(あり：$T=1$、なし：$T=0$)」「知事の党派性[1]」「ニャイナンバー制度の認知度」を表します。また、「β_T」「$\beta_{党}$」「$\beta_{認}$」は、それぞれ「地域クーポン」「党派性」「認知度」の係数です。$\varepsilon_{area,\ year}$ は誤差項であり、モデルに含まれていない全ての変数によるトータルの影響を反映した項です(そのため $E[\varepsilon_{area,\ year}]=0$ とは一般に想定しません)。

ここでたとえば、A 県と B 県における 2022 年のカード取得率 $Y_{area,\ year}$ は、それぞれ以下のように書けます：

$$Y_{\text{A県, 2022年}}=\beta_T T_{\text{A県, 2022年}}+\beta_{党}党派性_{\text{A県, 2022年}}+\beta_{認}認知度_{\text{A県, 2022年}}+\varepsilon_{\text{A県, 2022年}}$$

$$Y_{\text{B県, 2022年}}=\beta_T T_{\text{B県, 2022年}}+\beta_{党}党派性_{\text{B県, 2022年}}+\beta_{認}認知度_{\text{B県, 2022年}}+\varepsilon_{\text{B県, 2022年}}$$

実際にはA県ではクーポンなし($T_{\text{A県, 2022年}}=0$)、B県ではクーポンあり($T_{\text{B県, 2022年}}=1$)であったので、それらの値を与えて「県**間**でのカード取得率の差分」をとると

$$\begin{aligned}
&Y_{\text{B県, 2022年}}-Y_{\text{A県, 2022年}} && \leftarrow \text{2022年におけるB県とA県のカード取得率の県間差分}\\
&=\beta_T && \leftarrow \text{施策の因果効果}\\
&\quad+\beta_{党}(党派性_{\text{B県, 2022年}}-党派性_{\text{A県, 2022年}}) && \leftarrow \text{県間の党派性の違いによる影響}\\
&\quad+\beta_{認}(認知度_{\text{B県, 2022年}}-認知度_{\text{A県, 2022年}}) && \leftarrow \text{県間の認知度の違いによる影響}\\
&\quad+(\varepsilon_{\text{B県, 2022年}}-\varepsilon_{\text{A県, 2022年}}) && \leftarrow \text{県間の他の諸要因の違いによる影響}
\end{aligned}$$

となります。この式の左辺の「県**間**でのカード取得率の差分」は観測値からわかりますが、「党派性」や「認知度」の値は観測されていないため、「県**間**でのカード取得率の差分」のうちのどのくらいが、施策の因果効果である β_T によるものなのか、それともそれ以外の共変量(党派性、認知度)や誤差項における

1) この変数の内実は特に論旨には影響しませんが、ここでは「犬派=0、猫派=1、その他=2」のカテゴリ変数を想定します。

県間の違いによるものかが判別できません。ここが悩みのもとになります。

では一方で、B県内での2021年と2022年におけるカード取得率 $Y_{area,\ year}$ の年間での差分も考えてみます。地域クーポン導入のタイミングは2022年の初めであり、$T_{\text{B県},\ 2021年}=0,\ T_{\text{B県},\ 2022年}=1$ を反映して年間での差分の式を書くと

$$Y_{\text{B県},\ 2022年}-Y_{\text{B県},\ 2021年}$$ ← B県における2021年と2022年のカード取得率の年間差分

$$=\beta_T$$ ← 施策の因果効果

$$+\beta_{党}(\text{党派性}_{\text{B県},\ 2022年}-\text{党派性}_{\text{B県},\ 2021年})$$ ← 年間の党派性の違いによる影響

$$+\beta_{認}(\text{認知度}_{\text{B県},\ 2022年}-\text{認知度}_{\text{B県},\ 2021年})$$ ← 年間の認知度の違いによる影響

$$+(\varepsilon_{\text{B県},\ 2022年}-\varepsilon_{\text{B県},\ 2021年})$$ ← 年間の他の諸要因の違いによる影響

となります。もしここで、知りたい量である因果効果 β_T 以外の全ての要素が2021年と2022年でまったく変化していない場合（$\text{党派性}_{\text{B県},\ 2022年}=\text{党派性}_{\text{B県},\ 2021年}$、$\text{認知度}_{\text{B県},\ 2022年}=\text{認知度}_{\text{B県},\ 2021年}$、$\varepsilon_{\text{B県},\ 2022年}=\varepsilon_{\text{B県},\ 2021年}$）には、

$$Y_{\text{B県},\ 2022年}-Y_{\text{B県},\ 2021年}=\beta_T$$ ← B県における2022年と2021年のカード取得率の年間差分＝施策の因果効果

となり、β_T 以外の項は全てゼロになります。この場合には、この式の左辺の「年間での差分」を $T\rightarrow Y$ の因果効果としてそのまま解釈できます。逆に言うと、党派性や認知度に何らかの時間変化がある場合（2022年に犬派の知事から猫派の知事に交代するなど）には、因果効果 β_T の値とそれ以外の値の判別は難しいままです。

ではここで、少しややこしいですが、「同じ県内での2021年と2022年の年間での差分」についての「県間での差分」をとってみましょう。表記が煩雑になるのを避けるため「各県内での年間での差分」の項について、A県は「$\Delta Y_{\text{A県}}=Y_{\text{A県},2022年}-Y_{\text{A県},2021年}$」「$\Delta\text{党派性}_{\text{A県}}=\text{党派性}_{\text{A県},2022年}-\text{党派性}_{\text{A県},2021年}$」「$\Delta\text{認知度}_{\text{A県}}=\text{認知度}_{\text{A県},\ 2022年}-\text{認知度}_{\text{A県},\ 2021年}$」「$\Delta\varepsilon_{\text{A県}}=\varepsilon_{\text{A県},\ 2022年}-\varepsilon_{\text{A県},\ 2021年}$」と表記します。B県についても同様とします。これらの表記を用いて式でまとめると

$\Delta Y_{\text{B県}} - \Delta Y_{\text{A県}}$　←「県内でのカード取得率の年間差分」の県間差分

$= \beta_T$　← 施策の因果効果

$+ \beta_{\text{党}}(\Delta \text{党派性}_{\text{B県}} - \Delta \text{党派性}_{\text{A県}})$　←「県内での党派性の違いによる影響の年間差分」の県間差分

$+ \beta_{\text{認}}(\Delta \text{認知度}_{\text{B県}} - \Delta \text{認知度}_{\text{A県}})$　←「県内での認知度の違いによる影響の年間差分」の県間差分

$+ (\Delta \varepsilon_{\text{B県}} - \Delta \varepsilon_{\text{A県}})$　←「県内での他の諸要因の違いによる影響の年間差分」の県間差分

（式 6.1）

となります。A 県では 2022 年も 2021 年も施策なし（$T=0$）であるので、β_T の項は B 県の 2022 年における $T_{\text{B県, 2022年}}=1$ の項だけが残っています。

この式自体ではそれほど見通しがよくなるわけではありませんが、ここで「差の差」法のキモとなる、「平行トレンド仮定（common trend assumption）」というかなり強い仮定を導入します。この仮定は、異なる地域において「（もし介入がなかった場合には）2 時点での差の変化分は等しい」という仮定です。具体的には、たとえば

$$\Delta \text{党派性}_{\text{A県}} = \Delta \text{党派性}_{\text{B県}}、\ \Delta \text{認知度}_{\text{A県}} = \Delta \text{認知度}_{\text{B県}}、\ \Delta \varepsilon_{\text{A県}} = \Delta \varepsilon_{\text{B県}}$$

が全て成り立つ場合には、Y の年間での県内差分 $\Delta Y_{\text{県}}$ に対して、介入 T 以外の要因が与える影響は A 県と B 県で同一となるため、平行トレンド仮定が成り立ちます[2)]。この仮定のもとでは上の差分の式（式 6.1）は大幅に簡略化され

$\Delta Y_{\text{B県}} - \Delta Y_{\text{A県}} = \beta_T$　←「県内でのカード取得率の年間差分」の県間差分＝施策の因果効果

となると期待できます。つまり、「各県内での年間での差分」の「県間での差分」をとることで、因果効果 β_T を得られることになります。この平行トレン

2）各項がそれぞれ同一でなくても、β_T 以外の各項のプラスマイナスの総和が差し引きゼロになる場合もあります（が、そうした状況を想定できることの正当化が別途必要となります）。

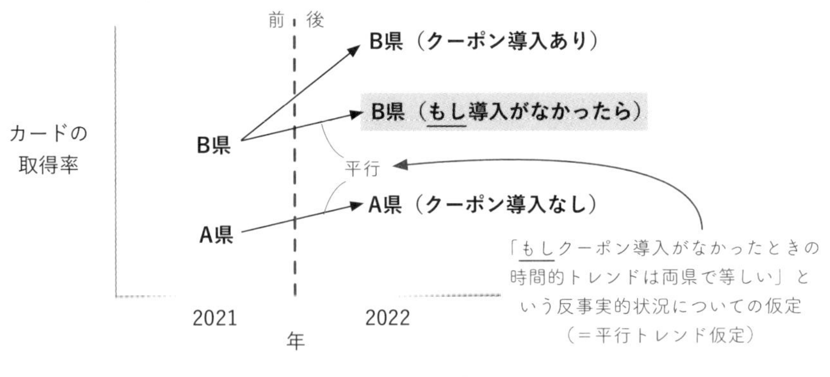

図 6.5　平行トレンド仮定のイメージ図

ド仮定を図で書くと、もし介入がなかったとしたら「介入前後での 2 時点の間のトレンド」が平行になっていることに相当します(図 6.5)。

上記の一連の式変形で注目してほしいのは、「党派性」や「認知度」といった重要な共変量が観測されていない状況でも、「差の差」型に変換されたデータに着目することで、それらの交絡による影響を消去できているところです。別の言い方をすると、「差の差」型に変換されたデータでは、データの差し引きによって共変量の分布の偏りをうまいことキャンセルアウトさせるというアプローチにより、処置グループの間での共変量の分布のバランシングが達成されているわけです。

さて、これまでの説明の通り、差の差法による解析が妥当かどうかは、平行トレンド仮定というかなり強い仮定が成り立っているかどうかに大きく依存します。一般に、平行トレンド仮定そのものが「もし介入がなかったら、トレンドは平行である」という反事実的な状況を含むので、その仮定が成り立っているかどうかを証明することは原理的にできません。そのため、平行トレンド仮定の検証においては、状況証拠やデータ生成メカニズムに対する背景知識からその反事実的な仮定の妥当性を検討することになります。別の言い方をすると、もしかすると差の差法では分析モデル上の仮定が(たとえば回帰モデルを使用する場合に比べて)一見少なくてすむように見えるかもしれませんが、ある意味で分析の前提となる仮定の妥当性の立証責任をドメイン知識をもつ専門家のほうに丸投げしている側面がある手法とも言えます。

言うまでもないことかもしれませんが、差の差法を使えば自動的にバイアスのない因果効果が推定できる、ということではありません。また、「データ上の制約から差の差法くらいしか適用できない」ことは、「差の差法という手法を選択したことの正当化」にはなりえても、「平行トレンド仮定の妥当性そのものの正当化」にはなりえません。現在のデータ解析の現場ではしばしば、平行トレンド仮定に対する形式的なチェックしか行わずに差の差法が適用されています[3)]。平行トレンド仮定のような検証できない強い仮定を想定せざるをえないときほど、ドメイン知識のある専門家との共同作業が、本来は必要であることを心に留める必要があります。

最後に、上記で見てきた解析を因果ダイアグラムの方向からも眺めてみましょう(図 6.6)。上記の例を考えると、「党派性」「認知度」「他の諸要因」が交絡要因となっています(図 6.6 上段)。しかし、それらの共変量は観測されていない状況であるため、それらのデータ自体を用いて調整することはできません。そこで、差分をとることによって、図 6.6 中段のようなデータに変形します。ここで、平行トレンド仮定を導入すると、「未観測の諸変数からの ΔY への影響は異なる地域でも同一」とみなすことができ、それらの変数は交絡の原因となる変動をもたらさないものと考えることができます。つまり「差分化＋平行トレンドの仮定」によって、実質的に、「異なる処置グループの間で共変量の分布がバランシングしている＝開きっぱなしのバックドアパスがない」データへの変換が行われていることになります(図 6.6 下段)。別の角度からの言い方をすると、平行トレンド仮定が成り立つという強い仮定の下では、差分型に変換されたこれらのデータにおいては(未観測のものも含めて)共変量の分布のバランシングが達成されていると期待できるので、それらの共変量をモデルに含め

3) たとえば、「介入タイミング前のトレンド(プリトレンド)が平行である」というのは仮定の前提と矛盾していないことのたんなる状況証拠でしかなく、プリトレンドの議論にのみ終始している正当化はかなり浅いものと言わざるをえません。たとえば、複数のランダムウォーク系列から「プリトレンドが平行である系列群」を選んだとしても、それはそれらの系列群が介入タイミング後に「平行トレンド」を示すことを何ら保証しません。「平行トレンド」の正当化には、プリトレンドだけでは議論できない、何らかの構造的斉一性の想定が本来は必要とされます(プリトレンドなどのチェックだけの浅い正当化でも論文の査読はパスできるかもしれませんが……)。

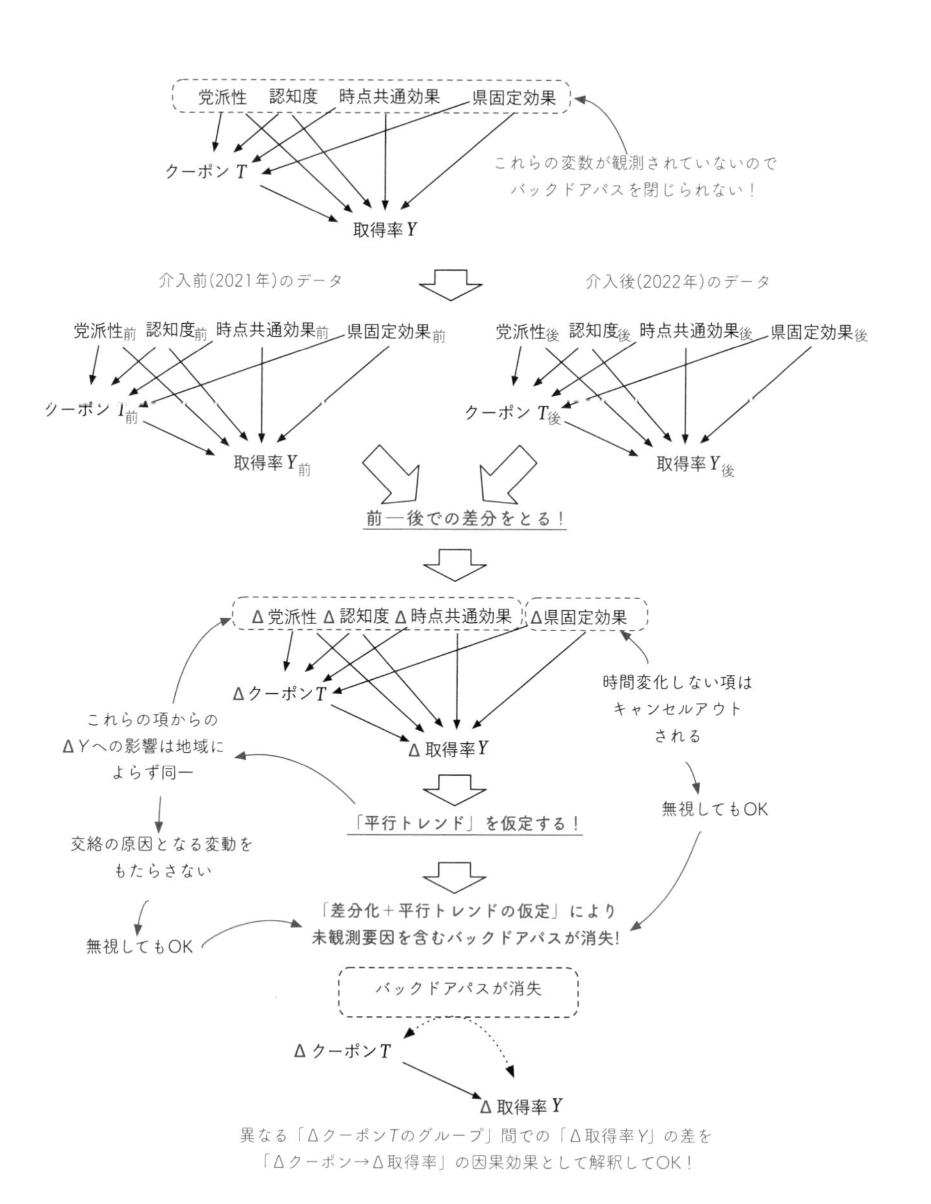

図 6.6　因果ダイアグラムの観点からの差分型データへの変換による共変量の分布のバランシングのイメージ図

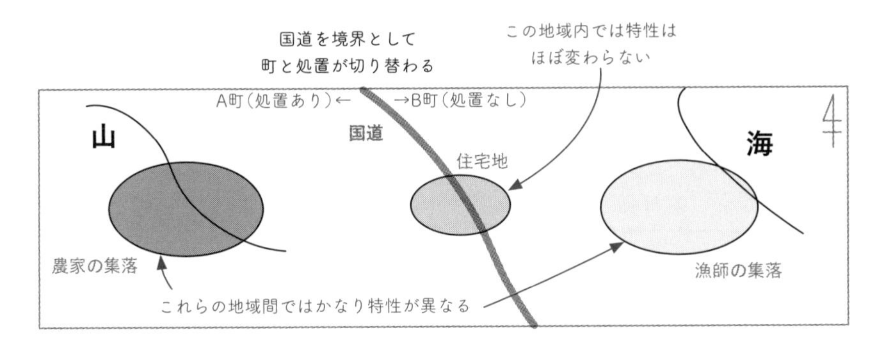

図 6.7 特性の類似性のグラデーションと処置の切替のイメージ図

て調整する必要がなくなるわけです。

6.2 処置の切替の境界を利用したバランシング

6.2.1 「境界のデータ」に着目するという考え方

前節では、差分型データへの変換によって異なる処置グループ間での共変量の分布をバランシングする方法を見てきました。本節では、データの変換ではなく「共変量の分布のバランシングが期待できる範囲のデータに着目する」方法を見ていきます。

まずは特定の手法の説明に入る前に、「処置や条件の切替の境界のデータに着目する考え方」について見ていきましょう。(なお、この考え方自体は、統計的因果推論に特有なものではなく、たとえば質的な事例比較研究においても有効な一般的なものです。)

ある個体にどの処置が割付けられるかが、ある連続的な性質の特定の境界で切り替わることがあります。たとえば、隣接する A 町と B 町があるとします。A 町の西側は山あいの地域である一方で、B 町の東側は海に面しており、山あいと海沿いの地域の間では特性は大きく異なるものの、A 町と B 町の境界の周辺地域では、国道 1 本の境界をまたいでかなり特性が似通った人々が住んでいる状況を考えてみます(図 6.7)。

このとき、「A 町ではある処置(政策) T を実施し、B 町ではその処置 T を実施していない」という状況があるとします。ここで、処置 T の効果を比較するために「A 町全体で見た効果」と「B 町全体で見た効果」で比較すると、それぞれ「異なる特性(山あい／海沿い)の地域を含むことによる差」と「処置によって生じた差」が混ざってしまうことになります。別の言い方をすると、異なる処置を受ける町のあいだで特性(たとえば職種、年齢、収入などの共変量)の分布が異なりうるため、処置の因果効果の推定にバイアスが入る可能性があります。

こうした場合に、比較の対象として「住宅地(A 町／処置あり)と住宅地(B 町／処置なし)」の隣接する地域(図 6.7 の中央の地域)だけに着目するという考え方がありえます。もし、道 1 本で隔てられた町の境界周辺の住宅地では住民やその地域性などの主要な特性の分布が概ね同様である場合には、その地域のデータだけを抜き出して解析することにより、異なる処置を受けるグループ間での共変量の分布のバランシングを保持した解析ができると期待できます。

こうした「処置の切替」の境界のデータだけを抜き出すという考え方は、広い意味ではサブグループ解析の一種としても捉えることができます。「境界の近傍では共変量の分布が大きく異なることはない」というやや強い仮定が必要となりますが、共変量が観測されていなくても共変量の分布がバランシングされた解析が期待できるという点では、潜在的な応用範囲は広いものとなります。

一般論として、こうした「処置の切替の境界のデータだけを抜き出す」というアプローチには、いくつかの注意点があります。まず、抜き出したデータにおいて推定される因果効果は、あくまでその抜き出した範囲の対象(上の例では「A/B 町の境界近傍の住宅地に住む集団」)に対するものであり、もともとの集団全体での介入効果(ATE)とは異なります。たとえば、もし私たちが知りたかったのが「山あいの地域」も含めた「A 町全体での因果効果」であるならば、境界近傍のデータに着目した推定結果はそのもともとの目的とはズレた解析となることに注意が必要です。また実務的には、境界のデータにのみ着目することで、そのぶんだけ必然的にサンプルサイズが小さくなるという問題もあります。サンプルサイズに余裕がある状況であれば大きな問題とはなりませんが、特定のデータを抜き出すことによりサンプルサイズがかなり小さくなってしまう場合には、共変量の分布のバランシングと統計的推定における安定性のトレード

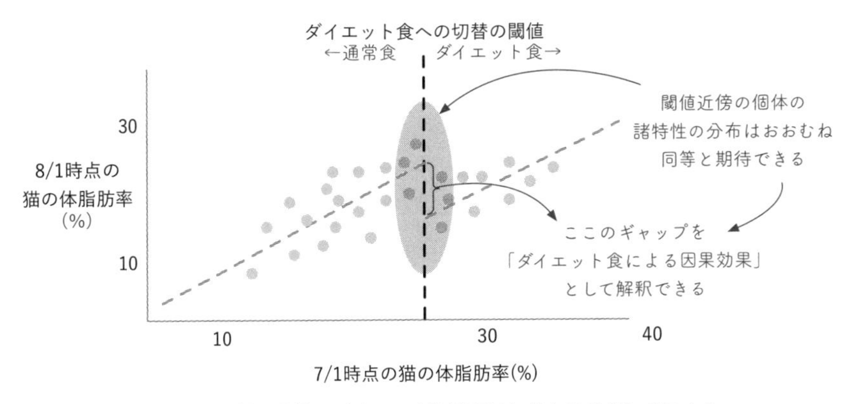

図 6.8 回帰不連続デザインでは処置が切り替わる境界に着目する

オフを考える必要があります。さらに、A町への政策 T の導入の影響がB町へも間接的に波及しているような場合には、「B町の住宅地」も処置 T の影響を受けてしまうため、「B町の住宅地」のデータを「A町の住宅地」の(反事実的状況下における)対照区として解釈できなくなり、因果効果の推定にバイアスが生じます[4)]。

6.2.2 回帰不連続デザイン

上記の「境界に着目する」考え方を、回帰分析の枠組みに取り入れたのが「回帰不連続デザイン」です。回帰不連続デザインでは、処置 T の割付がある連続量の境界で切り替わるときの、結果 Y の変化の度合いに着目します。

猫用ダイエット食品の仮想例を考えてみましょう。あなたはある猫用ダイエット食品が本当に効果があるかに興味があるとします。そんな中、「月の初めの体脂肪率が30%を超えている個体にはダイエット食品を与える」という介入ルールのもとでそのダイエット食品を与えられた猫たちのデータが手に入ったとします。ダイエット食品を与えるかどうかの判断の根拠となった「7月1日の体脂肪率」を横軸に、その1ヶ月後の「8月1日の体脂肪率」を縦軸にプロットしたものが図6.8の散布図です。

4) これはスピルオーバー効果とよばれ、SUTVA条件違反(第8章)の原因のひとつとして知られています。

ここで横軸の「7月1日の体脂肪率」をみると、介入ルールに基づき、30%を境界として「ダイエット食品を与えるか否か」の処置が切り替わっています。このとき、7月1日と8月1日の体脂肪率の関係を見ると、その30%の近傍で非連続的な変化が見られています。もしここで「この30%の近傍では個体の共変量の分布は大きく異ならない」という仮定が成り立つ場合には、その近傍の範囲では「異なる処置を受けた集団」の間での共変量の分布もバランシングしていると期待できます。そのため、ここでの非連続的な変化の大きさを「ダイエット食品を与えたことによる体脂肪率への因果効果」として解釈できます[5]。こうした回帰不連続デザインの特徴は、回帰直線および因果効果の推定を**境界の近傍のデータ**にのみ着目して行うことです。

回帰不連続デザインにおける注意点のポイントは、前項で見てきたものとおおむね同じです。まず、着目したデータにおいて推定された因果効果はあくまでその抜き出した範囲の対象(体脂肪率30%の近傍の猫集団)に対するものであり、もともとの集団全体での介入効果(ATE)とは概念上のズレがあります。また実務的には、境界付近のデータに着目することで実質的なサンプルサイズが小さくなってしまう問題もあります。さらに、体脂肪率が30%以上の猫への処置が30%未満の猫へも間接的に波及するような状況があると、因果効果の推定にバイアスが生じます[6]。あとは、回帰モデルを用いた解析一般について言えることですが、使用する回帰モデルがデータの特性を適切に反映していることも必要なポイントです。これらの要素がどれくらい推定に影響をおよぼしているかの判断には、その分析対象に対するドメイン知識が必要となるため、ドメ

---

5) やや細かい補足ですが、この例では「境界設定の基準」と「結果 Y」の両方が「体脂肪率」に関連しているため、それらが独立でない可能性に注意する必要があります。今回の例は、「もしダイエット食品を与えない場合には、「7月1日時点での体脂肪率が30%を超えていたか」と「7月1日と8月1日の体脂肪率の差」は独立である(=7月1日時点で体脂肪率が30%を超えていたかを知ったところで、8月1日時点において体脂肪率が増えているか減っているかの予測の手がかりは得られない)」という仮定の下での話となっています。この仮定が成立していない場合(いったん体脂肪率が30%を超えると体脂肪率はその後しばらく増加し続けるなどのトレンドがある場合など)には、推定に思わぬバイアスがかかる危険性があります。よく知られた例としては、学力試験で高得点をとった生徒を選抜して処置を与えるような場合には、「平均への回帰(オンライン補遺X6)」によるバイアスに注意する必要があります。

6) たとえば、複数飼育の状況下において、ダイエット食品を与えられた大きな猫がストレスを受け、体脂肪率30%未満の猫を頻回に追いかけ回すことにより30%未満の猫の体重も減ってしまうような状況などがあるかもしれません。

イン知識のある専門家との共同作業の下に解析を進めることが、本来は必要です。

回帰不連続デザインの実装の際には、回帰直線の推定において用いる境界値付近のデータの範囲(バンド幅)の設定が重要となります(バンド幅を狭くとると実質的なサンプルサイズが小さくなり、広くとると、境界値付近以外の共変量の分布がバランシングされていない範囲のデータの挙動に、推定が影響を受けてしまうというトレードオフがあるため)。また、上記の例ではある境界値に従って処置が白黒キッパリと切り替わる例(「シャープな回帰不連続デザイン」)を見てきましたが、場合によっては、白黒キッパリとは切り替わらずに、境界値の前後でどちらの処置を受けるかが曖昧な(確率的に決まるような)グレーゾーンがある場合もあります。このようなケースは「ファジーな回帰不連続デザイン」とよばれ、境界値前後での確率の差を解析に取り込むアプローチが必要となります[7]。

6.3 この章のまとめ

- 観測されている共変量だけではバックドア基準が満たされていない場合でも、共変量の分布がバランシングされた状態での解析を目指すアプローチがある。
- 差の差法では、平行トレンド仮定という強い仮定を基に、差分型へのデータ変換により、未観測要因も含めた共変量の分布の偏りをキャンセルアウトしうる。
- 処置が切り替わる境界近傍のデータに着目することにより、(未観測要因も含めた)共変量の分布がバランシングしている領域での因果効果を推定しうる。これを回帰分析に取り入れたのが「回帰不連続デザイン」である。
- いずれの方法でも、解析の結果や解釈の信頼性の上限は、解析の前提となる諸仮定の妥当性の程度に強く依存し、仮定の妥当性の検証においては、ドメイン知識のある専門家との共同作業が本来は必要である。

7) こうした境界値付近の設定に関わる実装上の重要な論点については、高橋[28]の 15～18 章に詳細かつわかりやすい解説があります。

7 データの背後の構造を利用する
──操作変数法、媒介変数法

あなたはある自治体の「猫の飼い方講座」の担当者ですが、参加者が講座に参加することで、本当に猫の問題行動が減ったのかわからず、頭を悩ませています。「受講した／しないグループ」の間での「猫の問題行動の回数」を単純に比較しても、それらのグループ間で共変量の分布のバランシングが達成されているとは考えにくく、かといって、くじ引きなどで「受講の有無」を割付するようなこともしたくありません。

悩んでいたさなか、講座開催の前日に、会場近傍に小さな隕石が落下しました！ このことを利用して、「講座の受講→猫の問題行動の回数」の因果効果を推定できるでしょうか？ 本章では、こんなケースを扱います。

ここでは、「観測された共変量を用いてバランシングを目指す」のではなく、データの背景にある生成メカニズムの因果構造と経路情報を利用する手法を紹介します(図Ⅱ.1, Ⅱ.2のB)。具体的には操作変数法、媒介変数法、フロントドア基準について見ていきます。

まずは、アプローチのイメージを図でつかんでおきましょう。本章でも、前章と同様に、そもそも調整すべき共変量のデータが得られない状況を想定します。こうした状況において、処置 T→結果 Y の因果効果を直接的に推定するのではなく、他の因果経路における情報を利用して間接的に推定することを目指します(図7.1)。

7.1 外的なショックを利用する──操作変数法

7.1.1 基本的なアイデア──外生的ショック

では、まずは「操作変数法」をみていきましょう。

因果経路上を伝達する効果量の集計に基づき因果効果を計算するアプローチ
※*IV*は操作変数、*U*は未観測変数

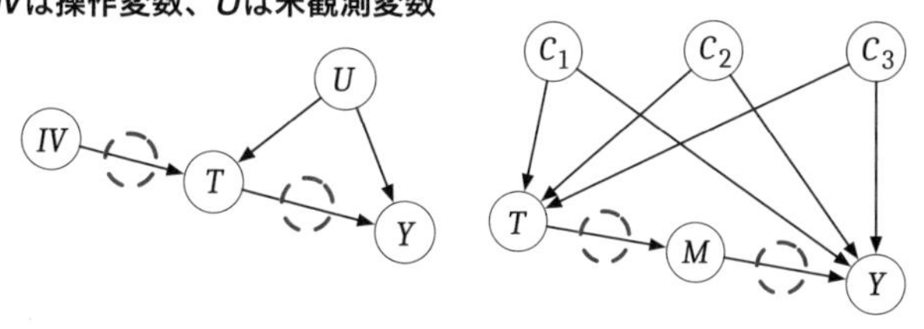

それぞれの因果経路上の影響の積み重ねに基づく計算により
T→*Y*の因果効果を推定する

図 7.1 因果構造と経路情報を利用した手法のイメージ図

操作変数法とは、処置の上流の変数である「操作変数」(図 7.1 左の *IV*)を用いて因果効果を推定する方法です。ここでは、イメージをつかむために「猫の飼い方講座」の仮想例を考えていきます。

あなたはある自治体が行う猫の飼い主向けの「猫の飼い方講座」の担当者であり、今まで何年かその講座を開催してきたとします。今までの参加者への受講直後のアンケートによると、講座そのものはおおむね好評でした。しかし、本当にその講座が飼い主の猫の問題行動を減らしたかはまた別問題であり、あなたは「講座の受講→猫の問題行動の回数」の因果効果を知りたいと考えています。ここで、この因果効果を知りたい場合には何をすればよいでしょうか？

もし RCT のように、受講希望者の中からくじ引きで「受講の有無」を割付すれば、「講座の受講→猫の問題行動の回数」の因果効果を推定できるかもしれません。しかし、受講希望者にはなるべく多く受講してほしいので、くじ引きでの受講者の割付はやりたくありません。また別の考え方として、「受講をしなかった飼い主の猫」のデータを集めることにより、それらのデータと「講座を受講した飼い主の猫」とを比較して受講の因果効果を類推することは可能かもしれません。しかしながら、「受講をしなかった飼い主」は、そもそも猫の問題行動で困っていないなど、「講座を受講した」グループと「受講をしなかった」グループの間で比較可能性が成り立っている(バックドア基準を満たす共変量セットの分布においてバランシングが達成されている)ことは一般に期待できません。因果効果を推定するには、処置は異なるが比較可能なグループからデ

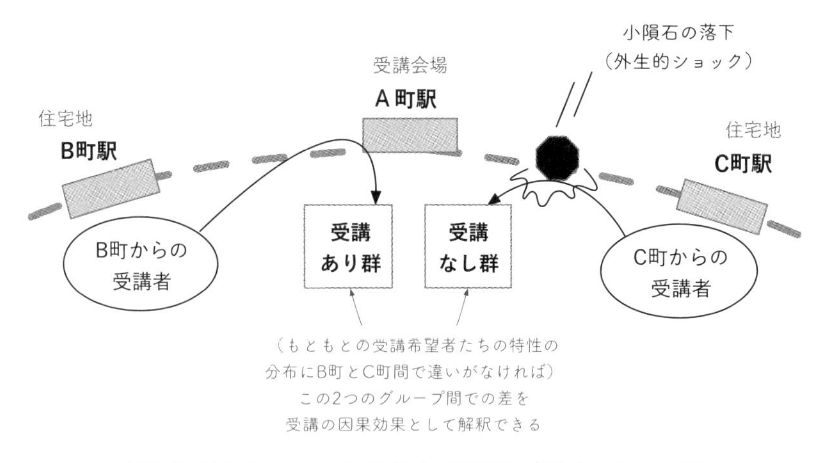

図 7.2　外生的ショックを利用した因果推論の考え方のイメージ図

ータをとる必要がありますが、現在の状況ではそうしたデータをとるのは難しい状況です。

さて、そんなときに、講座が開催される日の前日に小さな隕石が落ちるというできごとがありました。講座が開催される会場は A 町駅の最寄りにあり、参加者は西側にある B 町駅方面か、東側にある C 町駅方面のいずれかの方面からおおむね半数ずつ参加していましたが、小さな隕石がちょうど A 町駅と C 町駅をつなぐ線路上に落下したため、A 町駅と C 町駅の間の電車が運休になり、C 町駅の方面からの参加者だけが来られないという事態になりました(図 7.2)。大変な事態ではありますが、ここで「C 町駅方面から来られなかった参加者」からその後の「猫の問題行動の回数」のデータをとることができれば、それは「講座を受講した」グループと比較可能な「講座を受講していない」グループからのデータとなります。つまり、小隕石の落下という外生的な要因によって生じた「(受講するつもりであったが小隕石の落下により)講座を受講できなかった飼い主」と、「講座を受講した飼い主」の間での「猫の問題行動の回数」の差をとることにより、受講の因果効果を推定できると期待できることになります[1)]。

同じ例を因果ダイアグラムの方向からも考えてみます。この例では、もともとは「受講の有無→猫の問題行動」についてのバックドアパスを閉じることが

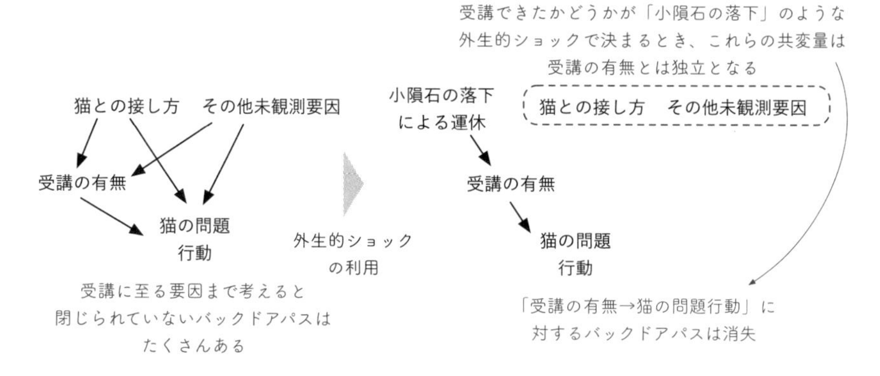

図 7.3 因果ダイアグラムから見た外生的ショックのイメージ図

できない状況でした(図7.3左)。ここでの「小隕石の落下」というできごとは、外生的ショックとして「小隕石の落下」が受講の有無を決める要因を上書きしている状況に対応します(図7.3右)。別の言い方をすると、このデータセットの生成過程において、そもそもの受講希望者たちの間においては、「受講の有無」は実質上「小隕石の落下の有無」のみの関数として表現される状況となっています。このとき、バックドアパスはもはや存在せず、受講あり／なしグループの差を因果効果として解釈できると期待できます。

このように、他の交絡要因になりそうな要因とは関係ない事柄によって生じた“外生的なショック”を利用して、「異なる処置を受けたが、バックドア基準を満たす共変量セットの分布は異ならないと考えられるグループ」からのデータを取得しようとするのが、操作変数法の基本的なアイデアです。

7.1.2　操作変数法

では実際にどのような計算をすると、こうした外生的ショックを利用した因果効果を計算できるかを見ていきましょう。この計算を直感的に理解する上ではまず、「因果効果の伝播の計算の仕組み」を理解するのが早道となります。

---

1) 重要な仮定として、ここではC町とB町からの参加者の間で諸特性の分布は異ならないと仮定します。またここでは、全ての参加者は電車でしか来られない状況が仮定されています。操作変数法の適用に必要な諸仮定については次項7.1.2で説明します。

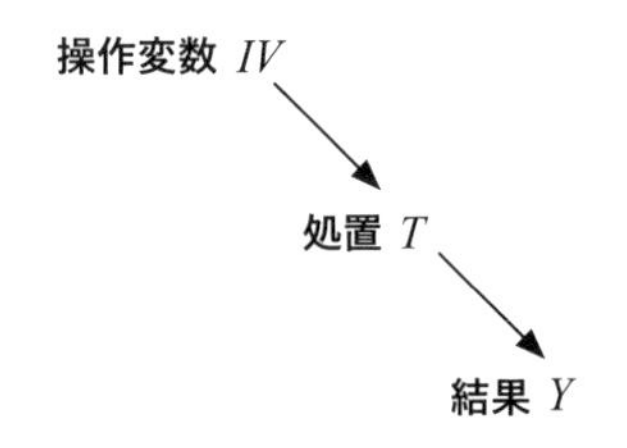

図 7.4 操作変数 IV を用いた計算のイメージをつかむためのとっかかりの図

多少迂遠かもしれませんが、以下の問題を考えてみましょう。

図 7.4 の構造の因果ダイアグラムを考えます。ここでは、IV は操作変数(Instrumental Variable)、T は処置、Y はアウトカムとして想定されています。

ここで、IV, T, Y について、以下の線形の因果関係があることが知られているとします：

(A) IV を 1 単位量ぶん変化させると、T が 0.1 単位量ぶん変化する
(B) T を 1 単位量ぶん変化させると、Y が 0.3 単位量ぶん変化する

このとき、以下の問題を考えます。

では、(C) IV を 1 単位量ぶん変化させると、Y は何単位量ぶん変化する？

この答えは、IV を 1 単位量ぶん変化させると、T が 0.1 単位量ぶん変化し、その T の 0.1 単位量ぶんの変化は Y の 0.03 単位量ぶんの変化を引き起こすので、「IV を 1 単位量ぶん変化させると、Y は 0.03 単位量ぶん変化する」ことになります。ここまでは素直に理解できる話かと思われます。

では、同じような問題ですが、同じ構造の因果ダイアグラムについて、以下の場合についても考えてみましょう。

(A) IV を 1 単位量ぶん変化させると、T が 0.1 単位量ぶん変化する
(C′) IV を 1 単位量ぶん変化させると、Y が 0.03 単位量ぶん変化する

このとき、以下の「$T \to Y$ の因果効果」の問題を考えます：

では、(B′) T を1単位量ぶん変化させると、Y は何単位量ぶん変化する？

ここで IV への介入量との対応を見ると、同じ IV の1単位量ぶんの変化が、T の0.1単位量ぶんの変化と Y の0.03単位量ぶんの変化に対応していることがわかります。因果ダイアグラムの構造から、IV へ介入したときの Y への影響は全て T を経由するという制約があります。このことから、「IV の1単位量ぶんの変化」が、「Y の0.03単位量ぶんの変化」を引き起こし、その「Y の0.03単位量ぶんの変化」は、「T の0.1単位量ぶんの変化」により引き起こされていることになります。少しややこしい話となりますが、ここから逆算すると、T の1単位量ぶんの変化は、Y の0.3単位量(＝Y0.03単位量／T0.1単位量)ぶんの変化を引き起こすことがわかります。つまり、「$T \rightarrow Y$ の因果効果」は0.3ということになります。この例が示しているのは取りも直さず、「(A) $IV \rightarrow T$ の因果効果」と「(C′) $IV \rightarrow Y$ の因果効果」がわかれば、それらからの逆算により、「(B) $T \rightarrow Y$ の因果効果」がわかるということです。

上記のような計算を行うための前提条件として、操作変数(IV)は以下の条件を満たしている必要があります[2)]。

(1) IV は T と相関があり、かつ T を通してのみ Y に影響する(除外制約 exclusion restriction、唯一経路条件)

(2) IV と誤差項が相関していない

この(1)は、$IV \rightarrow Y$ の因果効果から $T \rightarrow Y$ の因果効果を逆算する際に必要となる条件です。IV が T 以外の経路でも Y に影響するときには、$IV \rightarrow T$ の相関を使った $T \rightarrow Y$ の因果効果の計算は成立しません(図7.5a)。また、(2)の条件は、$IV \rightarrow Y$ に対する開きっぱなしのバックドアパスが存在しないことに対応します(図7.5b)。そうしたバックドアパスがある場合も、$IV \rightarrow Y$ の相関を使った $T \rightarrow Y$ の効果量の計算は成立しません[3)]。

上記の条件のもとで、「$IV \rightarrow T$ の因果効果」と「$IV \rightarrow Y$ の因果効果」から[4)]、

2) 上記のような計算のロジックは線形構造方程式でのパス係数の積の関係に基づいていることから、IV, T, Y の間の関係が線形で記述できることも、こうした計算法で「$T \rightarrow Y$」の因果効果を推定するための条件となっています。

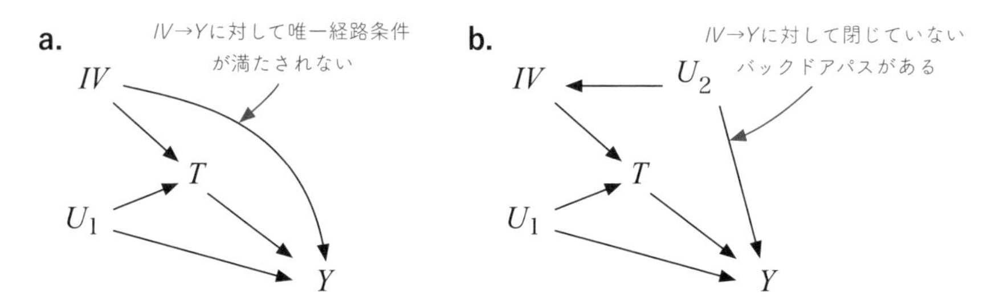

図 7.5 IV の前提条件が満たされていない因果構造の例

「$T\rightarrow Y$ の因果効果」を推定するのが、操作変数法の計算アプローチの基本的な原理です。

以下で、数式を交えた説明もしておきましょう[5]。ここでは説明の単純化のため、各変数のデータは平均 0、分散 1 に標準化されているものと考えます。例として、以下の構造方程式を考えます。

$$T=\beta_{IV\rightarrow T}IV+\beta_{U\rightarrow T}U+\varepsilon_T \quad \leftarrow T\text{ は }IV\text{ と }U\text{（と誤差項 }\varepsilon_T\text{）によって決まる}$$

$$Y=\beta_{T\rightarrow Y}T+\beta_{U\rightarrow Y}U+\varepsilon_Y \quad \leftarrow Y\text{ は }T\text{ と }U\text{（と誤差項 }\varepsilon_Y\text{）によって決まる}$$

（式 7.1）

ここで U は未観測の交絡変数とし、$\beta_{\text{前者}\rightarrow\text{後者}}$ は「前者→後者の因果効果(前者を 1 単位量ぶん変化させたときの後者の変化量)」を表すとします。ここでは $T\rightarrow Y$ についてのバックドアパス($T\leftarrow U\rightarrow Y$)は閉じられていないため、統計的に推定した Y と T の相関係数[6]は、上記の式における $T\rightarrow Y$ の因果効果($\beta_{T\rightarrow Y}$)からは交絡によりズレる状況となっています(図 7.6)。

ここでは U が未観測であるため、U の追加による交絡の調整はできません。

---

3) 逆に言うと、「$IV\rightarrow Y$ のバックドアパス」を共変量でブロックすることにより(2)の仮定を満たすことも可能です(条件付き操作変数法。推定精度の問題も含んだ解説として黒木ら[11]参照)。

4) 厳密には、(1)，(2)の条件が満たされている限り、ここでの $IV\rightarrow T$ や $IV\rightarrow Y$ の関係は因果効果の推定値ではなく相関に基づくものでもかまいません。

5) なお、ここでは操作変数が 1 個である場合のみを取り扱っていますが、操作変数が複数ある場合も取り扱える方法として 2 段階最小自乗法が知られています(高橋[28] p. 189)。

6) なお、データが平均 0、標準偏差 1 に標準化されている場合、「Y と T の相関係数」は「Y に対する T の単回帰係数」と等しくなります。

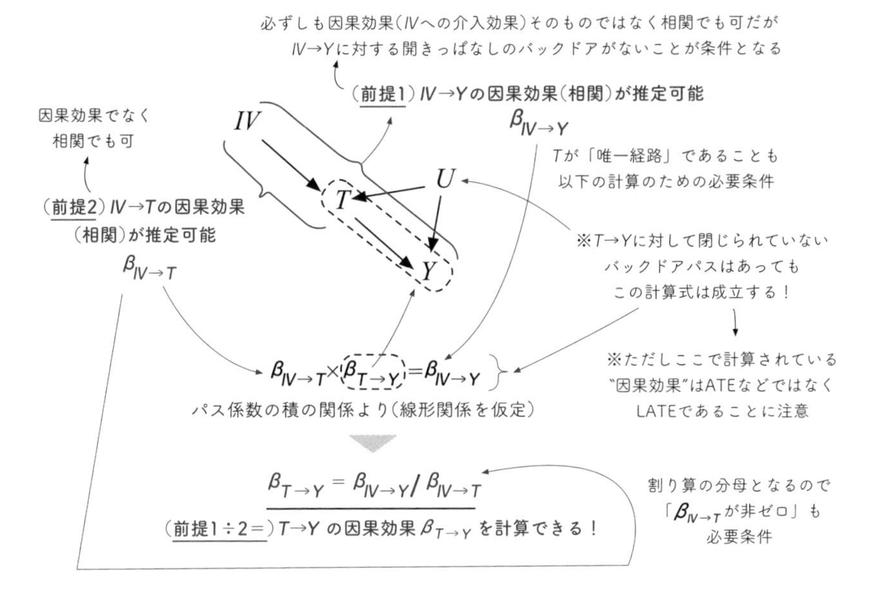

図 7.6 操作変数法による因果効果の推定の理屈のイメージ図

そこで、IVの情報を利用して計算していきましょう。式 7.1 の最初の式を次の Yの式に代入して変形し、Yを IVの関数として書いてみます。

$$
\begin{aligned}
Y &= \beta_{T\to Y}(\beta_{IV\to T} IV + \beta_{U\to T} U + \varepsilon_T) + \beta_{U\to Y} U + \varepsilon_Y \\
&= \beta_{IV\to T}\beta_{T\to Y} IV + \beta_{T\to Y}(\beta_{U\to T} U + \varepsilon_T) + \beta_{U\to Y} U + \varepsilon_Y
\end{aligned}
$$

← 式変形により IV の係数は $\beta_{IV\to T}\beta_{T\to Y}$ となる

この式変形から導かれる「IVを 1 単位量ぶん変化させたときの Yの変化量($\beta_{IV\to Y}$)」は

$$\beta_{IV\to Y} = \beta_{IV\to T}\,\beta_{T\to Y}$$

となるため、$T\to Y$の因果効果($\beta_{T\to Y}$)は

$$\beta_{T\to Y} = \beta_{IV\to Y}/\beta_{IV\to T} \quad \text{← 因果効果}\ \beta_{T\to Y}\ \text{は}\ \beta_{IV\to T}\ \text{と}\ \beta_{IV\to Y}\ \text{の比と等しい} \tag{式 7.2}$$

と表せます。構造方程式上での係数の対応関係から、$\beta_{T\to Y}$ を $\beta_{IV\to T}$ と $\beta_{IV\to Y}$ の比の形で表すことができました(図 7.6)。

ここで実際のデータから得られる回帰係数との関係をみると、図 7.6 のように $IV\to Y$ に対してのバックドアパスがない条件においては、$\beta_{IV\to Y}$ は Y を IV で単回帰したときの単回帰係数 $\hat{\beta}_{IV\ \mathrm{on}\ Y}$ に等しいと期待できます[7)]。また、データから T を IV で単回帰したときの単回帰係数 $\hat{\beta}_{IV\ \mathrm{on}\ T}$ も得られるとき、図 7.6 のように「$IV\to T$ に対してのバックドアパス」がない条件においては、$\beta_{IV\to T}=\hat{\beta}_{IV\ \mathrm{on}\ T}$ と期待できることから、

$$\beta_{T\to Y}=\hat{\beta}_{IV\ \mathrm{on}\ Y}/\hat{\beta}_{IV\ \mathrm{on}\ T}$$ ← 因果効果 $\beta_{T\to Y}$ は単回帰係数 $\hat{\beta}_{IV\ \mathrm{on}\ Y}$ と $\hat{\beta}_{IV\ \mathrm{on}\ T}$ の比と等しい

(式 7.3)

となることが期待できます。つまり、$T\leftarrow U\to Y$ による交絡のため直接は推定できなかった「$T\to Y$ の因果効果」に相当する「$\beta_{T\to Y}$」を、データから推定可能な $\hat{\beta}_{IV\ \mathrm{on}\ Y}$ と $\hat{\beta}_{IV\ \mathrm{on}\ T}$ から計算できることになります[8)]。なお、標準化されたデータにおいては単回帰係数は相関係数と等しいので、「IV と Y の相関($\hat{\rho}_{IV,\ Y}$)」と「IV と T の相関($\hat{\rho}_{IV,\ T}$)」について

$$\beta_{T\to Y}=\hat{\rho}_{IV,\ Y}/\hat{\rho}_{IV,\ T}$$ ← 因果効果 $\beta_{T\to Y}$ は相関係数 $\hat{\rho}_{IV,\ Y}$ と $\hat{\rho}_{IV,\ T}$ の比と等しい

(式 7.4)

となることが期待され、$\hat{\rho}_{IV,\ Y}$ と $\hat{\rho}_{IV,\ T}$ の比として「$\beta_{T\to Y}$」を推定できます。

ここで式 7.4 の分母に $\hat{\rho}_{IV,\ T}$ があることを明確に認識することは、「よい IV」に必要な条件を理解する上で重要です。

まず、もし IV と T の相関が非常に弱いときには、$\hat{\rho}_{IV,\ T}$ のちょっとした推定のブレでも $1/\hat{\rho}_{IV,\ T}$ の値が大きく暴れうるため、$\beta_{T\to Y}$ の推定が非常に不安定になります(たとえば $\hat{\rho}_{IV,\ T}=0.001$ の場合を考えてみましょう)。さらに、IV の前提となる条件(上記(1)(2))が満たされておらず推定にバイアスが含まれている

---

7) これ以降、「等しいと期待できる」は「期待値が等しい」、たとえばこの部分では、$\beta_{IV\to T}\beta_{T\to Y}=E[\hat{\beta}_{IV\ \mathrm{on}\ Y}]$ の意味で使います。

8) なお、ここでの $\hat{\beta}_{IV\ \mathrm{on}\ T}$ は必ずしも $IV\to T$ の因果効果ではなくても(たとえば $IV\to T$ に対するバックドアパスがあったとしても)、IV に関する他の仮定が満たされていれば、$\beta_{T\to Y}$ の推定上は問題ありません。

場合には、バイアスも $1/\hat{\rho}_{IV,\,T}$ ぶん拡大されてしまうことが知られています[9]。そのため、T と IV の相関($\hat{\rho}_{IV,\,T}$)が高いことは「よい IV」にとって実務上で必要な条件になります。また、次項で説明するように、実はこの「IV と T の相関が弱い(IV が T に対しての弱い決定要因でしかない)」ことは、推定の不安定さだけでなく、「推定された因果効果が“誰”に対するものか」という点にもかかわります。

7.1.3　誰への因果効果か？——操作変数法と局所的平均因果効果

さて、「IV と T の相関が弱い」とはどういう状況でしょうか？

まずはイメージをつかむためにざっくり言うと、操作変数法で推定されているのは「処置 T が IV と関連して決まる個体」への T の影響であり、「処置 T が IV と関連せずに決まる個体」への影響は無視されています(図 7.7)。つまり、操作変数法で推定される因果効果は、「集団全体における平均因果効果(ATE)」ではないことに注意する必要があります。

このことを、個体をタイプ別に分類することによってより明確に考えていきましょう。一般に、操作変数と処置に対する各個体の反応は、図 7.8 の 4 タイプに分類されます。

もともと操作変数法の利用において主に想定されているのは、小隕石による運休がない地域にいた場合($IV=1$)[10]には「受講し($T=1$)」、小隕石による運休地域にいた場合($IV=0$)には「受講なし($T=0$)」となる、図 7.8 中の「Complier(すなお[11])」タイプの人です。一方で、運休がない地域にいた場合はもちろん、たとえ小隕石による運休の影響のある地域に住んでいたとしても、どちらにしろ何らかの方法で駆けつけて常に受講($T=1$)する「Always(ねっけつ)」タイプの人もいるかもしれません。あるいは逆に、小隕石による運休の如何にかかわらずそもそも受講なし($T=0$)となる「Never(サボリ)」タイプの人も考え

9) 田中[29] p. 202 参照。

10) 直感的には稀なできごと(小隕石の落下)が起きたほうを「$IV=1$」としたくなるかもしれませんが、「$IV=1$ のときに $T=1$」を「すなお」タイプとしたほうが混乱しにくいので、ここでは小隕石が落ちない場合を「$IV=1$」としています。

11) ここでの「サボリ／すなお／ひねくれ／ねっけつ」という日本語訳はこの例に沿ってつけたものであり、定訳ではないのでご留意ください。

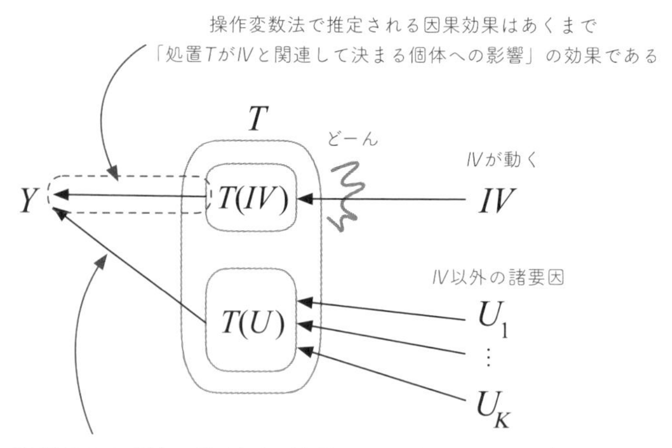

図7.7 操作変数法による効果は局所的な効果であることのイメージ図

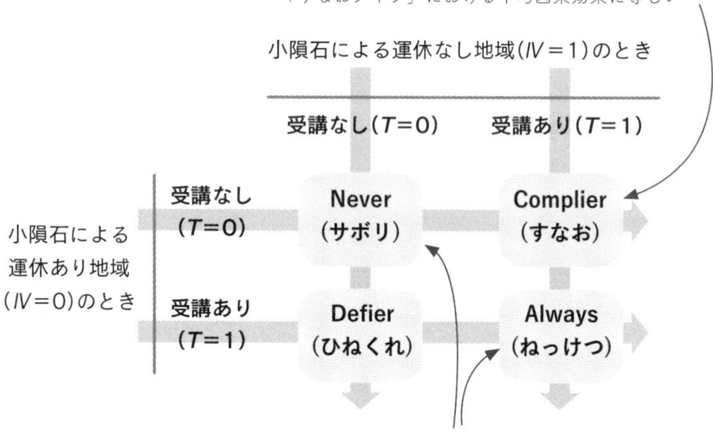

※たとえば、「IV=1のときT=1、IV=0のときT=0」の個体は「すなお」タイプに分類される

図7.8 操作変数と処置に対する個体の反応のタイプ分類

られます。さらに、実際にそうした人がいるかどうかはともかくとして、小隕石が落ちた地域にいたときは受講し、小隕石が落ちない地域にいるときは受講しない「Defier(ひねくれ)」タイプも類型のひとつとして考えることができます。

なお、ここで注意が必要なことは、そもそもの前提として、ある個体がどのタイプに属するかは、観察データからは部分的にしか判別できないことです。たとえば、観察されたデータで運休ありのグループ($IV=0$)で受講あり($T=1$)の人は、「ねっけつ」か「ひねくれ」タイプのどちらかであることはわかりますが、どちらのタイプかまでの見分けはつきません。同様に、観察データにおける他の IV と T の組み合わせにおいても、「ある2つのタイプのどちらか」まではわかりますが、「そのうちのどちらか」までの判別はつきません。そのため、何らかの仮定をおかないかぎり、観察データからの推定が、どのタイプの個体への T の影響を示しているかを特定することはできません。

では、上記の4類型と操作変数法との関わりを見ていきましょう。まず、「サボリ」と「ねっけつ」タイプの個体については処置 T は IV と関係なく決まるため、操作変数法での因果効果の推定の際には、それらのタイプの個体への因果効果は無視されることになります。これは、操作変数法で推定される平均因果効果は、サンプル集団全体における平均因果効果(ATE)とは異なることを意味しています。

操作変数法で推定できる可能性があるのは、集団全体ではなく、あくまで処置 T が IV と関連して決まる「すなお」タイプに対する局所的平均因果効果(Local Average Treatment Effect, LATE、もしくはComplier Average Treatment Effect, CATE)となります。ここで、操作変数法による推定値がLATEとなるための追加の仮定として、「Defier(ひねくれ)が存在しない」という仮定が必要になります。この仮定はやや強いものですが、IV の文脈によっては自然に期待できる場合も多くあります[12]。また、操作変数法で推定されるのがあくまでLATEであることを踏まえると、「IV と T の相関が小さい(=「すなお」の割合が小さい)」ことは、推定精度やバイアス拡大の問題だけでなく、「推定された因果効果が小さなサブセット集団に対するものにしかなっていない(ターゲット

---

12) たとえば「小隕石が落ちないときには受講しないが、小隕石が落ちたときだけ受講する」という人はほとんどいないだろう、というのは自然な想定と考えられます。

集団が集団全体の場合にはそのギャップを埋める正当化が別途必要となる)」という概念解釈上の問題もはらんでいることがわかります[13]。

なお、ちょっと意外かもしれませんが、この操作変数法と、RCTでの「不遵守」の問題は同じ枠組みで捉えられることが知られています(オンライン補遺X7)。

さて、以上では操作変数法の考え方を見てきました。操作変数法はバックドア基準を満たす共変量が観測されていない状況でも使える強力な方法ですが、操作変数に必要な

(1) IV は T と相関があり、かつ T を通してのみ Y に影響する(除外制約 exclusion restriction、唯一経路条件)

(2) IV と誤差項が相関していない(IV に対する開きっぱなしのバックドアパスがない)

という前提条件は、一般にはかなり高いハードルとなります。特に「IV は T を通してのみ Y に影響する」および「IV に対する開きっぱなしのバックドアパスがない」という因果構造に関する仮定は、データそのものから直接確かめることは難しく、その背後にあるデータ生成メカニズムの構造に対するドメイン知識からの正当化が必要となります。一方で、「IV と T の相関」については、データから直接相関の大きさを確かめることができます。ただし先述の通り、よい推定を得るためにはその相関はある程度以上に強い必要があり、このことも操作変数法の適用における実務上のハードルのひとつとなります。さらに、操作変数法で推定される「因果効果」はあくまで集団のある特定のタイプにおける因果効果であり、集団全体における因果効果の推定とは異なります。

これらのことから、操作変数法は場面を問わず広く適用できる方法とは言えません。しかし、操作変数法以外では交絡を調整できないような状況もままあり、そうした場合にはとっておきの“奥の手”として大変貴重な手法となります[14]。

---

13) サンプル集団から推定された因果効果とターゲット集団での因果効果の関係については第9章で詳しく議論します。

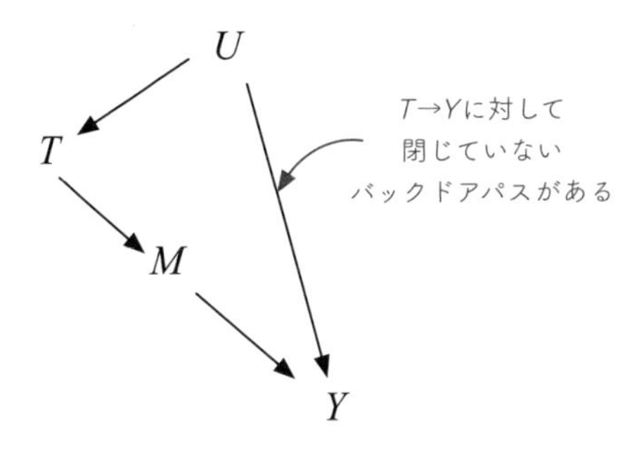

図 7.9 媒介変数法の説明のための因果ダイアグラムの例

7.2 媒介変数法とフロントドア基準 ——中間変数を利用する

操作変数法は、処理 T の上流の変数である操作変数 IV を用いて因果効果を推定する方法でした。一方で、T と Y の間の中間変数となる M を用いて因果効果を推定する方法もあります。そのひとつが「媒介変数法」です。

7.2.1 古典的なパス解析——媒介変数法

T から Y へと至る因果経路が $T \to M \to Y$ であるときに、$T \to M$ の効果と $M \to Y$ の効果を掛け合わせることによって因果効果を計算する方法は「媒介変数法」として知られています[15]。ここでは、線形構造方程式の場合を想定し、図 7.9 の因果ダイアグラムを考えていきます。

この因果ダイアグラムに対応する線形構造方程式は

$$T = \beta_{U \to T} U + \varepsilon_T \quad \leftarrow T \text{ は } U \text{（と誤差項 } \varepsilon_T \text{）によって決まる}$$

$$M = \beta_{T \to M} T + \varepsilon_M \quad \leftarrow M \text{ は } T \text{（と誤差項 } \varepsilon_M \text{）によって決まる}$$

---

14) ただし、“奥の手” を使わざるを得ない状況であることは、操作変数法という「手法の選択の正当化」にはなるかもしれませんが、操作変数法が必要とする「仮定自体の妥当性の正当化」にはならないことにはくれぐれも注意が必要です。

15) 分野によって「媒介変数法」とよばれる手法にはいくつか異なる種類のものがあるかもしれませんが、ここでは古典的なパス解析における用法を指しています。

$$Y = \beta_{M \to Y} M + \beta_{U \to Y} U + \varepsilon_Y \quad \leftarrow Y \text{ は } M \text{ と } U \text{（と誤差項 } \varepsilon_Y \text{）によって決まる}$$

になります。ここでは、未観測変数 U によるバックドアパスがあるため、T と Y のデータのみからでは、$T \to Y$ の因果効果のバイアスのない推定はできません。しかし、ここでは中間変数 M のデータも観測されている状況を想定し、M を利用することで因果効果を推定する方法を考えていきます。上記の構造方程式の 3 番目の式の M に 2 番目の式を代入すると、

$$Y = \beta_{T \to M} \beta_{M \to Y} T + \beta_{M \to Y} \varepsilon_M + \beta_{U \to Y} U + \varepsilon_Y \quad \leftarrow \text{式変形により } T \text{ の係数は } \beta_{T \to M} \beta_{M \to Y} \text{ となる}$$

となります。ここで、変数 T が関与しているのは $\beta_{T \to M} \beta_{M \to Y}$ の項だけになっており、$T \to Y$ の因果効果（T を 1 単位量ぶん変化させたときの Y の変化量）は $\beta_{T \to M} \beta_{M \to Y}$ となることがわかります。では、これらの構造方程式のパラメータと、回帰モデルとの対応関係をみていきましょう。

ここで、$T \to M$ についてはバックドア基準が満たされていることに着目すると、M を目的変数、T を説明変数にしたときの T の単回帰係数 $\hat{\beta}_{T \text{ on } M}$ は、「$T \to M$ の因果効果（T を 1 単位量ぶん変化させたときの M の変化量）」である $\beta_{T \to M}$ に等しいものと期待できます。また、Y を目的変数、M と T を説明変数とした重回帰モデルは $M \to Y$ についてのバックドア基準を満たしているため、その偏回帰係数 $\hat{\beta}_{M \text{ on } Y}$ は「$M \to Y$ の因果効果（M を 1 単位量ぶん変化させたときの Y の変化量）」である $\beta_{M \to Y}$ に等しいものと期待できます。ここで、それぞれの回帰係数の推定値から $T \to Y$ の因果効果の推定値を

$$T \to Y \text{ の因果効果} = \beta_{T \to M} \beta_{M \to Y} = \hat{\beta}_{T \text{ on } M} \hat{\beta}_{M \text{ on } Y}$$

として計算できると期待できます。

7.2.2 媒介変数法はどんなときに使えるか――フロントドア基準

上記のように、処置と結果の間にある中間変数を用いて因果効果を計算する方法が可能かどうかを判定する基準として、フロントドア基準が知られています。コトバで説明すると、M が T と Y のあいだの唯一の中間変数である

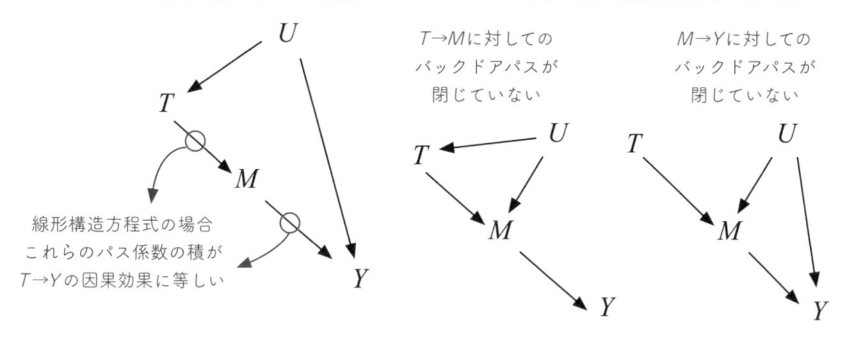

図7.10 フロントドア基準が満たされている／いない因果ダイアグラムの例

$(T \to M \to Y)$とき、フロントドア基準は

(1) 背景にある因果構造において、$T \to M$のバックドア基準が満たされている
(2) Tを条件づけたときには$M \to Y$のバックドア基準が満たされている

という2段階のバックドア基準が満たされていることに相当します(フォーマルな定義はオンライン補遺X7)。図7.10aはこの条件を満たしています。一方、図7.10bの「$T \leftarrow U \to M$」のパスがある左図の場合には上記(1)の条件が、$M \leftarrow U \to Y$のパスがある右図の場合には条件(2)が満たされていないことがわかります。このときUは未観測変数であるため、これらのパスがあるかないかはデータそのものからは検証できない構造的な仮定になります。

このフロントドア基準が満たされるときには、$T \to Y$に対するバックドアパスが閉じていなくても、TからMを経由してYに至る因果経路の情報に基づき、$T \to Y$の因果効果の推定が可能となります。ここまでの説明をみてきておわかりの通り、媒介変数法も操作変数法と同じく、データの背景にある生成メカニズムにおいて推定の前提となる構造的な仮定が満たされていることが重要な前提となっており、幅広い事例への適用は期待できないものの、ハマれば貴重な“奥の手”的な手法と言えます。

本章では、操作変数法、媒介変数法、フロントドア基準についてみてきました。これらのアプローチは、「観測された共変量データを用いてバランシングを目指す」のではなく、背景にある因果構造と因果経路の情報から因果効果を計算するというアプローチでした。「因果推論」という営みをより高い視点から眺めると、こうした構造情報を積極的に利用したアプローチをさらに延長したその先には、メカニズムモデルを基にした演繹的な数値シミュレーションによる因果推論(反事実的シミュレーション)の世界が広がっています。その意味で、操作変数法や媒介変数法に基づく因果推論は、いわゆる「(潜在結果モデルによる)統計的因果推論」と「メカニズムシミュレーションベースの因果推論」の中間にある半構造的アプローチとして捉えることもできるかもしれません。いずれにしろ、これらの手法は、背景にある因果構造において強い仮定が成り立っていることを前提としたものであり、(しばしばその点が軽視されがちですが)ドメイン知識に強く依存する手法と言えます。

7.3 この章のまとめ

- 因果効果を推定する方法のうち、データの背景にある生成メカニズムの因果構造と因果経路の情報を利用した手法として、操作変数法や媒介変数法がある。
- 操作変数法は、システムの外側から外生的に処置に影響を及ぼす変数を用いて、処置と結果の因果効果を推定する方法である。
- 媒介変数法は、処置→媒介変数→結果の影響の積算により、因果効果を推定する方法である。
- 媒介変数などを利用して因果効果が識別可能となる条件は、フロントドア基準としてまとめられている。
- いずれの手法も背景にある因果構造に対する強い仮定を前提としたものだが、もし適用可能な場合には、貴重な“奥の手”となる。

第Ⅲ部

「因果効果」が意味することと、しないこと

これまで、第Ⅰ部では因果効果を推定するための理論的な枠組みについて、第Ⅱ部では具体的な因果効果の推定手法の考え方をみてきました。本書の締めくくりとなる第Ⅲ部では、適切な因果推論の土台となる分析概念の質的な吟味の話や、サンプル集団から得られた(にすぎない)因果効果の推定値について、その解釈の可能な範囲や、実務への適用における注意点を考えていきます。

因果効果の推定結果は、たんにパソコンソフトからポコッと出てきた数字として存在するだけではなく、時には“エビデンス”として社会の中を一人歩きしていきます。そうした数字たちによくも悪くも「期待」する人間たちが多いなかで、概念的に誤解されず、都合よく拡大解釈されず、本来指し示すものよりも多くを委託されたがゆえに失望されてうち捨てられることのないように、データ分析者はその「算出された数字たち」が、何を意味し、何を意味しないのかをしっかり見定め、そしてそれを過不足なく他の人々に伝える責務があります。

この第Ⅲ部では、そうした因果効果の推定結果の位置づけに関する見識を高めるために、因果推論のテクニカルな説明ではあまり語られる機会のない「統計的因果推論と質的知見との結びつき」の議論にもやや踏み込んだ解説をしていきます。

8
“処置 T の効果”を揺るがすもの

この章では、統計的因果推論の分析に用いる変数の、概念的な意味を考えます。私たちが何気なく用いている「変数」は、何によって構成され、何によって媒介され、何と相互作用しているのでしょうか。これらを吟味することにより、統計的因果推論と質的な知見がどうつながっているのかをみていきます。

分析に用いる概念を丁寧に吟味することは、実は実務においてこそ非常に重要です。なぜなら、「そもそもの興味の対象である“処置 T の効果”」と「実際に推定されている“処置 T の効果”」のあいだに概念的なズレがあるときには、たとえその因果効果のバイアスのない推定値が得られたとしても、その値は「本来知りたかった値」とは異なっているからです。解析に用いる変数が概念的に適切に定義・測定されていることは、全ての統計解析の土台と言えます。どんなに天翔けるような手法を知っていても、統計解析の実務は、その土台から離れて生きることはできません。

8.1 「因果効果を媒介するもの」を考える

この節では例として、「薬 A の効果」を調べる RCT における「薬 A の処方」という処置変数の、概念的な意味を掘り下げて考えていきます。

ある薬 A の因果効果を調べるために、被験者集団に無作為に薬 A を処方して、被験者における健康指標 Y に対する効果をみたとします。対応する因果ダイアグラムは次頁の図 8.1 のシンプルな形です。

ここで処置 T（$T=1$ は「処方あり」、$T=0$ は「処方なし」）は無作為に割付されており、この「$T \rightarrow Y$ の因果効果」はバイアスなく推定できると期待できます。ではここで、「この処置 T はそもそもいったい何を意味しているのか」をあら

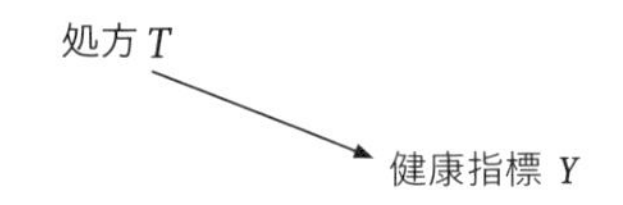

図 8.1 処方 T と健康指標 Y の素朴な因果ダイアグラム

ためて考えてみましょう。

「処方 T」の概念的な意味を深掘りするために、処方 T から健康指標 Y への因果効果が何によって媒介されうるかを考えてみましょう。まず因果効果の主要な経路として、「薬 A の成分の薬理作用」を媒介した効果が考えられます(図 8.2 左上)。一般に「薬 A の効果を調べる」ことが目的のときには、この経路を介した効果が「興味の対象となる因果効果」となります。一方、処方 T から健康指標 Y への効果を媒介する経路として、「薬 A を服薬したこと」自体が患者の健康指標 Y に影響する経路も考えられます。これは「プラセボ効果」として知られているもので、薬 A の成分とはまったく関わりはなく、薬の服薬による被験者の心理的な変化が健康指標 Y に影響することで生じます(図 8.2 右上)。また別の媒介経路として、「薬 A を処方したこと」が観察者(処方した医師など)の態度を変化させることにより、患者の「健康指標 Y (の観察結果)」に影響する可能性があります。これは「観察者効果」として知られているものであり、薬に対する観察者の期待感などが結果(の記述)に影響することで生じます(図 8.2 左下)。

さらに、そもそもの興味の対象となる因果効果である「薬 A の成分の薬理作用」を媒介した経路を、より詳しく考えてみましょう。この経路による効果が生じるためには、被験者がきちんと(処方 T の割付の想定どおりに)薬 A を「服薬する／しない」ことが必要となります。しかし現実には、被験者は必ずしも処方 T の想定どおりには服薬しません。たとえば、「処方あり」の場合でも服薬しなかったり、「処方なし」の場合でも(想定しない形で薬を入手して)服薬してしまうことがありえます。つまり、被験者が処方を受けた場合であっても、「薬 A の成分の薬理作用」による効果は、「服薬を遵守」した場合にのみ生じます(図 8.2 右下)。

では、上記の諸々の媒介経路を明示的に取り入れた「処方 T→健康指標 Y」

薬の成分の薬理作用に媒介される経路

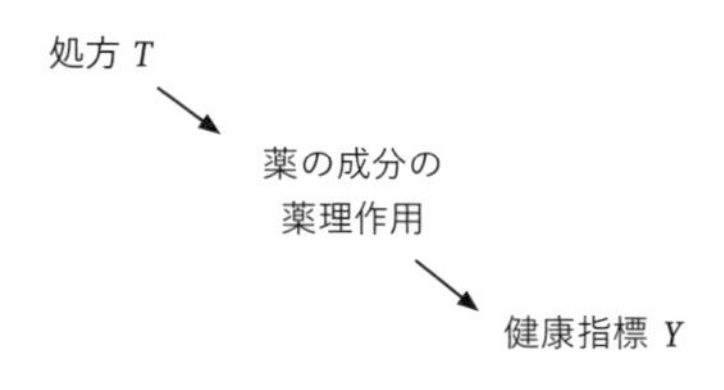

被験者の心理的変化などに媒介される経路

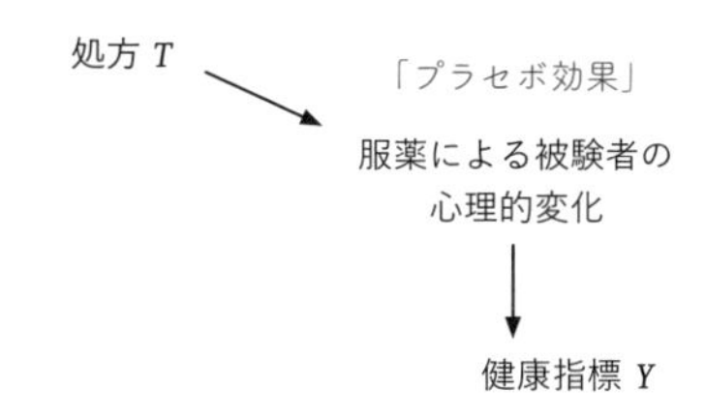

観察者の心理的変化などに媒介される経路

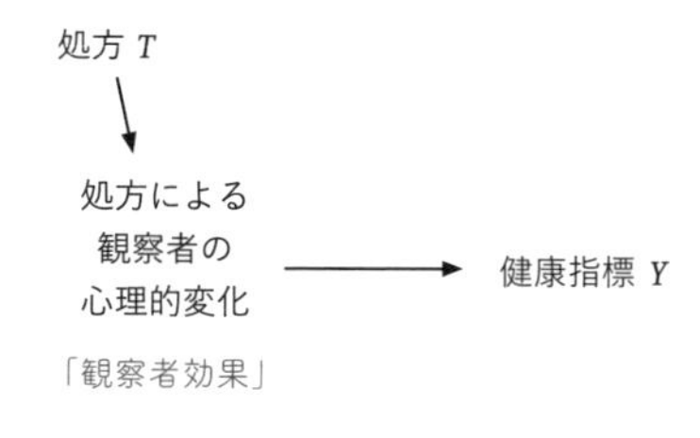

処方の意図通りに服薬されるとは限らない

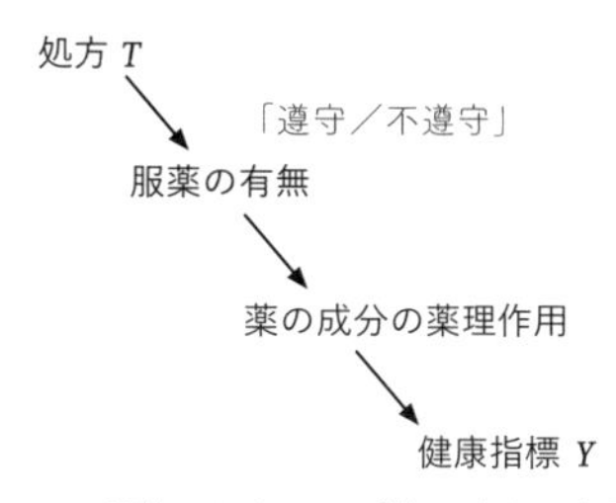

図 8.2 「処方 T」の経路を分解する

の因果ダイアグラムをあらためて描いてみましょう(図 8.3)。

この右の因果ダイアグラムは最初のものと比べて、「処方 T」と「健康指標 Y」を巡る記述がより“厚い”ものになっています。まずこの因果ダイアグラムから、「処方 T による因果効果」と「薬 A の成分の薬理作用による因果効果」は、概念的に同一ではないことがわかります。つまり、もし**本来知りたかったもの**が「薬 A の成分の薬理作用による因果効果」であった場合には、たとえ左の因果ダイアグラムにおける「処方 T→健康指標 Y の因果効果」をバイアスなく推定できたとしても、そのまま何の検討もなしに「目的となる因果効果が適切に推定された」とは言えません。このように、たとえば、処置の効果が何を媒介するかをより深く考えることを通じて、私たちが算出する「因果効果」の数値が「いったい**何について**の推定値なのか」をより正確に捉えるこ

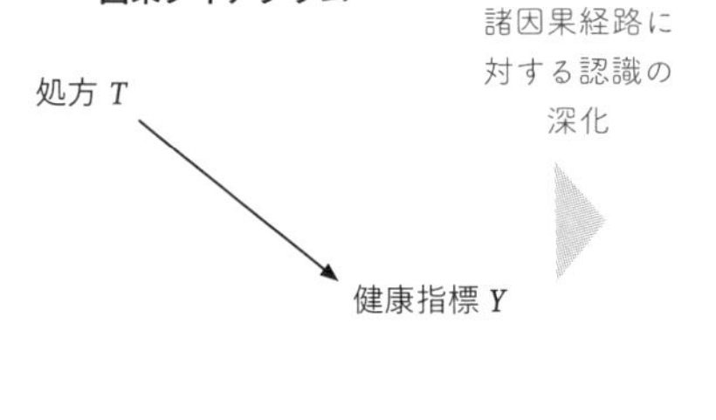

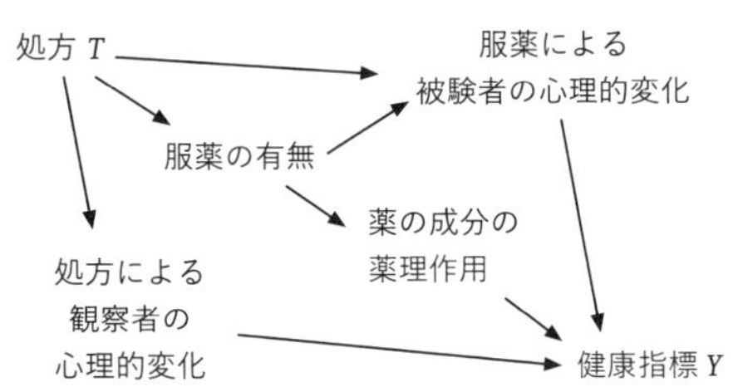

図 8.3 認識の深化により“より厚く”なった因果ダイアグラム

とができます。

ではここで、図 8.3 に基づき、「薬 A の成分の薬理作用による因果効果」を知りたい場合にはどうすればよいかを考えてみましょう。原理的には、(1)「服薬による患者の心理への影響」により媒介されるプラセボ効果の経路と、(2)「処方による観察者の態度への影響」により媒介される観察者効果の経路を遮断することができ、さらに(3)患者が処方 T の意図通りに薬を服薬してくれれば、「処方 T→健康指標 Y」の効果を「薬 A の成分の薬理作用→健康指標 Y」の効果と同等なものとして解釈できそうです。

実際に薬などの効果を調べる際には、プラセボ効果と観察者効果による経路を遮断するための「二重盲検法」が多く用いられています。二重盲検法では、被験者全員に対して「本物の薬」と「偽薬(プラセボ)」のどちらかの薬を処方します。ここでの処置 T は、「$T=0$ はプラセボ、$T=1$ は本物の薬」となります。ここで、いずれかの薬を各被験者に無作為に割り当てます。このとき、**被験者にも観察者にも**どちらの薬かの見分けがつかない形で処方することにより、「本物の薬」と「プラセボ」を割り当てられたサブグループ間で、「服薬という行為が被験者に与える心理的影響(プラセボ効果)の分布」も「処方が観察者に与える心理的影響(観察者効果)の分布」も差がない(バランシングしている)ことが期待できます。別の言い方をすると、与えられた薬 T が「本物の薬か／プラセボか」ということと、生じた「プラセボ効果」や「観察者効果」の程度が独立であることが期待できます。これを因果ダイアグラム上で表現すると、

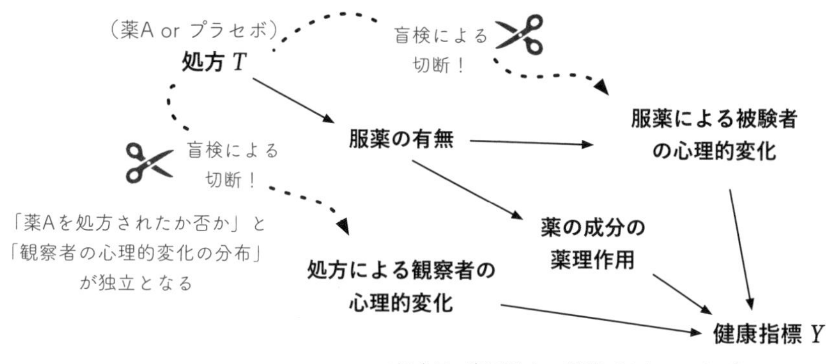

図 8.4　二重盲検法によって「薬の成分の薬理作用」以外の経路を切断する

それぞれの媒介経路が切断されることに相当します(図 8.4)。

ここで「プラセボ効果」や「観察者効果」を媒介する経路は遮断されているため、処方 T の意図通りに服薬がされている条件下において、「薬 A」と「プラセボ」を割付けられたサブグループのあいだで観察される「健康指標 Y」の差は、「薬 A の成分の薬理作用による因果効果」として解釈できるようになります[1)]。

上記で見てきた例は、質的な知見をもとに「処置 T が何によって構成／媒介されるか」を吟味することの重要性を示しています。ここまでの話の流れを、あらためて整理してみましょう：

1. 最初は薬 A の影響をみる際に、無作為化された処置 T である「薬 A の処方の有無」が「健康指標 Y」に影響するという単純な図式で捉えていた(図 8.1)

1）この二重盲検法の例についての数式を用いた説明は、オンライン補遺 X8 を参照。

2. 「処方 T」が被験者の健康に与える影響が何に媒介されうるかを、質的な知識に基づき考察した(図 8.2)
3. 「処方 T」の概念的意味がより高い解像度で理解された
4. 「処方 T による因果効果」は「薬 A の成分の薬理作用による因果効果」と同義でないことが明示化された(図 8.3)
5. 「薬 A の成分の薬理作用による因果効果」以外の経路を遮断するという実験デザインの必要性が理解された
6. 「本当に知りたい因果効果」にフォーカスするための、具体的なデータ取得プロトコル(例として、二重盲検法)が検討された(図 8.4)

この例のように、研究やデータ解析の過程においては、質的な検討と量的な検討を行き来することにより、本当に知りたい因果効果により正確に迫れることが多くあります。適切な因果推論を行うためには、因果効果をバイアスなく推定するための理論的な手続きを理解し、遵守することが大切です。しかし、それだけでは十分ではありません。そこで算出された数値が「本来知りたかった因果効果」を表すものかどうかを、質的な知見と照合しながら慎重に検討することも同様に重要です。こうした概念的検討を怠ると、テクニカルには高度ではあるものの、実質的な問題解決にとっては的外れな解析を行いがちになります。解析方法に自負があるときほど、質的な知見との整合性を丁寧に確認することを心がけていきましょう。

8.2 “因果効果”を揺らす他の要因たち

前節では「媒介」の観点から、変数の概念的な意味を深掘りしてみました。この節では、他の要因への依存性――効果の修飾、効果の異質性、交互作用など――の観点から深掘りしてみたいと思います。

8.2.1 効果の修飾――個体の特性に依存

表 8.1 は、ある特徴的な湿疹が生じる猫の皮膚病 B に対する、薬 A の治癒効果 Y を、二重盲検法により調べた結果――つまりこの場合には「薬 A の効

表 8.1 「効果の修飾」の例

個体 i	年齢C 1歳未満:0 1歳以上:1	投薬$T=0$の潜在結果 $Y^{\text{if}(T=0)}$ [非治癒:0、治癒:1]	投薬$T=1$の潜在結果 $Y^{\text{if}(T=1)}$	投薬Tの因果効果
ぴかそ	0	1	0	−1
だり	0	1	0	−1
まちす	0	1	0	−1
まぐりと	0	0	0	0
しゃがる	0	0	0	0
みろ	0	0	0	0
あんり	1	1	1	0
くりむと	1	1	1	0
ごっほ	1	1	1	0
むんく	1	0	1	1
ぶらつく	1	0	1	1
きたへふ	1	0	1	1

1歳未満の層での平均因果効果は−0.5

1歳以上の層での平均因果効果は+0.5

層によって因果効果が異なる＝「効果の修飾」

この例では集団全体での平均因果効果はゼロ

果＝薬液の生理学的な効果」と解釈できます——を表しています(プラセボの投薬が $T=0$、薬 A の投薬が $T=1$)。

この表では「薬 A の平均因果効果」はゼロです。しかしながら、年齢層ごとの平均因果効果をみると、1 歳未満の猫での平均因果効果が −0.5 である一方で、1 歳以上の猫では +0.5 となっています。こうしたケースでは「薬 A の効果」という概念を、その処置を受ける対象との組み合わせのもとで考える必要が出てきます。

このように、個体の特性に依存して処置の効果が異なることを「効果の修飾(effect modification)」と言います。一般に、「効果の修飾」の文脈では、共変量として処置を割付ける前に状態が定まっている特性(pretreatment variable)を想定します。たとえば、平均因果効果において、2 値の共変量 C_E による効果の修飾があることを数式で書くと、

$$
\begin{aligned}
&E[Y^{\text{if}(T=1)}-Y^{\text{if}(T=0)} \mid C_E=0] \\
\neq\, &E[Y^{\text{if}(T=1)}-Y^{\text{if}(T=0)} \mid C_E=1]
\end{aligned}
$$

← 「$C_E=0$ の層での真の因果効果」と「$C_E=1$ の層での真の因果効果」が異なる

と表せます。この式は、C_E の状態に依存して「$T \rightarrow Y$ の真の平均因果効果(＝処置グループ間での潜在結果の差分)」が変化することを意味しています。こうした効果の修飾があるときには、推定された因果効果が「どのような(サブ)集団に対する」効果なのかを理解することが、実務上も多くの場合に重要です。

また、こうした効果の修飾は、分析に用いる概念自体に対する再検討の必要性も示唆しうるものです。たとえば、この猫の例のように、薬の投与による効果が年齢によって正反対となる場合には、そもそも「子猫に対する薬 A の効果」と「成猫に対する薬 A の効果」は、同じ「薬 A の効果」として概念的にひとくくりにできない可能性があります[2]。あるいは、そもそも「子猫における皮膚病 B」と「成猫における皮膚病 B」は、同一の疾患として認識されていたものの、実際には表面的な症状が類似しているだけで、機序からすると「異なる疾患」である可能性もあるかもしれません。これは、量的な因果推論の結果として浮かび上がった「効果の修飾」が、当該疾患の質的な概念的理解の更新にもつながりうることを意味しています。

8.2.2 交互作用——処置以降のあれこれに依存

さて、上記の猫の例では、処置 T に先だって共変量の状態が決まっていました。以下では、処置 T と同時、あるいは処置 T の後に決まる要素に、効果が依存する例を見てみましょう。

表 8.2 は、「薬の処方 T」に加えて、「療法 C_I」による介入を行った例を表しています。

この例では、「薬 A の処方 T」の健康指標 Y への影響が、(処方 T の後に行われる)「療法 C_I」による介入の有無により変化しています。これはたとえば、「薬の処方 T」には「健康によい主作用」とともに「悪い影響をもつ副作用」があり、「療法 C_I」がその「副作用」を抑える場合に相当します。こうした(処置と同時、あるいは処置後に決まる)「変数 C_I」が「処置 T」の効果に影響をもつことを、平均因果効果に着目した形で表すと、

2) 媒介の観点からみても、それぞれの効果の薬理作用メカニズムが異なる可能性があります。

表8.2 「交互作用」の例

個体 i	療法 C_I	投薬 $T=0$ の潜在結果 $Y^{\mathrm{if}(T=0)}$ [非治癒:0、治癒:1]	投薬 $T=1$ の潜在結果 $Y^{\mathrm{if}(T=1)}$ [非治癒:0、治癒:1]	投薬 T の因果効果
ぴかそ	0	0	0	0
だり	0	0	0	0
まちす	0	0	0	0
まぐりと	0	0	1	1
しゃがる	0	0	1	1
みろ	0	0	1	1

療法 C_I を併用しないときの平均因果効果は +0.5

処置後に療法 C_I を併用しない：0、併用する:1

個体 i	療法 C_I	投薬 $T=0$ の潜在結果 $Y^{\mathrm{if}(T=0)}$ [非治癒:0、治癒:1]	投薬 $T=1$ の潜在結果 $Y^{\mathrm{if}(T=1)}$ [非治癒:0、治癒:1]	投薬 T の因果効果
ぴかそ	1	0	1	1
だり	1	0	1	1
まちす	1	0	1	1
まぐりと	1	0	1	1
しゃがる	1	0	1	1
みろ	1	0	1	1

療法 C_I を併用するときの平均因果効果は +1

処置後に定まる共変量の値によって因果効果が異なる ＝「交互作用あり」

$$E[Y^{\mathrm{if}(T=1,\,C_I=0)}]-E[Y^{\mathrm{if}(T=0,\,C_I=0)}]$$
$$\neq E[Y^{\mathrm{if}(T=1,\,C_I=1)}]-E[Y^{\mathrm{if}(T=0,\,C_I=1)}]$$

← 「$C_I=0$ の層での真の因果効果」と「$C_I=1$ の層での真の因果効果」が異なる

となります。この式は、処置 T が Y に与える潜在結果が、変数 C_I の状態に依存して変化することを意味しています。疫学分野では、こうした依存性を因果効果における「交互作用(interaction)」とよびます[3)]。

これらの「効果の修飾」や「交互作用」により生じる「処置 T の集団内で

3) 回帰モデルの文脈における "interaction" とは、(実務上は状況的に重なるケースも多いですが)異なる概念です。ここでは、「処置 T が Y に与える影響」は、(C_I の条件付き平均ではなく) T と C_I の2変数の潜在結果を用いて定義されていることに注意が必要です。やや細かい話となりますが、これは、C_I の値自体が T の値に依存して変化する場合には、たんに C_I での層別解析のみでは、処置 T の Y への効果をうまく捉えられないことを意味しています(C_I が媒介変数の場合には、C_I を層別化することにより $T \to C_I$ を媒介する効果自体がブロックされてしまうため。詳しい解説はたとえば Imai et al.[6]を参照)。

の効果の違い」は、ひっくるめて因果効果の「異質性(heterogeneity)」とよばれることもあります。ここでもし、「効果の修飾」をどんどん細かいレベルまで見ていくと、最終的には「個体レベルでの因果効果における(決定論的な)違い」そのものに行き着きます。その意味で、「効果の修飾」は例外的な状況というよりも、(「常に／既にある」という理由により「空気」のように無視されがちであるものの)実は全ての解析の前提に存在するものです。集団での因果効果を見る際には「平均集団効果」が着目されがちですが、平均だけではなく異質性に着目することも、(おそらく通常そう思われているよりも多くの場合に)とても重要です。また、異質性がある場合には、何によってその異質性が生じているかを考えることも大切です。たとえば、異質性の成因を考えることで概念がより詳細に検討され、「より明確に定義された処置と結果の関係」を推定するための新たな研究デザインの開発へつながることもあります。

8.3 処置 T のコンテクスト依存性を考える

ここではさらに、「他の要因への依存性」の一環としての「コンテクスト依存性」を、少し深掘りして考えてみたいと思います。

ある個体「だだ」さんへの、薬の服薬 T の効果を考えます。ここで、服薬 T は「T＝服薬あり」と「T＝服薬なし」の2状態があるとします。ここで、この薬Aが「精神状態の健全性を表す指標 Y」の値にどう影響を与えるかを見ていきます。ここで「だだ」さんの Y の潜在結果を式で表すと、それぞれの処置に対して

$$Y(\text{だだ})^{\text{if}(T=\text{服薬あり})} \quad \leftarrow \text{もし「だだ」が服薬したときの結果 } Y$$
$$Y(\text{だだ})^{\text{if}(T=\text{服薬なし})} \quad \leftarrow \text{もし「だだ」が服薬しないときの結果 } Y$$

と書けます。ここで、「だだ」さんは医師のあなたのもとへ来た初診の患者さんで、あなたはこれから薬Sの投薬による治療をしようかと検討しています。このとき、その服薬 T の因果効果を潜在結果の式で書くと

$$Y(\text{だだ})^{\text{if}(T=\text{服薬あり})} - Y(\text{だだ})^{\text{if}(T=\text{服薬なし})}$$

←「もし「だだ」が服薬したときの結果 Y」と「もし「だだ」が服薬しないときの結果 Y」の差　(式 8.1)

と書けます。ここまでの話には何の問題もないかと思います。

では、少し異なる状況を考えてみましょう。このときの「だだ」さんは他の病院で既にその薬Sにおける治療を受けていたとします。実はこの薬Sには依存性と離脱症状があることが知られており、「だだ」さんが医師のあなたのもとに来たのは「薬Sの断薬をしたい」という理由からでした。このとき断薬の因果効果を――悩むところですがここではシンプルに――「服薬 T の状態に関する潜在結果」の式で書いてみると

$$Y(\text{だだ})^{\text{if}(T=\text{服薬なし})} - Y(\text{だだ})^{\text{if}(T=\text{服薬あり})}$$

←「もし「だだ」が服薬しないときの結果 Y」と「もし「だだ」が服薬したときの結果 Y」の差　(式 8.2)

という、表面上は式 8.1 と符号が異なるだけの表現になるかもしれません。ここでもし、各潜在結果の値が一義的に定義できる(SUTVA 条件が満たされている。BOX 8.2)のであれば、式 8.1 と式 8.2 は逆の符号をもつ同じ値となります。しかし、この薬Sには離脱症状があるため、「いまから投薬をはじめる」というコンテクストにおける「$Y(\text{だだ})^{\text{if}(T=\text{服薬なし})}$」の値と、「長期投薬していたものをこれから断薬する」というコンテクストにおける「$Y(\text{だだ})^{\text{if}(T=\text{服薬なし})}$」の値は一般に異なります。ここでは、観察される T の物理的な行為そのものは「薬を飲まない」というまったく同一のものであるにもかかわらず、コンテクストに依存してその潜在結果の値は変わってくるわけです。

このコンテクストに応じた変化を、式で表現する方法を考えてみましょう。ひとつのやり方は、式 8.1 と式 8.2 の「だだ」さんは厳密には別の個体である、とする方法です。たとえば、それぞれの式に含まれる「だだ」さんは、「だだA」と「だだB」という別の個体であると解釈する方法です。こうすれば各潜在結果は一義的に定義され、モデリング上の難点はなくなります。もうひとつの考え方は、「だだ」さんが以前に受けていた処置とこれからの処置の組み合

わせとして処置 T を捉える(たとえば「いままでの処置を T_0」「これからの処置を T_1」として、処置 T を新たに、〈T_0＝服薬なし、T_1＝服薬なし〉、〈T_0＝服薬なし、T_1＝服薬あり〉、〈T_0＝服薬あり、T_1＝服薬なし〉、〈T_0＝服薬あり、T_1＝服薬あり〉の 4 状態をとりうる処置として分析する)方法です[4)]。

ここまで見てきたように、「処置とその処置を受ける対象の組み合わせ」について、物理的にはまったく同一の現象が観測されている場合であっても、その処置が実施されるコンテクストに応じて処置に対する結果が変わってくることがあります[5)]。これは、特に処置の「追加(なし→あり)」と「撤廃(あり→なし)」において効果が対称でない場合にしばしば直面する問題です。

一般に、回帰分析で連続量の処置変数を扱う場合には、処置の増減が連続的であることもあり、その「増加と減少」に対する影響が対称である(処置の 1 単位量増加による因果効果が β であれば、1 単位量減少による因果効果は $-\beta$ である)ことが、しばしば暗黙の前提とされています。実際には、処置による効果が系に履歴的な影響を与えたり、背景にあるメカニズム自体を多少なりとも改変してしまう場合も少なくありません。そのため、処置が双方向に変化しうる状況においては、「処置の効果が対称的であると仮定してよいか」はそれ自体、一度立ち止まって考える意義のある問題です。いずれにせよ、そもそもこうした「コンテクストに依存した処置の結果の違い」の存在に気づけるかどうかは、研究対象に対する質的な理解の深さにかかっています。

BOX 8.1 “柑橘類”とは何だったのか
──壊血病を巡る実験の成功と概念的吟味の失敗

分析概念の吟味の重要性を示すひとつの逸話として、柑橘類と壊血病の例があります[6)]。

大航海時代の船乗りたちにとって、壊血病は死をもたらす恐怖の病であり、1500 年から 1800 年までの間に 200 万人の船乗りが死亡したと推定されています。その病への対策を巡って、James Linds 船長は「柑橘類を与えた船員」と「柑橘類を与えなかった船員」の比較対照実験を行い、「柑橘類が壊血病を予防した」ことを1747年に報告しています。1800年代の初めには、船に十分な柑橘類を積み込むようになった英国海軍にとって、壊血病は過去の脅威となりました。これは比較対照実験により効果的な施策を明らかにした最初期の事例と言われています。

しかしこの後、この“柑橘類”の概念的内実はズレていってしまいます。初期の“柑橘類”はスペイン産レモンでしたが、経済的な理由から、徐々にインド産ライムが使われるようになりました。この過程で、壊血病を防止する物質であるビタミンCの含有量は1/4まで低下しました。さらに悪いことに、その後、生のライムではなく、加熱し濃縮されたライムジュースが用いられるようになり、作用の本体であるビタミンCはもはや破壊された状態のものが使われるようになりました。この状態が続いたことから、「“柑橘類”が壊血病を予防する」こと自体がもはや迷信扱いされるようになり、壊血病はまた死の病へと戻りました。実際に、1884、1903、1911年の北極探検隊では、壊血病により多大な犠牲が出ています。

この話は、たとえ実験で因果効果が明らかになったとしても、概念の質的理解が不十分である限り、物事は簡単に元の木阿弥となりうることを意味しています。人類が「Linds船長の実験における“柑橘類”」の概念的な内実を正確に理解できるようになったのは、その作用の本質がビタミンC（アスコルビン酸）であることが突き止められた1937年のことになります。

---

4) より一般的な状況も含めて、こうした処置が時間的に変化する状況（time-varying treatment）のモデル化と解析については、Hernán and Robins[3]で詳しく扱われています。

5) 他の例としては、「セミナー参加」を処置としたときに、強制的な参加か、自主的な参加か、謝金による参加かによって因果効果が異なってくる場合などもそうした事例のひとつとして挙げられます。

6) ここの逸話の記述はパール＆マッケンジー[21]の第9章の内容に基づいています。

a. 結果Yと関連しない処置Tの測定エラー

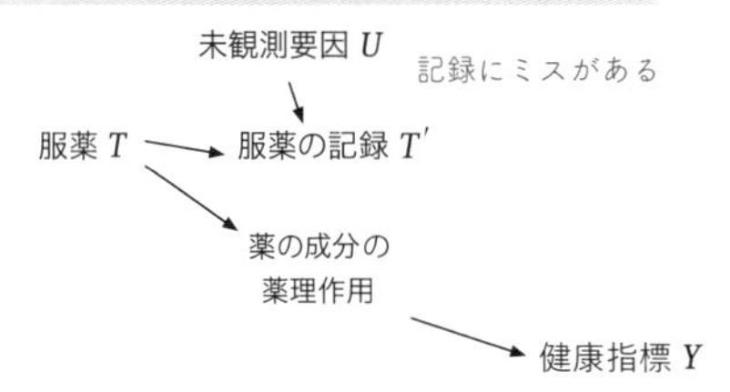

(たとえば)本当は服薬しているのに
「服薬していない」と誤って測定されていると
因果効果の過小推定などに繋がりうる

b. 結果Yと関連する処置Tの測定エラー

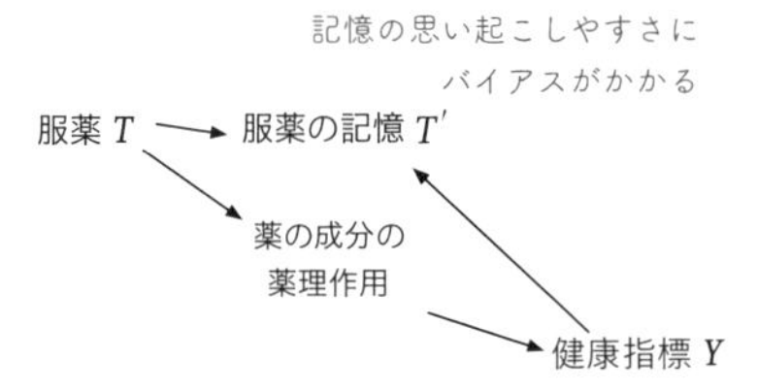

服薬の有無の測定を被験者の記憶に頼ると
健康にトラブルがあったときにより記憶を
思い起こしやすい(想起バイアス)

c. 処置Tと関連する結果Yの測定エラー

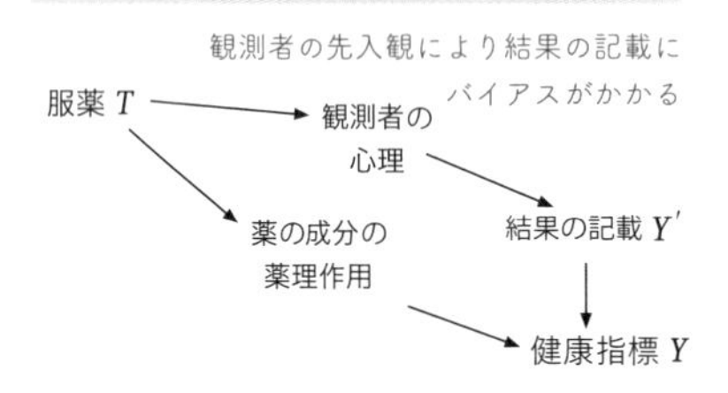

観測者が服薬の有無を知っている場合
観測者の先入観により結果の記載に
バイアスがかかりうる(観測者バイアス)

d. バックドアパス上の共変量Cの測定エラー

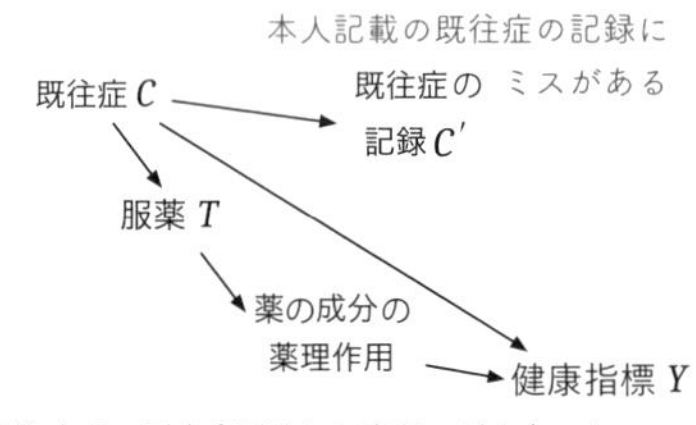

既往症Cの固定(層別化や変数の追加)による
バックドアパスのブロックが不十分になりうる

図 8.5 測定におけるエラーに伴うバイアスのイメージ例

8.4 測定されたその「処置 T」は本当に「処置 T」か

本書のこれまでの部分では、「測定に誤りはない」ことを暗黙の仮定としてきました。しかし、この仮定は多くの場合に非現実的であり、実際の測定には多かれ少なかれ誤りはつきものです。こうした測定の誤りは、推定の精度を低下させることはもちろん、因果効果の推定結果にバイアスを与えうる要素にもなります。この節では、そうした測定エラーがもたらすバイアスのパターンをいくつか取り上げてみていきます[7](図 8.5)。

例として、ある薬を服薬した($T=1$)かしないか($T=0$)が健康指標 Y に与える因果効果を見たい場合を考えます。説明の便宜上、以下の例では特に言及のない限り、服薬 T の割付自体は無作為であり、かつプラセボ効果は無視できるものとします。ここで、実際に服薬したかどうかを T、服薬したかどうかの観測値を T' と表します。ここで「測定のエラー」とは、測定対象の変数において「実際の状態」と「記録の内容」にズレがあること一般を指します。以下ではそうした「測定のエラー」と「因果効果の推定におけるバイアス」との関連を見ていきます。

まず単純なケースとして、「結果 Y と関連しない処置 T の測定エラー」があります。図 8.5a は、処置である服薬 T の記録 T' に(T の状態とも Y の状態とも関連しない未観測要因 U による)エラーが含まれている例を示しています。状況としては、単純な観測ミスや入力ミスによる測定エラーなどが対応します。たとえばここで特に「本当は服薬している($T=1$)のに、記録では服薬していない($T'=0$)」というエラーが多く含まれているとしましょう。このとき、測定値 T' を用いて推定した因果効果は、(対照群にも服薬した個体が含まれることから、実際よりも処置グループ間の差が小さくなるため)実際の服薬 T の因果効果よりも一般に過小推定される傾向になります[8, 9]。

「結果 Y と関連する処置 T の測定エラー」もありえます。図 8.5b は、処置である服薬 T の記憶 T' が結果 Y に影響される例を示しています。状況としては、たとえば、服薬 T のデータが事前に得られておらず、過去の服薬の「記憶」についてのアンケート調査により処置の記憶 T' のデータがとられている場合などに対応します。このとき一般に「健康に何らかの変化があった場合、潜在的な原因をより思い起こしやすい」傾向により、結果 Y の状態が、処置である服薬 T の記憶 T' へ遡及的に影響しうることが知られています(想起バイアス／リコールバイアス)。このとき、測定値 T' を用いて推定した因果効果は、

7) より網羅的な議論については Hernán and Robins [3] の Chapter 9 を参照のこと。

8) こうした過小推定について、測定エラーにより「効果の希釈(dilution)が生じる」とよぶことがあります。

9) ここでの「T と T' の関係」は、図 8.2 右下の「遵守」の文脈における「処方 T と服薬」の関係と、一見とても類似しているように見えます。これらはどちらも本来的な興味がある処置変数の「プロキシ変数」を巡る話であり、その意味では一定の同型性はあります。しかし、「遵守」の文脈における「服薬」の位置づけは「処置 T と結果 Y の経路上にある本質的な媒介変数」であり、ここでの「服薬の記録 T'」の話とは質的に異なるものです。

実際の服薬 T の因果効果とはズレたものとなります。

一方、図 8.5c は「結果 Y の測定エラー」の場合です。ここでは「処置 T と関連する結果 Y の測定エラー」のパターンとして、以前でも説明した観察者効果の例を示しています。たとえば、処置の効果に対して観察者に何らかの先入観があるとき、観察者が処置 T の状態を知っていることで、結果の記載 Y' にバイアスがかかるような場合に対応します。このとき、結果の記載 Y' を用いて推定した因果効果は、観察者の先入観に沿う方向にバイアスされる傾向があります。

図 8.5d は「共変量 C の測定エラー」の場合です。状況としては、たとえば、被験者の既往症 C についての記録 C' が被験者の自己申告に基づいているため、実際の既往症の状態と比べるとしばしば抜け漏れなどの齟齬がある場合などに対応します。たとえばバックドアパスを閉じるためにこうした共変量での調整が必要な場合に、共変量の測定エラーがあるとバランシングがうまくいかず、バックドアパスのブロックが不十分になることがあります。

このように、解析に用いる変数の「実際の値」と「測定された値」との間のギャップは、因果効果の推定におけるバイアスにつながりうるものです。すなわち、第 3 章までで見てきた因果効果のバイアスのない推定のための条件としての「バックドア基準を満たす「測定された共変量」の分布のバランシング」は、「バイアスのない推定」のための十分条件ではなく、必要条件でしかないのです。つまり、たとえ実験プロトコルとしては RCT であり(あるいはバックドア基準が満たされており)、理論的には因果効果の一致推定量が得られる場合であったとしても、変数の測定エラーがある場合には、因果効果がバイアスなく推定されているとは限らないということになります。適切な因果推論が行われているかどうかの吟味は、書面上の実験プロトコルのチェックだけでは不十分な場合があるのです。

そのため、よきデータ分析者の心がけとしては、普段から「変数が知りたいことの本質を反映した定義となっているか」や「計測したい当のものが本当に計測されているか」にも気を配ることが重要です。その上で、それらに不備や不明瞭さがある場合には、実験デザインや測定プロトコルの改善案を提供することも、データ分析者が果たしうる本質的な貢献のひとつと言えます。

8.5　この章のまとめ

- 処置と結果を媒介する要因や、個体のもつ特性に応じて因果効果が異なる異質性や交互作用、個体の処置のコンテクスト依存性を吟味することは、「本当に知りたい因果効果」をより適切に推定するために重要である。
- 測定におけるエラーは、さまざまな形で因果効果の推定に影響を与えうる。
- 解析概念の定義や測定に不備があれば、たとえ理論的条件は満たしている場合であっても、因果効果の適切な推定はできない。

BOX 8.2　「まずSUTVAあれ」

もしあなたが観葉植物に水をやるのを長らく忘れていて、枯らしてしまったとします。かなり突飛な考えになりますが、ここで「もしリオネル・メッシがこの観葉植物に水をやっていたら、この観葉植物は枯れていなかった」と言えるでしょうか？

――そんなことがありうるかどうかは別として、論理的な話としては確かに、「もしもリオネル・メッシがあなたの観葉植物に水を与えるという事象が生じていたら、この観葉植物は枯れていなかった」かもしれません。ここで、反事実的条件による因果の定義(BOX 3. 1)をそのまま適用すると、「リオネル・メッシがこの観葉植物に水をやっていなかったことが、観葉植物が枯れた原因である」となります。これは奇妙な論理であると感じると思いますが、このことは、現実世界に対してどのような反事実的な可能世界を対置するかで、想定される「因果」の内容が異なりうることを示しています。現実世界では同一の事象(「あなたの観葉植物が枯れてしまった」)であっても、可能世界の側には異なる複数のバージョン(「あなたが／あなたの家族が／リオネル・メッシが／ドナルド・トランプが／この観葉植物に水をやったので、観葉植物は枯れなかった」)が存在しうるわけです。そのた

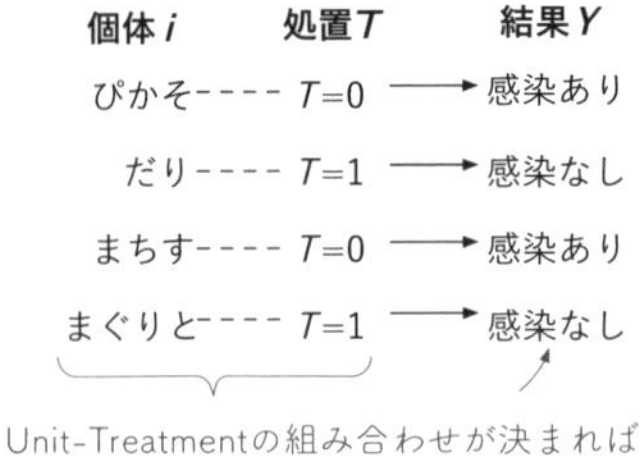

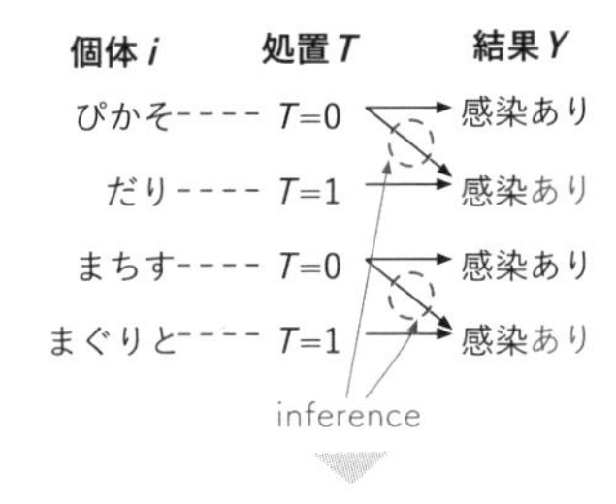

図 8.6　no inference の仮定

め、反事実的条件によって「因果」を定義するためには、対置する可能世界を何らかの形で特定する必要があります。

潜在結果モデルでは、「介入(Treatment)」と「介入を受ける対象(Unit)」は一義的に定まったものと想定されなければならないという縛り(Stable Unit Treatment Value Assumption, SUTVA 条件)により、現実世界に対してどの反事実的な可能世界が対置されるかが一義的に特定されることが保証されています[7]。SUTVA 条件は、2 つの要件から構成されています。そのひとつは、no inference の仮定です。これは、「それぞれの個体が受ける処置の影響が、他の個体が受けた処置がどちらであるかに影響されない」ということです。このイメージを図で表すと、図 8.6 のようになります。SUTVA 条件が満たされる場合は、左図のようにそれぞれの個体—処置(Unit-Treatment)の効果の流れが独立であり、効果の値(Value)が一義に定まります(Stable)。このとき SUTVA 条件、すなわち「Unit-Treatment の対に対する潜在結果が一義的に定まるという仮定」が成り立ちます。一方、右図のように、個体が受ける効果が別の個体が受ける効果と相互作用する場合には、それぞれの個体—処置に対する潜在結果の値が一義に定まらず(Unstable)、SUTVA 条件が満たされません。
SUTVA 条件が満たされない典型的な例としては、感染症におけるワクチンの因果効果が挙げられます。たとえば狂犬病のワクチンの因果効果を考えると、ほとんどの犬が狂犬病の「ワクチンあり」の処置を受けている場合には、狂犬病に感染するリスクがそもそも小さいので、個々の個体におけるワクチン接種の因果効果(ワクチンを受けたときと受けないときの潜在結果の差分)は小さくなります。ここで、個体レベルでの効果が小さいからといって犬へのワクチンの接種をやめてしまうと、狂犬病が蔓延するリスクが高まり、狂犬病の感染リスクが高まった状況では「ワクチンあり」の因果効果は大きくなります。このように、因果効果(処置のあり／なしでの潜在結果の差分)が、個体 i と処置 T の状態以外の要素にも影響を受ける(個体 i と処置 T だけの関数として定まらない)場合には、SUTVA 条件違反となります。
SUTVA 条件の 2 つめの要件は、“no hidden versions of treatment” の仮定です。たとえば、感染予防において「マスク着用」の処置効果を考えるときに、その「マスク」が N95 マスクなのか、紙マスクか、布マスクか、ウレタンマスクかでその効果は変わってきます。この場合、「T＝マスク着用あり」というのを一義的に定義できない[10]ため、そもそもの因果効果の定義が概念的に曖昧になり、得られた「マスクの因果効果」が果たして何を意味しているのかがわからなくなってしまいます。これはとりもなおさず、統計的因果推論の理論的な基盤として、分析概念の内実の明確な把握が常に要請されていることを意味しています。
また、2 つの要件のどちらに位置づけるかは微妙なところですが、この章で見てきたように、因果効果が背景因子や文脈に依存する場合にも、やはり実質的に潜在結果が一義的に定義できない(少なくとも、個体と処置のみの関数として、一義的な潜在結果をナイーブには想定できない)ことがあります。その意味では、実質上、潜在結果モデルで想定されている “Unit” と “Treatment” というのは、「既にあらかじめある特定の状況や文脈に埋め込まれている “Unit” と “Treatment”」として解釈するのが適切と考えられます。

ここで重要なのは、潜在結果モデルにおけるこのSUTVA条件は前提条件であり、潜在結果モデルの内部で正当化されているものではない点です。つまり、潜在結果モデルの内部には「なぜその反事実的な可能世界が対置されるのか／されないのか(なぜリオネル・メッシが水をやる可能世界が対置されないのか)」についての説明は一切なく、とにかく「まずSUTVAあれ」から始まるわけです。このことは、潜在結果モデルの基盤(SUTVA条件)の正当化は——しばしば統計解析者はその重要性を軽視しがちであるものの——質的な知識の側に支えられていることを意味しています。

10) なお、異なるマスクの種類の分布が既知かつ安定である場合には、異なる処置が混合された状態をまるっと「ひとつの処置」として捉えうることもあります。

9 エビデンスは棍棒ではない
——「因果効果」の社会利用に向けて

今まで見てきたように、因果効果の推定の際には多くの仮定がおかれています。残念ながらそれらの仮定自体は、データそのものからはしばしば検証できません。また、手持ちのデータから推定される因果効果の値は、あくまで「そのデータ＝サンプルされた集団」における効果であり、その値が他の集団においても成り立つとは限りません。

手持ちのデータから因果効果のバイアスのない推定値が得られたとして、その推定値は、より広い研究や分析の文脈の中でどう解釈し、利用していくべきでしょうか。最終章の本章では、この問題に迫ります[1)]。

9.1 その因果効果はどこまで一般化できるのか
——ターゲット妥当性とバイアスの分解

9.1.1 「サンプル集団における因果効果」をめぐる見取り図

ある特定のデータセットから推定された因果効果は、その特定のデータセットではない集団に対して、どのていど一般化した解釈が可能なのでしょうか。以下ではそれを考えます。少しだけ込み入った議論となるため、まずは用語と概念の整理から始めましょう。(なお、同じ用語でも研究分野によって意味する範囲が大きく異なることがあるため、以下の用法は基本的には本書内での用法とします。)

まず以下では、具体的にデータ解析に用いる手持ちのデータがあるとき、そこに含まれる個体からなる集団を「サンプル集団」とよびます。また、そのサ

1) 本章の内容は筆者が寄稿した井頭昌彦編著『質的研究アプローチの再検討』(勁草書房、2023年)の第10章[2]と重なる部分があります。もともと、本章の内容をもとに、寄稿先のテーマに沿って加筆・改変したものが上掲書の論考です。

ンプル集団がサンプルされた際の大元となる集団を「サンプル元集団」とよびます。そして、研究のそもそもの興味の対象である「その因果効果が知りたい集団」のことを「ターゲット集団」とよびます。

例で考えてみましょう。「A 市における小学 6 年生に対する教材 X の効果」を調べたいとします。ここで実際問題として、A 市の全小学生を対象者にはできないので、A 市における「B 小学校の 6 年生 100 人」の中からランダムにサンプリングして、「研究対象者 30 人」を選抜したとします。このとき、上述の用語で表現すると、「A 市における小学 6 年生」がそもそもの興味の対象である「ターゲット集団」、サンプル集団が選抜される際の母体となった「B 小学校の 6 年生 100 人」が「サンプル元集団」、研究における実際のサンプルとして選抜された「研究対象者 30 人」が「サンプル集団」となります。

ここで、統計解析により直接的に推定できる因果効果はあくまで「サンプル集団における因果効果」です。この「サンプル集団における因果効果」を、そもそもの興味の対象である「ターゲット集団における因果効果」として解釈できるか、というのが「ターゲット妥当性(target validity)」の問題です[34]。

ここで「ターゲット妥当性」という、あまり広まっていない用語を持ち出した理由は、内的妥当性(internal validity)、一般化可能性(generalizability)、外的妥当性(external validity)、移設可能性(transportability)などの既存の一連の妥当性概念について、なるべく統一的な枠組みで捉えていきたいからです。これらの一連の妥当性について概観するために、サンプル／サンプル元／ターゲット集団の関係性を、図 9.1 の諸類型に整理してみます。

研究分野により用法が多少異なるかもしれませんが、この図の枠組みで整理すると、「サンプル集団」において適切に因果効果が推定できているかが「内的妥当性」の問題(図の(A)の類型)、サンプル集団で推定された因果効果が「サンプル元集団＝ターゲット集団」でも成り立つかが「一般化可能性」の問題(図の(B)の類型)、サンプル集団で推定された因果効果が「サンプル元集団とは異なるターゲット集団」でも成り立つかが「外的妥当性／移設可能性」の問題(図の(C)の類型)となります[2)]。

現実のデータ解析の場面では、「サンプル元集団」と「ターゲット集団」が実際問題としてどのていど重複しているかを明確には判断できない場合があり、

(A) サンプル集団がターゲット集団

サンプル集団
=ターゲット集団

例. 筑波大の
医学群生

例. 筑波大の医学群生全員をサンプルとした
全数調査に基づき、筑波大の医学群生における
因果効果について考える

(B) サンプル元集団がターゲット集団

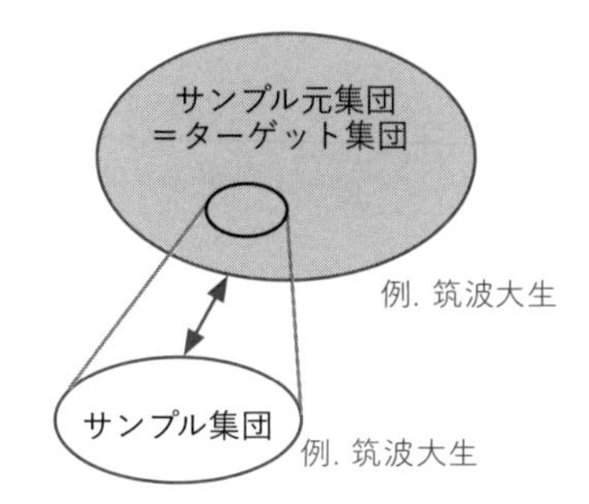

例. 筑波大生からサンプルされた
筑波大生のサンプル集団での因果効果に
基づき、筑波大生における
因果効果について考える

(C) サンプル元集団とは異なる集団がターゲット集団

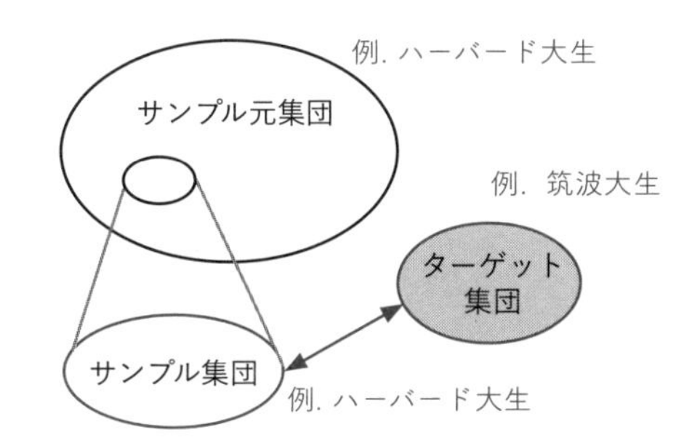

例. ハーバード大生からサンプルされたハーバード大生
のサンプル集団での因果効果に基づき、
筑波大生における因果効果について考える

図 9.1 「サンプル集団」と「ターゲット集団」の関係性の類型

---

2) この(A), (B), (C)の類型は全てのありうる包含関係を網羅したものではなく、本章での説明の観点からの代表的な類型として示したものです。論理的には、「サンプル集団」「サンプル元集団」「ターゲット集団」の包含や部分的な重なり合いの関係には多様なパターンがありえます。

この図の(A), (B), (C)の境界は不明瞭な場合も少なくありません。そのため、本章ではこれらの「サンプル集団で推定された因果効果を、ターゲット集団における因果効果として解釈する」際の諸類型をひっくるめて、統一的に「ターゲット妥当性」の枠組み内で捉えつつ、その構成要素を分解し、確認していきたいと思います。こうした確認作業を通して、「手元のデータから推定された因果効果は**いったい何の何を意味しているのか**」をより正確に理解できるようになっていくことを目指します。

9.1.2　そもそも「サンプル集団」での推定は妥当か？

手始めとして「内的妥当性」を考えていきます。**本書では**「内的妥当性」という用語を、「サンプル集団において推定された因果効果」を「サンプル集団における真の因果効果」として解釈する際の妥当性の意味で用います(図 9.1 (A)の類型)。たとえば、興味のある対象集団の全員がサンプルに含まれている全数調査の場合には、「ターゲット集団＝サンプル集団」となり、内的妥当性だけを考えればよいことになります。ここで、「サンプル集団において推定された因果効果」と「サンプル集団における真の因果効果」とのズレを $BIAS_{内的}$ と表記すると、

$$BIAS_{内的} = \text{サンプル集団において推定された因果効果} - \text{サンプル集団における真の因果効果}$$

と表せます[3,4]。さらに右辺第 1 項については、

$$\begin{aligned}&\text{サンプル集団において推定された因果効果}\\&\quad=\text{サンプル集団における真の因果効果}\\&\qquad+\text{共変量の偏りによるバイアス}+\text{非系統的な要因によるズレ}\end{aligned}$$

3) 数式で書くと、$BIAS_{内的}=(E[Y \mid T=1, S=1]-E[Y \mid T=0, S=1])-(E[Y^{\mathrm{if}(T=1)} \mid S=1]-E[Y^{\mathrm{if}(T=0)} \mid S=1])$。ここでサンプル集団に含まれた個体は $S=1$、そうでない個体は $S=0$ とします。この式以降、正確な対応関係ではありませんが、本節の数式では「推定された因果効果」は「観測された群間差」を意味するものとします。

4) 本章での数式による一連の整理のアプローチは Imai et al.[5] と Westreich et al.[34] を参考としました。

と分解できます。ここで「共変量の偏りによるバイアス」は「交絡によるバイアス」であり、第I部で見てきたように、処置と共変量が非独立である(共変量の分布がバランシングしていない)ことにより生じるものです。また、「非系統的な要因によるズレ」は、広い意味での偶然あるいは非意図的なエラー(たとえば測定のエラー)によるズレを表します[5)]。これを最初の式に戻すと、

$$BIAS_{\text{内的}} = \text{共変量の偏りによるバイアス} + \text{非系統的な要因によるズレ}$$

となります。

このことはつまり、たとえ全数調査であっても、処置の割付が特定の共変量の値をもつ個体に偏っていたり、測定に不備があったりすれば、真の因果効果とかけ離れた推定になりうることを意味しています。

9.1.3 「サンプル集団→サンプル元集団」への一般化は可能か？

次は、「一般化可能性」を考えていきましょう。本書ではこの用語を、「サンプル集団において推定された因果効果」を「サンプル元集団における真の因果効果」として解釈する際の妥当性の意味で用います(図9.1(B)の類型)。たとえば、「ターゲット集団＝サンプル元集団」である場合には、一般化可能性までを検討すればよいことになります。ここで、「サンプル集団において推定された因果効果」と「サンプル元集団における真の因果効果」とのズレを $BIAS_{\text{一般化}}$ と表記すると、

$$\begin{aligned} BIAS_{\text{一般化}} = &\ \text{サンプル集団において推定された因果効果} \\ &- \text{サンプル元集団における真の因果効果} \end{aligned}$$

となります[6)]。

さらに、先にみた内的妥当性でのバイアスの項に置き換えると、

---

5) ここでの $BIAS_{\text{内的}}$ は、「偶然などによる非系統的なズレ」も“バイアス”の一種として含めるという、やや拡張的な内包をもつ定義となっています。

6) 数式で書くと、$BIAS_{\text{一般化}} = (E[Y \mid T=1, S=1] - E[Y \mid T=0, S=1]) - (E[Y^{\text{if}(T=1)} \mid Q=1] - E[Y^{\text{if}(T=0)} \mid Q=1])$。ここでサンプル元集団に含まれた個体は $Q=1$、そうでない個体は $Q=0$ とします。

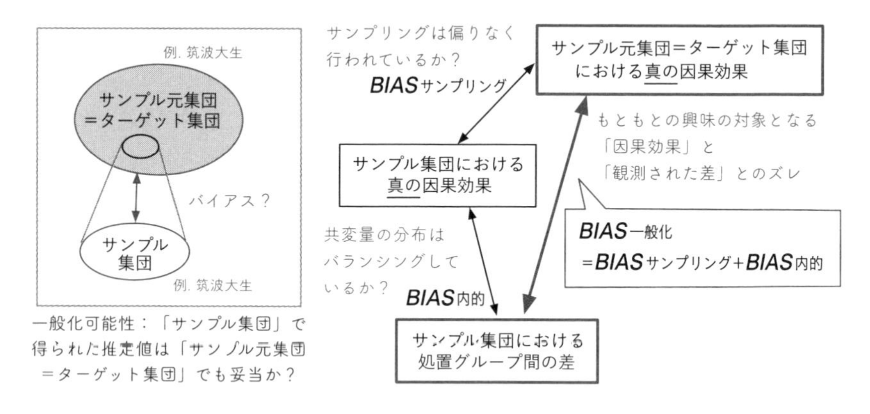

図 9.2　一般化可能性を巡るバイアス分解と整理のイメージ図

$$BIAS_{一般化} = サンプル集団における\underline{真の}因果効果 + BIAS_{内的}$$
$$- サンプル\underline{元}集団における\underline{真の}因果効果$$

と書けます[7]。ここで、サンプル集団とサンプル元集団における真の因果効果の差を

$$BIAS_{サンプリング} = サンプル集団における\underline{真の}因果効果$$
$$- サンプル\underline{元}集団における\underline{真の}因果効果$$

とおくと[8]、最終的に

$$BIAS_{一般化} = BIAS_{サンプリング} + BIAS_{内的}$$

とまとめることができます。つまり、$BIAS_{サンプリング}=0$ かつ $BIAS_{内的}=0$ のとき、「サンプル集団において推定された因果効果が、「サンプル元集団における真の因果効果」のバイアスのない推定となることがわかります。

上記の「一般化可能性」を巡るバイアス項目の内訳を１枚のイメージ図にまとめたものが、図 9.2 です。

7）数式で書くと、$BIAS_{一般化} = (E[Y^{\text{if}(T=1)} \mid S=1] - E[Y^{\text{if}(T=0)} \mid S=1]) + BIAS_{内的} - (E[Y^{\text{if}(T=1)} \mid Q=1] - E[Y^{\text{if}(T=0)} \mid Q=1])$。

8）数式で書くと、$BIAS_{サンプリング} = (E[Y^{\text{if}(T=1)} \mid S=1] - E[Y^{\text{if}(T=0)} \mid S=1]) - (E[Y^{\text{if}(T=1)} \mid Q=1] - E[Y^{\text{if}(T=0)} \mid Q=1])$。

ここで、$BIAS_{サンプリング}=0$ となる条件を考えてみましょう。サンプル集団とサンプル元集団における「真の因果効果」が等しいと一般に期待できる条件[9]は、(1)「サンプル集団」と「サンプル元集団」の特性(の分布)が互いに十分に似通っていること、さらに(2)「サンプル集団」と「サンプル元集団」における処置への反応を生み出す因果的メカニズムが互いに十分に似通っていることです。今後、本書での用語として、この条件(1)を「特性的同等性」、条件(2)を「構造的同等性」とよびます。一般に、サンプル元集団から、ランダムサンプリングによりサンプル集団が構成されている場合は、特性的同等性も構造的同等性も成り立っていることが確率的に期待できます[10]。

9.1.4 別の集団でも成り立つか？

次は、移設可能性や外的妥当性について考えていきます。本書ではこれらの用語を、「集団Aをサンプル元としたサンプル集団A′において推定された因果効果」を、本来の興味の対象である「集団Bにおける真の因果効果」として解釈する際の妥当性の意味で用います(図9.1(C)の類型)。一般に、ターゲット集団とサンプル元集団が異なる場合には、移設可能性の検討が必要となります。

「集団Aをサンプル元としたサンプル集団A′において推定された因果効果」と「集団Bにおける真の因果効果」のズレを $BIAS_{移設}$ と表記すると

$$BIAS_{移設}=\text{サンプル集団 A}'\text{において推定された因果効果} \\ -\text{集団 B における真の因果効果}$$

となり[11]、さらに、一般化可能性におけるバイアスの分解から

9) 唯一の条件というわけではありません。

10) なお、条件(1)(2)を構造的因果モデルの枠組みで表すと、(1)はサンプル集団とサンプル元集団で潜在結果 $Y^{\mathrm{if}(T)}$ を構成する共変量 $C_1, \ldots, C_K$ における分布が同等とみなせる、(2)は潜在結果を生成する関数的構造($f_{サンプル元集団}, f_{サンプル集団}$)が同等とみなせることに相当します。詳しくは、オンライン補遺XAを参照ください。

11) 数式で書くと、$BIAS_{移設}=(E[Y \mid T=1, A=1, S=1]-E[Y \mid T=0, A=1, S=1])-(E[Y^{\mathrm{if}(T=1)} \mid B=1]-E[Y^{\mathrm{if}(T=0)} \mid B=1])$。ここで、集団Aに属する個体は $A=1$、集団Aに属さない個体は $A=0$、集団Bに属する個体は $B=1$、集団Bに属さない個体は $B=0$ です。つまり「サンプル元の集団Aから選抜されたサンプル集団A′」は $A=1, S=1$ で条件付けされた個体の集団として表現できます。

$$BIAS_{\text{移設}} = \text{サンプル元集団 A における真の因果効果} + BIAS_{\text{一般化}} - \text{集団 B における真の因果効果}$$

と書けます[12]。ここで、「サンプル元集団 A」と「サンプル集団 B」における真の因果効果の差を

$$BIAS_{\text{移設元と移設先}} = \text{サンプル元集団 A における真の因果効果} - \text{集団 B における真の因果効果}$$

とおくと[13]

$$BIAS_{\text{移設}} = BIAS_{\text{移設元と移設先}} + BIAS_{\text{一般化}}$$

あるいはさらに

$$BIAS_{\text{移設}} = BIAS_{\text{移設元と移設先}} + BIAS_{\text{サンプリング}} + BIAS_{\text{内的}}$$

のように分解・整理できます[14](図 9.3)。つまり、$BIAS_{\text{移設元と移設先}} = 0$ かつ $BIAS_{\text{サンプリング}} = 0$ かつ $BIAS_{\text{内的}} = 0$ のとき、「集団 A をサンプル元としたサンプル集団 A′において推定された因果効果」は、本来のターゲット集団である「集団 B における真の因果効果」のバイアスのない推定となることがわかります。

ここで、「$BIAS_{\text{移設元と移設先}} = 0$」となる条件を考えてみましょう。先の $BIAS_{\text{サンプリング}}$ の議論と同様に、「サンプル元集団 A における真の因果効果」と「集団 B における真の因果効果」が同等と期待できる条件のひとつは、両集団の間で特性的同等性と構造的同等性が成り立つことです。しかし、$BIAS_{\text{サンプリング}}$ の場合とは異なり、「$BIAS_{\text{移設元と移設先}} = 0$」は、別個の集団間においてこれらの条件が満たされることが必要となるため、条件としてのハードルはかなり高くなりえます。

---

12) 数式で書くと、$BIAS_{\text{移設}} = (E[Y^{\text{if}(T=1)} \mid A=1] - E[Y^{\text{if}(T=0)} \mid A=1]) + BIAS_{\text{一般化}} - (E[Y^{\text{if}(T=1)} \mid B=1] - E[Y^{\text{if}(T=0)} \mid B=1])$。

13) 数式で書くと、$BIAS_{\text{移設元と移設先}} = (E[Y^{\text{if}(T=1)} \mid A=1] - E[Y^{\text{if}(T=0)} \mid A=1]) - (E[Y^{\text{if}(T=1)} \mid B=1] - E[Y^{\text{if}(T=0)} \mid B=1])$。

14) 一部の量的研究者はこれらのバイアスの中で「$BIAS_{\text{内的}}$」が最も基底的であると主張することがありますが、筆者はそうした主張には十分な合理的な根拠が乏しいと考えています(オンライン補遺 X9)。

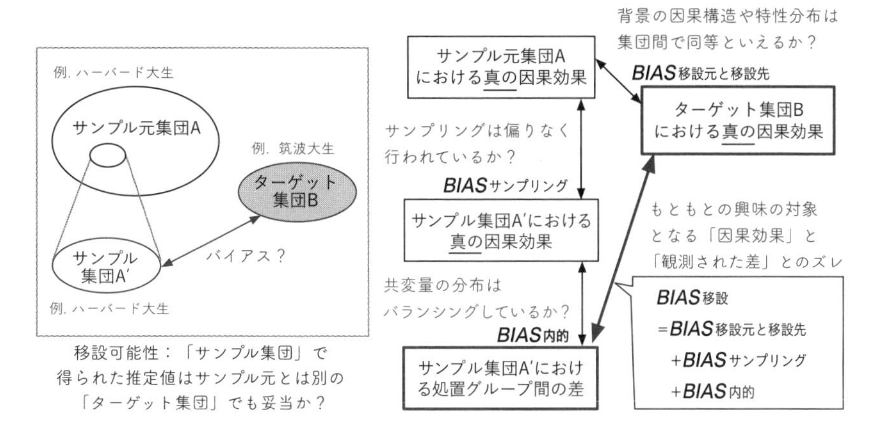

図 9.3 移設可能性を巡るバイアス分解と整理のイメージ図

たとえば、サンプル元集団とターゲット集団が異なる例として、ターゲット集団Bが「筑波大生」であり、サンプル集団A′が米国のハーバード大学において無作為選抜された「大学生」であるとします。これらの集団は多くの特性において異なるため、ハーバード大学からのサンプル集団の潜在結果を構成する共変量 $C_1, \ldots, C_K$ の分布が、「筑波大生」のそれと同等であるとは一般に前提できません。また、その潜在結果を構成する関数($f_{\text{筑波大生}}, f_{\text{ハーバード大生}}$)の形も大きく異なるかもしれません[15]。

一般に、移設可能性の検討においての鍵となる「異なる集団における構造的同等性の判別」に関しては、統計的・量的アプローチの適用はまだまだ困難であることが多いです[16]。そのため、構造的同等性や分析概念の妥当性は、多くの場合に(しばしば暗黙裡に)質的知見によって担保されています。統計的な手法には詳しいけれども研究対象に対する質的知識に欠ける分析者は、分析に供する概念を十分に吟味しないままにその“因果効果”を推定してしまうことがままあり、そして残念ながら、質的知識に欠けるがゆえに自分が不適切な解析

15) もし集団間で潜在結果を構成する関数形および共変量の分布が大きく異なる場合には、そもそも、これらの集団に対して同じ「大学生」という共通の概念単位を適用すること自体が適切ではないかもしれません。

16) 統計的に因果構造を明らかにする統計的因果探索の手法も発展してきています(清水[25])が、構造的同等性の判別に対して一般的に援用できる段階にはまだ至っていない状況です。

や解釈をしていることにも気づかず、その因果効果について異なる背景や文脈をもつ別の集団へナイーブに一般化してしまうことがあります。たとえ帰納的推論の方法論の観点からは質の高い分析であり、数理的には高い精度での推定がバイアスなく行われていたとしても、用いられている変数の概念的妥当性や構造的同等性・特性的同等性のあり方がよくわからない因果効果の推定結果は、結局のところそれがいったい何の何を意味しているのかが不明瞭なままです。その意味で、統計的因果推論の諸手法は、あくまで妥当な質的知見の土台によって担保されている範囲内において、推定の信頼性をできるだけ上げるためのものとも言えます。

9.2 実世界での適切な利用へ向けて
——「固有性の世界」と「法則性の世界」の往復

さてここからは、統計的因果推論の結果を実務へとフィードバックする際の注意点を見ていきましょう。以下では、その一連の過程を「「固有性の世界」と「法則性の世界」との間の往復過程」という視点で見ていきます。ここで「固有性の世界」とは「個々人の交換不可能な生活世界」のことを指し、「法則性の世界」は、個々人がもつ固有性を超えた「一般的」な法則に関する世界を指します。本節では、「因果効果を推定すること」や「その結果をもとに実世界の問題を考えること」の意味を、こうした異なるレイヤーの世界との交わりに着目しながら考えていきます。

ここでは説明のために、いわゆる「エビデンスに基づく実践(Evidence-Based Practices, EBPs)」のひとつとして、医療における投薬治療を事例として考えていきます。

一般に、医療における治療薬の因果効果は、RCT に基づく臨床試験などにより推定され検証されます。その検証結果が「エビデンス」として出版されて、一般の医療現場においてその「エビデンス」が参照されることにより、個々の患者にその治療薬が処方されます。この過程では、RCT による「統計的因果推論に基づく効果推定により生産されたエビデンス」が、「患者の治療という実務の問題において利用されている」ことになります。

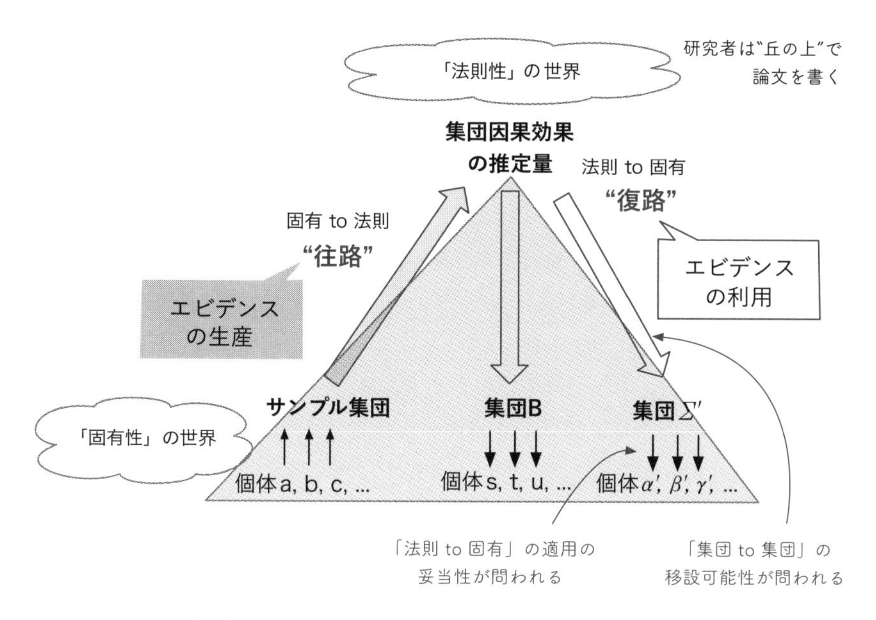

図 9.4 Evidence-Based Practices における“往路”と“復路”

ここで着目してほしいことは、この一連の過程において、エビデンスの「生産」と「利用」は、「固有性の世界」と「法則性の世界」を往復していることです(図 9.4)。この過程の最初期の段階を考えてみましょう。統計解析に用いるデータは、サンプル集団に含まれる各個体から採取されています(図 9.4 左下の「個体 a, b, c, ...→サンプル集団」の部分に対応)。ここで、それぞれの個体はそれぞれの「固有性」をもった存在であり、交換可能な存在ではありません。つまり「a さん」は「a さん」であり、「b さん」は「b さん」であり、「c さん」は「c さん」であり、「a さん」と「b さん」と「c さん」は決して交換可能な存在ではありません。統計学の教科書で通常は言及されることはありませんが、EBPs の一連の過程ももともとはこうした「固有性の世界」を出発点としているわけです。

このとき、データ化の過程において、それぞれに固有性をもつ個体の特性を数値化・コード化したものが記録され、集計されます。一方、各個体がもつ「データ」に含まれない要素は、この数値化・コード化の過程で抜け落ちてしまいます。これ以降の段階では、それらの個体がもともとどんな文脈の中に在る／居るかにかかわらず、記録された数値の情報とその組み合わせだけが有意味なものとなり、同じ数値データをもつ個体はそれが「a さん」だろうが「b さん」だろうがそんなことはもう何の関係もなく、たんに交換可能な数値列として見なされていきます。

こうした数値化・コード化による「データセット構築」の次の段階として、このデータに基づき因果効果の推定などを行うことで、統計的な「エビデンス」が生産されます(「往路」。図 9.4 左下の「サンプル集団」から右上へ向かう矢印)。たとえば、治療薬とプラセボを用いた二重盲検法により得られたデータに基づきサンプル集団の平均因果効果を推定することで、「治療薬の因果効果についてのエビデンス」が得られることになります。この過程において、概念のレイヤーは「固有性」のレベルから「法則性」のレベルへと完全に移行します。ここでの平均因果効果などの情報は、サンプルされた各個体の固有性を超えたものと解釈され、そうしたものとして論文などで報告され、アーカイブされていきます。ここでは、その数値がどの固有の個体――「a さん」か「b さん」か「c さん」か――から得られたものかにはもう誰も一切の興味をもっておらず、何らかの意味での「法則性」を前提とした議論が行われます。

純粋に研究として EBPs に関わっている学術研究者にとっては、しばしばここで推定した「平均因果効果」などについて論文を書くことが、分析の終着点になります。しかし、EBPs の全体を見れば、ここまではまだ道のりの半分でしかありません。

さて、では EBPs の「復路」について考えてみましょう。EBPs における復路は、ある種の一般性が前提された「法則性の世界」での話を、もう一度われわれが生きる生活世界のレベルとなる「固有性の世界」へと降ろしていく作業となります(図 9.4 の下へ向かう 2 本の矢印に対応)。ここで、サンプル集団において推定された「法則性」の話を、別の集団 B に属する「個体 i」へと敷衍する際には、(1)「サンプル集団→集団 B」の「集団→集団」間での移設の論点と、(2)「集団 B→個体 i」の「集団→個体」間での移設の論点の、2 つの論点が交錯することになります。

ここで(1)は、9.1 節で説明した「ターゲット妥当性」の話に対応し、基本的には、潜在結果を構成する因果メカニズムおよび共変量の分布が大きく異なるかどうかで移設可能性を吟味する、という話になります。

一方、(2)は、「法則性の世界」についての推定を「固有性の世界にいる特定の個体」に敷衍することの妥当性の話になります。最初の「往路」における数値化・コード化の過程では、各個体がもつ数値化・コード化されない、あるいは観測されないような「断片的」な特性の存在は全て無視されながら、分析のための「データセット」が構築されています。「復路」において起こることの本質のひとつは、それらの往路においては打ち棄ててきた「断片的なものたち」に、それぞれの現場において再会することです。復路において出会う個体は、それぞれの固有の文脈のただなかに予め埋め込まれており、数値化・コード化されることのない多種多様な特性をもっています。そうした特性は「法則性の世界」を考える上では無用かもしれませんが、「固有性の世界」においては本質的に重要なのかもしれず、また実際、さまざまな意味での「法則性からのズレ」を生み出す要因となっています。

「法則性の世界」で推定された平均的な傾向が、特定の個体には必ずしも当てはまらないことは普通にありうることです。たとえば、教育の文脈で考えると、RCT により「ある授業法 X を取り入れることにより生徒たちの平均点数が増加する」ことが示されているときに、ある特定の特性をもつ生徒 K に対してはその授業法が試験の点数を低下させるようなことがありえます。一般には、多種多様なバラツキを含む現実の事例では、「法則性と個別の事例」の関係は、おおむね「(ピタリと)当たらずといえども遠からず」の関係となることが多いと言えます。このことを階層ベイズの枠組みを借りて比喩的に表現すると、固有性の世界にいる「生徒 K への因果効果」に興味がある場合には、往路で向かう「法則性の世界」で得られた「因果効果の推定値(の分布)」は、生徒 K について検討する際の“事前分布”的なもの――生徒 K に関する個別の情報がない場合に参照されるデフォルト的な位置づけであり、後に生徒 K の個別情報が得られた際には“更新”されるべき知識・情報――として位置づけられるもの、と言えるかもしれません。こうした「法則的／平均的な傾向」と「個別の個体への影響」のあいだの半ば必然的なギャップは、推定された因果効果の「解釈の可能性と危険性」を議論する際にも重要な論点となります(9.3

節）。

また、「法則性の世界」と「固有性の世界」の間には、質的なギャップも存在します。

一般に、「法則性の世界」における処置やアウトカムは、数量的あるいは客観的に定まる概念と見なされています。たとえば、「法則性の世界」へと至る往路の過程では、「死亡」というアウトカムは、「死亡数」としてカウントされる、客観的で交換可能な概念として加工され、扱われます。ここでは、そこでの死亡者が「かずや」であっても「たつや」であっても同じ「1死亡」としてカウントされるわけです。一方、「固有性の世界」へと戻る復路の文脈では、「死亡」の意味は客観的に定まりきるものではなく、また、それが「誰の死」であるかがしばしば決定的な意味をもち、とくに「自分の死」や「家族の死」は、「法則性の世界」における「1死亡」とは質的にまったく異なるものとなります。「処置」についても同様に、客観的・物理的には同じ処置（たとえば「ワクチンの接種」）であっても、「処置を受けること」がその人の生活の文脈上でもつ意味合いは、個人によりまったく異なるものとなりえます[17)]。

EBPsの、特に、規範的論点やコミュニケーションが重要となる局面においては、こうした往路から復路をわたる道のりにおいて生じる「質的なギャップ」の存在も丁寧に認識していくことが重要となります。EBPsの実践におけるこうした「法則性／エビデンスの世界」と「固有性／ナラティブの世界」の対立と調和については、臨床心理学者の斎藤清二が先進的な一連の考察を残しています[18)]。また、近年発展してきている実装科学[19)]の分野では、エビデンスの実装（本節での「復路」におおむね対応する）における質的研究の重要性が強調されており、実装科学における質的手法についてのガイダンス文書も提供されています[18]。

17）そして、そうした「ナラティブ上の意味合い」に“客観的な正解”はありません。

18）斎藤[22][23][24]など参照。

19）米国国立がん研究所[18]では、実装科学を「集団に対する健康に及ぼす影響を改善するため、エビデンスに基づく実践、介入および政策をヘルスケア、公衆衛生の領域に組み込むことを促進する手法を研究する分野」と定義しています。

9.3 「平均因果効果」が隠してしまうもの

一般に、平均値は集団の特性を捉えるためのよい指標です。しかし、平均値しか見ないことにより、誤った解釈をしてしまうこともあります。

極端な例ですが、たとえば、ある地域における繁殖期の成熟したニホンジカの集団の「角の数」を調べ、その「集団全体での角の数の平均値」を算出したらどうなるかを考えてみましょう。ここで「繁殖期の成熟したニホンジカの集団」には、「角の数が2本」のオス成熟個体と「角の数がゼロ本」のメス成熟個体が含まれるため、その角の数の「集団平均値」はおそらく「おおむね1本程度」の値になると考えられます[20]。このときもちろん、この「集団内での平均がおおむね1本程度」であることは「集団内で1本の角をもつユニコーン個体」が最も多い、あるいは典型的であることを意味しているわけではありません。この例のように、特性の「多様性のありよう」の内実を軽視して、集団の平均値を「集団内の個体のありようの典型的あるいは最頻的な姿」として早合点してしまうと、現実としてどういう事態が生じているかを大きく誤認してしまうことがあります。特に、対象に対するドメイン知識について過信しているときほど、こうした危険に陥りがちなので注意が必要です。

因果効果の推定においても、平均因果効果にのみ着目することで見落としてしまうものがあります。特に、効果が集団内でどう分配されているかを考慮する必要がある場合には、平均因果効果以外にも着目することが非常に重要となります。9.2節で用いた授業法Xの導入の例について、もう一度考えてみましょう。

RCTによって、新たな授業法Xが、実施したクラスに対してテストの平均点数を大きく上昇させることが示されたとします。その一方で、その効果をより細かく分析してみると、この授業法Xは、ある特定の特性をもつ生徒たちに対しては非常に相性が悪く、逆に大きく点を減らしてしまうことがわかったとします。このとき、RCTの平均因果効果だけをみてその授業法Xを全面的

---

20) 実際の平均値は、集団内での成熟個体の性比に大きく依存すると考えられます。

に採用することは、それらの特性をもつ生徒たちに対して社会的な不公平をもたらしうるものとなります。つまり、その現場において質的・量的に何が生じているかをよく観測・分析しないまま、平均因果効果の値だけを見て判断してしまうと、社会的な不公平性の拡大に実質的に加担してしまう可能性があるわけです。

また少し異なる文脈の話として、「大卒プレミアム」の例も考えてみましょう。ここで大卒プレミアムとは「大学を卒業することで(大卒未満の場合と比して)どのくらい賃金が上昇するか」の因果効果、つまり、「大卒プレミアム＝大卒の生涯賃金の潜在結果－大卒未満の生涯賃金の潜在結果」を指します[21]。

ここで、ある政策Ｅが、マクロで見たときの大卒プレミアムの値を増加させる因果効果をもっていたとします。ここで、この「増加」がもつ社会的な意義を解釈するためには、「大卒プレミアム」がどのように生成されるか、そしてどのような制約条件下にあるかを明確にすることが重要です。

仮に、ここで賃金において「(マクロでの)総賃金は一定」という、ゼロサム的な制約がある場合を考えてみましょう。このとき、誰かの賃金の上昇は、他の人の賃金の下降を伴うことになり、大卒プレミアムの「増加」は「大卒未満の賃金の低下」を必然的に伴うことになります[22]。このとき、近視眼的に見れば、この政策Ｅは「大卒プレミアムを増加させた」という点でポジティブな評価が可能かもしれません。しかしながら、もし総賃金にゼロサム的制約がある場合には、社会全体から眺めたときの政策Ｅによる大卒プレミアムの増加は、実質的には「大卒未満層」から「大卒層」への所得移転であり、むしろ格差拡大に加担するという意味では、社会的にはマイナスの意味さえもってしまうかもしれません。

一方、もし政策Ｅによる「大卒プレミアムの増加」が、専門性の獲得による生産性の純増やイノベーションの促進によって生じる「大卒の生涯賃金の潜

21) ちなみに、ひとくちに「大卒」といっても幅広い multiple versions of treatment があるので、そもそもSUTVA条件が実質的に満たされていない可能性が高い例といえます。

22) この場合、そもそも因果推論の観点からは、潜在結果が他の人の処置の状態に依存する(処置の波及効果がある)ためSUTVA違反の状態にもなっています。なお、このゼロサム的制約による効果の分配の問題は、介入の大規模化によって生じる構造的変化とは本質的には異なる話であることにも留意が必要です。この「ゼロサム的制約による分配的正義の問題」自体は、介入の規模にかかわらず生じうるものです。

在結果の純増」によるものであった場合にはどうなるでしょうか(今回は、総賃金にゼロサム的制約はないものと考えます)。このときには一般に、政策Eによる「大卒プレミアムの増加」は、(大卒未満の所得を低下させずに)社会全体のパイを増やすという意味で、社会的にも意義の大きいものとしてよりポジティブに評価できます。誤解を避けるために明確にしておきますが、この話で言いたいことは、――実際に「大卒プレミアム」の増減がゼロサム的であるかどうかということではなく――施策の因果効果を評価する際には、その効果が生じる経路や社会的な波及効果を見ないと、よりメタなレベルで生じている社会的不公正性の芽を見逃してしまう危険性がある、ということです。

このような、分配や波及効果における不公正性のリスクを見抜くためには、もちろん、一定の質的・量的なドメイン知識が必要とされます。たんに平均因果効果の推定値を算出するだけなら、ドメイン知識が皆無であっても、データセットと統計的方法論のレシピさえ知っていればできるかもしれません。しかし現実には、現場の人間にしか見えないような想定外の落とし穴がしばしば存在します。そのため、施策が想定どおりの効果を生み出しているかや、平均因果効果を見るだけでは表面化しにくいような不均衡や不公正が生じていないかについて、現場で生じている影響を質的・量的に、注意深く観測してチェックしていくことが重要です。また逆に、現場の人にはかえって気づきにくいタイプの落とし穴もあります。そのため、データ分析と現場がわかる人が協力して、多角的な視点をもつ観測・分析・実装のチームを構築することは、「間違ったデータ分析を行わないための技術的な要請」であるとともに、時には、「データ分析の結果を不用意に社会的に不公正な認識や施策へとつなげないための倫理的な要請」ともいえます。

9.4 エビデンスは棍棒ではない
――結果の社会利用にあたって注意すべきこと

9.4.1 エビデンスの5つの評価軸

統計的因果推論で得られた推定結果は、しばしば“科学的エビデンス”として社会の中で流通することがあります。ここで留意すべきなのは、社会の中で

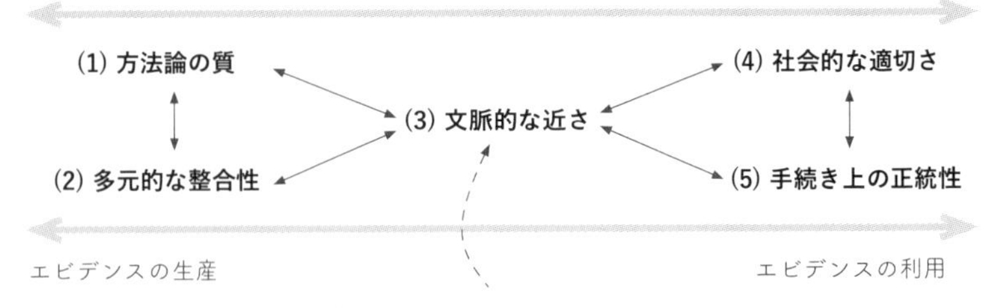

図 9.5 エビデンスの社会利用における 5 つの評価軸

利用される知識が"科学的"であることは一般に望ましいことである一方で、"科学的"であることがその望ましさの全てではないことです。また、統計的因果推論における「方法論の質」というのは、その推論に関する「科学的な質」の一部を構成するものに過ぎません。以下では、統計的因果推論による結果を含む"広義のエビデンス"を社会で利用する際に注意すべきポイントを、図 9.5 に沿ってみていきます[23)]。

図 9.5 では、エビデンスの評価軸として(1)方法論の質、(2)多元的な整合性、(3)文脈的な近さ、(4)社会的な適切さ、(5)手続き上の正統性、の 5 つが挙げられています[24)]。左側にあるほど「科学的な視点」あるいは「エビデンスの生産」との関連が強い軸であり、右側にあるほど「社会的・政治的な視点」あるいは「エビデンスの利用」との関連が強い軸となります。以下、それぞれの

23) 本節の内容は Kano and Hayashi [8] を基にしたものです。同文献に準じて、本節では"エビデンス"の語を「ある施策を推進もしくは抑制する根拠となる科学的知見」という広い意味で用いています。科学哲学的な議論[27]との接続を念頭に置き、このエビデンスの定義をベイズの式で表現すると、$P(H \mid E) > H$ もしくは $P(H \mid E) < P(H)$ の式に対応します。ここで E はエビデンス、$P(H)$ は施策 H を実施する確率です。

24) なお、これらの 5 つの観点が体系的に考慮されている実例としては、エビデンスを診療実践につなげる診療ガイドラインの作成のための GRADE(Grading of Recommendations Assessment, Development and Evaluation)システムが挙げられます。たとえば、GRADE による推奨の作成の際には、帰納的方法論の質(RCT を理想としたシステマティックレビューなど)のみならず、総体的一貫性(エビデンス総体での確実性の判断など)、文脈的近接性(対象集団・アウトカム・介入の概念的吟味など)、社会的適切性(患者の価値観や意向、公平性の検討など)、正統性(利益相反の検討など)などの検討項目が「エビデンスと診療ガイドラインをつなぐための評価」の中に体系的に組み込まれています[1]。

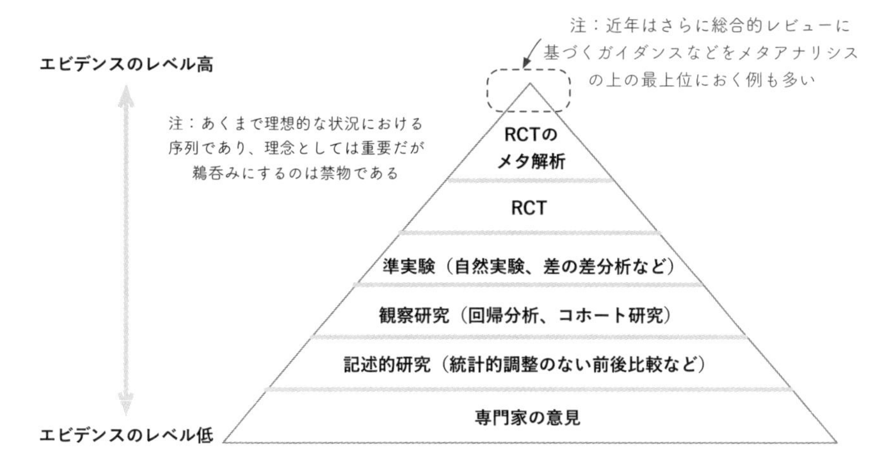

図 9.6 エビデンスヒエラルキーの例

軸について説明していきます。

(1)方法論の質

科学的方法論の視点からの評価軸です。

因果効果についての「帰納的推論の質」に関する評価軸としては、「エビデンスヒエラルキー」がよく知られています(図 9.6)。エビデンスヒエラルキーは、エビデンスを取得した際の方法論に基づいて、エビデンスの質を一次元的に序列化した表現です。

このエビデンスヒエラルキーの「わかりやすさ」は、エビデンス評価の標準化に大きく貢献するものです。しかしその一方で、エビデンスヒエラルキーは決して絶対的な基準というわけではありません。

たとえば、RCT やそのメタ解析に基づくものであっても、測定・分析・概念定義が適切でない研究から得られたエビデンスの信頼性は、注意深く設計・実施された観察研究よりも高いとは限りません。また、本書でくり返し解説してきたとおり、統計的因果推論においてバイアスが除去できているかは、あくまで結果として共変量の分布のバランシングが達成できているかどうかによって決まるものです。そのため、エビデンスヒエラルキーの上位にある方法論を適用すれば自動的に質の高いエビデンスが得られるというものではなく、仮定の不成立やデータの制限などによりバランシングが十分に達成できていなければ、エビデンスの実際の質は低いものとなります。さらに、帰納的推論に関する方法論の質が高いこと自体は、後述する他の観点における信頼性の高さを何ら担保するものではありません。エビデンスヒエラルキーの「一次元的なわかりやすさ」の大きな弊害としては、エビデンスヒエラルキーを絶対視し、それ以外の側面を軽視する“専門家”を少なからず生み出してしまうことが挙げられます[25]。

また、科学的知見をもたらすのは帰納的推論だけではありません。たとえば、「理論・シミュレーション研究」の方法論の質は、そこで用いられる演繹的論理の妥当性や内的整合性に依存します。そして、その妥当性や整合性を、理論やシミュレーション研究の体系それ自体の内部で直接的に検証することは一般に困難です。こうした場合にしばしば採られる方法は、モデルや理論からのアウトプットと、独立な観測事実などとの整合性をチェックする方法です(次頁の「ロバストネス評価」)。

科学的方法論の重要な要素としては「測定の質」もあります。データというものは常に何らかの形で測定されたものであるため、測定の方法や技術の適切性も、エビデンスの質を評価する上で非常に重要な要素となります。「何を」「どう測って」「どう定義する」かは、しばしば深いドメイン知識と技量的な成熟を要する深い問題です。特に、新しい課題に対処する場合には、そもそも測定方法が確立されていないことも多く、調査・研究の初期の段階では測定技術や概念定義の揺れに伴う質の低下が生じることもしばしばあります。こうした「揺れ」は、一般に、調査・研究の方法論が成熟するにつれて、技術認証やガイダンスの整備などが進むことにより減少していきます。こうした「測定の質」の側面は、エビデンスの質を評価する上では軽視されがちですが、実務上はしばしばクリティカルに重要な要素となります。

25) 現在ではエビデンスヒエラルキーの弊害についての認知が行き渡った結果、EBPsの解説中でもエビデンスヒエラルキーの図が示されること自体が少なくなってきています。

(2)多元的な整合性

複数の知見の整合性の視点からの評価軸です。環境分野では Weight of Evidence アプローチとよばれ、広く採用されています[26)]。このアプローチでは、エビデンスヒエラルキーのような一次元的な評価軸に照らすことによってではなく、質的にも多様なエビデンスを多面的に収集・参照し、その妥当性と不明点、また諸々の不確実性をオープンにした上で、専門家による総合的な判断により、最終的な結論が導かれます。また他のアプローチとしては、「ロバストネス評価」とよばれる、シミュレーション結果と、それとは独立的に得られた観測事実との整合性をもってエビデンスの総体的な頑健性を評価する方法なども知られています。この評価軸では、多様なエビデンスの相互関係を多面的に吟味して、それらの間の論理的な一貫性や矛盾を見抜ける能力が必要となります。エビデンスヒエラルキーでは「専門家の意見」は低い位置づけにされているために軽視されがちですが、エビデンス間の多元的な整合性を見抜くためにはしばしばプロの深い学識が必要です。

(3)文脈的な近さ

「もともとの興味の対象である施策や政策の文脈」と「推定された因果効果」が文脈的にどのくらい近いか／遠いかという視点からの評価軸です。これは、9.1節で議論した「ターゲット妥当性」に対応する話となります。

例として、「(1)米国の地域Aにおける少人数学級の導入に関する、小規模なRCTによる因果効果の推定」を考えてみましょう。ここで、(1)の結果を「(2)米国の地域Aにおける少人数学級の大規模な導入」についてのエビデンスとして利用するのは妥当でしょうか？ このとき、大規模な導入では、小規模な導入のときほど一定の質を担保できないなどの要因により、実際の因果効果は変わってくるかもしれません。ではさらに、「(3)米国の異なる地域Bにおける少人数学級の大規模な導入」についてのエビデンスとして(1)の結果を利用することの妥当性も考えてみましょう。ここではさらに、地域が異なることによる不確実性が追加されます。最後に「(4)日本の地域Cにおける少人数

26) たとえば、Wiedemann et al. [35]。

学級の大規模な導入」についてのエビデンスとして(1)の結果を利用することを考えてみましょう。この場合には、もともとの(1)に比べて多くの条件が異なっており、かなり大きな不確実性が含まれてきます。

このように、推定結果としては同一のものであっても、もともとの興味の対象である施策や政策がもつ文脈との近さによって、それを「エビデンスとしてどう評価するか」は変わってきます。文脈的に遠いときのエビデンスの利用には大きな不確実性が伴うため、科学的な質の評価とともに、その不確実性を社会としてどう考慮するべきかについての、次の「社会的な適切さ」の検討も不可欠となります。

(4)社会的な適切さ

ELSI(Ethical, Legal, Social Issues、倫理的・法的・社会的な問題群)やメタ的な合目的性の視点からの評価軸です。現実社会においては一般に、「エビデンスを評価すること」は、そのエビデンスの社会的受容と切り離せません。そのため、あるエビデンスを評価する際には、「専門家(エビデンスの評価者)が仮説を受け入れる、あるいは否定することの決定が社会的に及ぼす影響の深刻さ」を考慮する必要があります[27]。こうした考慮のひとつのあり方として、エビデンスの質が高いとは言えない場合においても、そのエビデンスを単純には棄却せずに、潜在的な影響の深刻さを考慮して予防的な評価をするという「予防原則」の考え方が一般に知られています。

社会的な適切さを検討する上では、「メタ的な(上位目標や複数の目標間での)合目的性」を吟味することも重要です。たとえば、集団への平均因果効果を見ると効果は大きいが、ある特性をもつマイノリティに強く有害性をもつ施策には、合目的性において水平的な不整合があると言えます。また、上位にある目標と下位の個別施策の目標の間に、階層的な不整合が生じている場合もあります。公教育を巡る事例として「優れた学校のある学区へ転居することが、転居した生徒の学力や生涯年収を上昇させるというエビデンス」を考えてみましょう。これはこれ自体としては有益な情報のように見えます。しかし、もしこの情報

---

27) この論点は科学哲学においては「帰納のリスク」とよばれ、一連の議論の蓄積があります(たとえば、松王[14] p. 141)。

を皆が受け入れたことにより、引っ越しする経済的余力のある家庭がこぞって優れた学校のある学区に転居してしまうと、残された生徒たちによる学区はさらなる窮状に陥ることになり、社会的格差と分断の種を生むことになりかねません。こうした波及効果まで考えると、このエビデンスを「有益な情報」としてナイーブに受け入れてしまった場合、そのエビデンスの受容が社会的に適切かどうか——たとえば「教育の公的役割」や「教育が社会として達成すべき価値」など——についての議論をスキップしてしまいかねません。

(5)手続き上の正統性

これは主に公的な意思決定における話です。

一般に、民主主義国家における公的な意思決定においては、「誰がどのような手続きに基づいて意思決定するか」が本質的に重要です。公的意思決定における“エビデンス至上主義”は、専門家による過度の支配(テクノクラシー)を呼び込んでしまう危険があります。その一方で、エビデンスを軽視することは、政治主導やポピュリズムによる思い込みに基づく政策形成を呼び込んでしまう危険があります。そのため、エビデンスを評価し利用する際には、この両者の良好なバランスを実現するために、「誰がどのような手続きに基づいて意思決定するか」に関する、手続き上の公正性も重要です。

こうした「手続き上の公正性」は、エビデンスの「利用」だけでなく「生産」を考慮する上でも重要です。一般に、「エビデンスの生産」には人的・経済的なコストがかかるため、行政や企業による財政的・制度的な援助が、エビデンスの生産を加速させる有効な施策となります。しかしその一方で、政治的あるいは商業的な意図をもった援助は、容易に“やりたい施策にとって都合のよいエビデンスの形成(Policy-Based Evidence Making, PBEM)”という転倒を生み出しうるものです。たとえば実際に、タバコ業界では長年、タバコの害が小さいことを示す方向性をもつ研究への支援が行われてきたことが知られています[9]。

ここで注意が必要なのは、たとえ個々の調査や研究自体は学術的に適切に実施されていたとしても、意図をもった援助によるバイアスはそもそもの「分析対象や研究テーマの選択」の段階ですでに生じうることです。「何を分析対象とするか／しないか」の選択は、しばしば強い政治性や商業的意図を帯びるため、それらによるバイアスは「個々の調査や分析が中立に行われる」ことだけでは是正できない部分があります。今後、エビデンスに基づく施策の形成がより適切な形で広まるようにするためには、"PBEM"への転倒を生まないためにも、エビデンスの生産を支援するスポンサーとの利益相反の考慮には真剣に向き合う必要があります。

9.4.2 エビデンスを巡る論点は、ステージによっても違う

エビデンスの評価における論点は、「対象とする事象の調査・研究や、その事象をめぐる枠組みの制度化がどこまで進んでいるか」の段階に応じて異なってくることにも注意が必要です。

一般に、物事が科学的に明らかになっていく過程において、その全体が一挙に明らかになることは稀です。そのため、たとえ外形的には「同じエビデンス」であっても、調査・研究や制度化の段階に応じて、そのエビデンスの評価のポイントや取り扱いのありようは大きく変わります。

まずは、事象のありようが全体的に不明であり、エビデンスと既存の制度や施策との関連性も不明な初期の段階（前-制度化段階[28]）を考えてみましょう。一般に、調査・研究の初期段階では「質の高いエビデンス」はなかなか取得できません。こうした状況で「質の高いエビデンス」以外を棄却してしまうと、ほとんどの場合で対応の後回しが正当化されることになり、その間に状況の悪化を招いてしまうことがしばしばあります。そのため、こうした状況では、たとえエビデンスヒエラルキーの観点からは評価の低いものであったとしても、エビデンスが示唆する社会的インパクトが潜在的に大きい場合には、制度や施策の形成の際に、そのエビデンスに基づいた検討が重要になります。エビデンスの質や量がどうしても限られがちになる初期の段階では、そのぶんだけ社会的な適切さや手続き上の正統性の評価によりウェイトをおきつつ、「エビデンスの科学的な質」を考量する必要があるわけです。

次に、調査・研究が進展し、事象の全体的なありようや、エビデンスと制度

28）ここでの「制度化段階」論は立石[30]の議論を基にしています。

や施策とのあるべき関連性も徐々に見えてきた段階(中-制度化段階)を考えてみましょう。この段階では、徐々に出揃ってきたエビデンスの「科学的な質の高さ」や「もともとの興味がある施策との関連性の高さ」を整理し、それらを踏まえた上での、エビデンスと制度や施策との関連性の明確化が課題となります。この明確化により、「取得すべきデータ」「適用すべき分析法」「得られた結果のあるべき解釈」「その解釈に基づく対策の立案」の一連の道筋が立ち、エビデンスに基づく施策の立案と運用のサイクルを回していくことが可能になります。またここでは、このサイクルに社会的な不公正や、“PBEM”のような転倒や利益相反の温床となる要素が含まれていないかの吟味も重要となります。

最後に、調査・研究の蓄積がさらに進み、事象のありようの全体像がかなり整理され、かつ、各エビデンスが施策や制度とどう関連するかの位置づけが確立され、安定に運用されている段階(後-制度化段階)を考えてみましょう。こうした状況では、あえて「質の低いエビデンス」を考慮する必要性はありません。ここでむしろ重要になるのは、いったん確立した「エビデンスと施策や制度との関連性」それ自体を更新・再定義するための調査・研究です。なぜなら、ある事象について一度ある枠組みが確立してしまうと、その枠組みが再帰的に強化され、枠組みの境界線の外側にこぼれ落ちたものは常に外部化され排除されてしまうという強い慣性がしばしば生じるからです。こうした「エビデンスに基づく実践**による**、エビデンスに基づく実践**からの**排除」を避けるためには、「何を“エビデンス”とよぶのか」を常に問い直す作業が重要となります。

今まで述べてきた「エビデンスの5つの評価軸」と「調査・研究と制度化の3つの段階」は、逐一覚えておく必要はありません[29)]。しかし、ひとくちに「エビデンスの評価」と言っても、これくらいの論点は最低限存在するのだということは、エビデンスの生産や利用に携わるデータ分析者には頭の片隅に入れておいてほしいと私は考えています。

29) Kano and Hayashi [8]ではこれらの話を5×3クロス表の形にまとめていますので、このあたりの議論を詳しく知りたい方は適宜ご参照ください。

9.5　この章のまとめ
――RCT は最強ではないし、統計学は最強ではない

本章では「因果効果」の解釈可能性について見てきました。本章で見てきたとおり、実世界への応用を念頭においた場合には、サンプル集団における因果効果の推定の先にも、いろいろと考えるべきことがあります。

ときおり、「RCT は最強」とか「統計学は最強」のような威勢のいいフレーズを耳にすることがありますが、「何が最強か」というのは、そもそもの調査・研究の目的と制約条件に依存して決まる話です。サンプル集団における因果効果の推定だけを考えるのなら、確かに RCT や統計学には相応のアドバンテージがあるかもしれません。しかし、その推定を実世界の問題へと応用するには、その分析における概念構成や測定の妥当性、あるいはその推定結果がもつ社会的な含意の認識など、統計学の外側の見識も必要となります。もし「RCT や統計学が最強」となるテーマや状況を分析者が常に選べる状況であるのならば「RCT や統計学が最強」かもしれませんが、現実の世界では必ずしも、データ分析者がその分析対象を選り好みできる場合ばかりではありません。そのため、分析対象や制約条件をよく見もせずに「RCT or 統計学 or 因果推論が最強」と思ってしまうのはとても危険なことです。あくまで、分析対象に興味をもち、制約条件をよく見ることが重要であり、その上で状況と文脈に応じて取り出す「ハマれば強力なツール」が、統計的因果推論なのです。

本章では、これまでの章で見てきた因果効果の推定に関する議論が、その外側に広がる分野固有の知見や見識とどう接続しているのかを学んできました。これらの内容が、適切な方法論に基づく統計的因果推論を、適切な目的のために、適切な仮定のもと、適切な解釈で、適切に利用されることに貢献できればとても嬉しいです。

BOX 9.1

本書の終わりに
──マシュマロ実験からの教訓

マシュマロ実験という有名な──その結論が“エビデンスに基づく知見”として世間に広く普及したことと、追試によってその実験の再現性が乏しいことが後日明らかになったことの両面において有名な──研究があります。ここでは、そのマシュマロ実験を題材に、分析概念の吟味の問題を考えていきます。

まず、オリジナルのマシュマロ実験の内容を説明します。マシュマロ実験はスタンフォード大学の心理学者のMischelらの研究グループにより行われた実験であり、そもそもは子どもにおける“自制心”を測定し、自制心の有無に関連する要因を調べることを目的に行われたものです[30)]。被験者の子どもたちは、実験のスタッフから「目の前のマシュマロを食べるのを15分間我慢できたら、マシュマロをもう1つあげる」と説明されて、部屋に残されます。そこでそれぞれの子どもたちが目の前のマシュマロを食べることを我慢できたか、できなかったかの記録をとります。ここでは、我慢できた子どもは“自制心”があると解釈されます。そして──これはMischelらのグループでも当初は予想されていなかったことでしたが──実験の後にその子どもたちを長期間追跡したところ、マシュマロを食べるのを我慢できた子どものグループの方が、我慢できなかった子どものグループよりも大学進学適性試験(SAT)のスコアがよく、その他の達成度指標においても優れているという関連があることがわかりました。この結果から、Mischelらは“自制心”こそが、人生における成功を生み出す重要な要因であると結論づけました。この研究はその実験デザインと結論のキャッチーさもあり、その内容を敷衍した一般向けの書籍や講演などを通じて、“科学的エビデンスに基づく教育提言”として世界的に広まっていきました。

しかしその後、Wattsらが、オリジナルのマシュマロ実験よりも大きなサンプルサイズ[31)]、かつ、より一般的な集団に近い背景をもつ子どもたちを対象に同様の実験デザインで追試を行ったところ、“自制心”の影響は共変量を調整すると大幅に小さくなり、Mischel らの論文では言及されていない家庭環境の違いなどが大きな影響をもっていることが報告されました[33]。このことから、Mischel らのもともとの実験からの結論は十分な再現性に欠けるものとして現在は認識されています。

ここで注意が必要なのは、追試により結果が再現できなかったことは、Mischel らによる実験の結果が間違っていたことを意味するわけではないことです。オリジナルの実験と追試で結果が食い違った要因としてはまず、被験者となったサンプル集団の特性の違いが挙げられます。オリジナルのマシュマロ実験では、被験者はスタンフォード大学付属の幼稚園から集められた子どもたちであり、平均的な子どもの集団とはさまざまな面で背景の異なる均質性の高いサンプル集団でした。おそらく、オリジナルの実験はそうした特殊かつ均質なサンプル集団を用いたゆえに“自制心”の影響がクリアに見えた事例であり、その結果を留保なしに一般の集団へ移設できる可能性は比較的低かったと推察されます。

また、Watts らによる追試では、Mischel らのオリジナルの実験における“自制心”の概念的あいまいさも指摘されています。それらの追試では、我慢できなかった子どもたちの実際の行動をみると、開始から数秒の間にマシュマロを食べている場合が多いことが報告されています。これは、この実験で実際に測定されているのは、概念的には(オリジナルのマシュマロ実験で想定されているような)メタ認知的な判断に基づく“自制心”というよりも単なる「衝動性の有無」が測定されているとも解釈できます。このことは、オリジナルの実験が示したとされている「“自制心”が人生の成功の鍵」というメッセージ自体が、事実に基づくというよりも“マシュマロを我慢できたこと”のレトリック上の解釈に基づくものであった可能性を示唆しています。さらに、マシュマロ実験での“自制心”の有無に影響を与える要因を調べた研究からは、「周囲や状況への信頼の有無」が、マシュマロを我慢できるかどうかに強い影響を与えていることが報告されています[10]。このことは、そもそも“自制心”として解釈されていたものが、実は子ども自身がもつ特性というよりも、子どもの背景にある社会的環境――周りに信頼でき、約束を守れる大人がどの程度いるかなど――を反映している可能性を示唆するものです。

こうしたオリジナルのマシュマロ実験における、特殊なサンプル集団における移設可能性の吟味の甘さ、背景にある共変量の影響の軽視、「測定されているもの」に対する概念的検討の浅さは、Mischel らによるマシュマロ実験の結果はそもそも安易に一般化できないものであったことを示しています。それにもかかわらず、“科学的エビデンスに基づく教育提言”として、マシュマロ実験の単純化されたメッセージが一般書を通じて全世界に広まってしまったことは、「エビデンスのあるべき社会利用」の観点からは由々しき事態です。マシュマロ実験の真の教訓は、「“自制心”が人生の成功の鍵」といったものではなく、「研究者には安易な一般化を我慢する“自制心”がしばしば著しく欠けている」ことを示したことにあると私は考えています。

また、私はマシュマロ実験の顛末からは、また別の重要な教訓も得られると考えています。それは「背景の要因を揃えて、その影響をキャンセルする」ことは必ずしも望ましいことではない、ということです。オリジナルのマシュマロ実験の結果は、そのサンプル集団の均一さから、（もし因果ダイアグラムで表現するならば）暗黙のうちに次頁の図 9. 7a のような概念モデルによって解釈されていたと考えられます。この概念モデルでは、サンプルの均一性の高さゆえに背景因子の影響が捨象されており、“自制心”のみが“成功”の唯一の原因であるかのように見えてしまいます。一方、Watts らによる追試では、（もし因果ダイアグラムで表現するならば）図 9. 7b のような、質的により“厚い”生成モデルが想定されうるものとなっています。このモデルで考えると、測定した“自制心”を生成する背景要因も含めて、被験者の子どもたちの行動や成功を取り巻く社会経済的要因が存在することが見えてきます。

これらのことを総合すると、オリジナルのマシュマロ実験による「“自制心”が人生の成功の鍵」というメッセージは、「スタンフォード大学の

a. オリジナルのマシュマロ実験のイメージ図

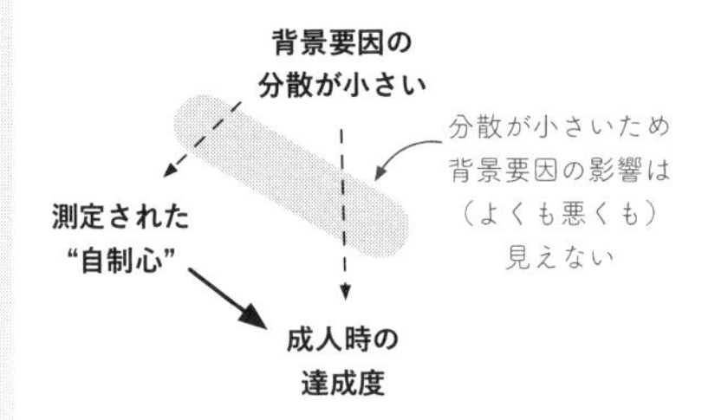

“自制心”の影響を知りたいだけなら
問題はないのだが、自制心の背景にある
社会経済的要因は後景化される

b. 追試でのマシュマロ実験のイメージ図

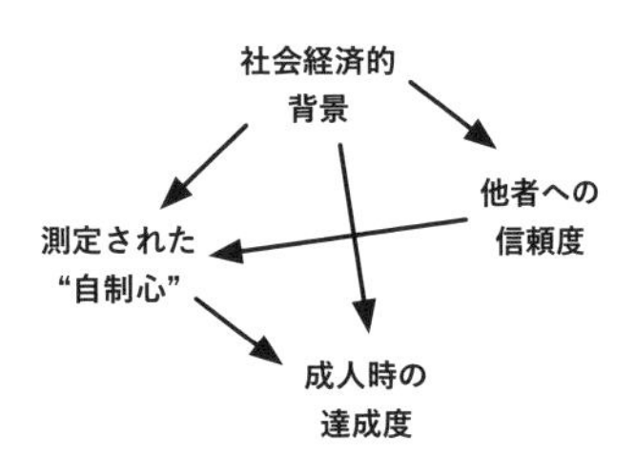

“自制心”それ自体の成因も含めて
社会経済的背景の影響も
スコープ内に捉えることが可能！

図 9.7 オリジナルと追試でのマシュマロ実験のイメージ図

恵まれた人々がデザインし、恵まれた背景をもつ均一性の高い集団をサンプルに用いて実行された実験結果からの解釈を基に、社会経済的要因を後景化させつつ子ども自身の性格的特性にその原因を帰する自己責任論的な説を世界中に広めた」という側面をもつものであったと言えます。

この例は、「背景を可能な限り均一にする／背景にある共変量の影響をキャンセルする」という分析上の行為が「本当に重要な他の要因」を視野の外に追いやってしまう機能をもち、それゆえにその分析上の行為が時に、社会的な不正義の存在をもキャンセルして不可視化しうるという危険性を私たちに気づかせてくれるものです。私たちは本書で、統計的因果推論は「処置以外の背景にある共変量を揃えることにより、それらの背景要因の影響を“キャンセルアウト”する」ことを目指していることを見てきました。しかし、この“キャンセル”はあくまで方法論上のものであって、そこには本来はキャンセルしてはいけない多様性や異質性がありうるのかもしれない、という認識を常にもっておくことも非常に大切です。

マシュマロ実験による「“自制心”が人生の成功の鍵」というメッセージは決して、「サンプル集団」であったスタンフォード大学関係者の子どもたちだけに向けられたものではありませんでした。それらが想定していた「ターゲット集団」はもともともっと大きく、多様で、異質性を含んだものであり、「均一なありよう」のものではなかったのです。

さて、本書の終わりに、再び本書の冒頭の問いに戻りたいと思います。

「ここに10個のリンゴがあります」

と言われたとき、あなたが想像するその「10個のリンゴのありよう」はどのようなものでしょうか？　統計的因果推論では、こうした「対象の多様性のありよう」について丁寧に考えることが大切なのです。

30）本BOXでのマシュマロ実験についての記述は、Mischel [16]、およびShoda et al. [26]の記載に基づきました。また、マシュマロ実験を含む非認知能力一般に関する研究の現在の状況については小塩[20]に詳しく解説されています。

31）Shoda et al. [26]でSATの結果まで追跡できたサンプルが185人なのに対して、本研究で追跡できたサンプルは915人。

巻末補遺 A1

共変量 C の影響に対する"補正計算"としての重回帰

第 4 章では重回帰分析による共変量の調整の説明をしました。層別化法やマッチング法と比べると、重回帰分析ではいったいどういう形で「共変量の分布のバランシング」が達成されているかが、直感的につかみにくい部分があります。コトバで説明すると、「重回帰において説明変数として共変量 C を加えること」は、「それぞれの個体 i がもつ C_i の値を利用して Y_i の値の"補正"が行われた状態で、Y と T の単回帰を行うこと」としても解釈できます。この巻末補遺 A1 では、重回帰の計算の中でそうした形の"補正計算"が行われていることを説明していきます。

ここでは、T が処置(投薬量)、Y がノミの駆除までの日数、年齢 C_i が共変量であるデータ(表 4.4)と、以下の重回帰モデル

$$Y_i = \beta_T T_i + \beta_C C_i + \alpha + 誤差_i \qquad (式 A1.1)$$

を例として考えていきます。

さて、ここでの問題は、「$T \rightarrow Y$ の因果効果」を推定する上で、「T と Y だけの関係」を見たいのに、「個体ごとの年齢 C_i の違い」の影響も混ざってしまうことです。もし年齢 C_i の違いを無視して T で単回帰してしまうと、その回帰係数は「$T \rightarrow Y$ の因果効果」とは大きく異なる値になってしまうことは図 4.8 で見たとおりです。

解決策として、少し突飛かもしれませんが、上式 A1.1 における「年齢 C_i」を、何らかの定数に置き換えることを考えてみます。もしそうした形に変形できれば、「個体ごとの年齢 C_i の違い」に邪魔されずに、「T と Y だけの関係」を取り出せるかもしれません。具体的には、個体 i がもつ C_i の値を、集団の平均値 $E[C]$ に置き換えてみましょう。式 A1.1 の C_i の部分に $E[C]$ を代入したうえで、以下のように変形します。

表 A1.1 各個体の年齢 C_i による影響の補正項と補正後の $Y_i^{C補正}$

個体 i	年齢 C_i	投薬量 T_i	駆除までの日数 Y_i	$Y_i^{C補正}$
ぴかそ	2	19	5	24.92 (=5+19.92)
だり	2	27	4	23.92 (=4+19.92)
まちす	2	48	3	22.92 (=3+19.92)
まぐりと	4	30	14	23.96 (=14+9.96)
しゃがる	4	37	14	23.96 (=14+9.96)
みろ	4	44	13	22.96 (=13+9.96)
あんり	4	80	12	21.96 (=12+9.96)
くりむと	10	73	42	22.08 (=42−19.92)
ごっほ	10	70	42	22.08 (=42−19.92)
むんく	10	82	41	21.08 (=41−19.92)
ぶらつく	10	90	41	21.08 (=41−19.92)
きたへふ	10	76	42	22.08 (=42−19.92)
集計	$E[C]$ =6.0	$E[T]$ =56.3	$E[Y]$=22.75	$E[Y_i^{C補正}]$=22.75

$$Y_i = (\beta_T T_i + \beta_C E[C] + \alpha) + \beta_C (C_i - E[C]) + 誤差_i$$

ここで、$E[C]$に置き換えたことで現れた「$\beta_C(C_i - E[C])$」の項を左辺に移項すると

$$Y_i - \beta_C(C_i - E[C]) = \beta_T T_i + \beta_C E[C] + \alpha + 誤差_i$$

となり、ここで左辺について「$Y_i^{C補正} = Y_i - \beta_C(C_i - E[C])$」とおくと

$$Y_i^{C補正} = \beta_T T_i + \beta_C E[C] + \alpha + 誤差_i \qquad (式\ A1.1改)$$

となります。この式の右辺は、式 A1.1 の C_i の値を、$E[C]$で置き換えたものになっています。つまり、もし Y_i の代わりに $Y_i^{C補正}$ を目的変数にすれば、「個体ごとの年齢 C_i の違い」の存在を無視して、T の影響だけを解析できそうです。

では実際に、表 4.4 のデータをもとに計算してみましょう。表 4.4 のデータから推定された重回帰モデルのパラメータの推定値は、$\hat{\beta}_T = -0.048$, $\hat{\beta}_C =$

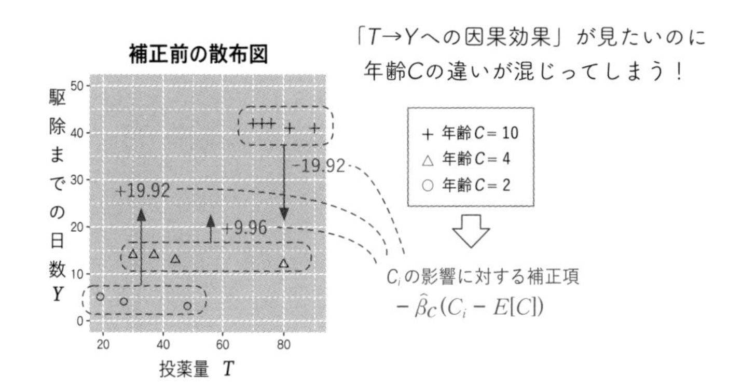

補正項によるYの値の補正により
年齢CがYに与える影響分を除去すると
TとYの関係だけに着目できる

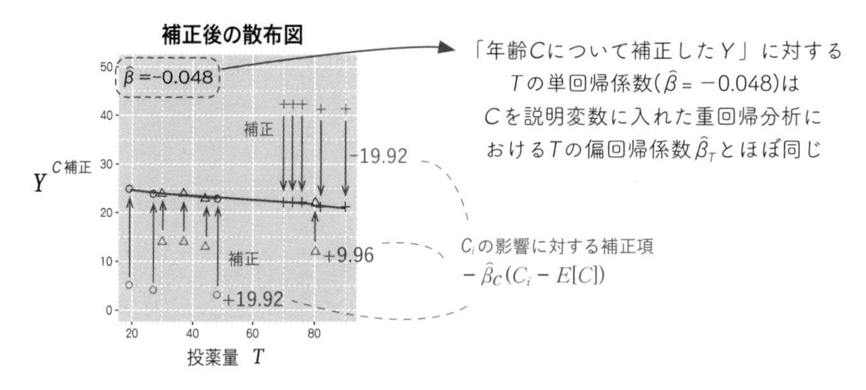

図 A1. 1 「共変量 C の影響を補正した Y への回帰」としての重回帰のイメージ図

4.98, $\alpha = -4.41$、C の平均は $E[C]=6$ であったので、$Y_i^{C\text{補正}}$ は

$$Y_i^{C\text{補正}} = Y_i - 4.98(C_i - 6)$$

の式で計算できます。表 4.4 の値で具体的に考えると、補正項となる「$-4.98(C_i-6)$」の具体的な値は、$C_i=2$ のときは「$+19.92$」、$C_i=4$ のときは「$+9.96$」、$C_i=10$ のときは「-19.92」になります。この $Y_i^{C\text{補正}}$ の値を表 4.4

に追加すると、表 A1.1 のようになります。

このように、補正項となる「$-\hat{\beta}_C(C_i-E[C])=-4.98(C_i-6)$」の値を利用して、一連の個体についての $Y_i^{C補正}$ を計算できます。ではここで、T と $Y_i^{C補正}$ の関係をプロットしてみましょう(図 A1.1 下)。

こうして補正項「$-\hat{\beta}_C(C_i-E[C])$」により補正することで、年齢 C_i による影響が取り除かれた上での投薬 T による駆除日数 Y への影響が見えてきます。ここで、この $Y_i^{C補正}$ に対して単回帰モデル($Y_i^{C補正}=\beta T+\alpha$)で解析を行うと、T の単回帰係数は $\hat{\beta}=-0.048$ と推定され、重回帰モデルでの T の偏回帰係数 $\hat{\beta}_T$ とほぼ同じ値が得られます。

つまり、「重回帰モデルで共変量 C を追加して交絡を調整する」ということは、実質的には、上記のように Y_i を $Y_i^{C補正}$ に変換したうえで、$Y_i^{C補正}$ と T の単回帰分析を行うことに相当しているとも解釈できます。また、上記の作業をコトバで振り返ると、「共変量 C を追加した重回帰モデルを用いた交絡の調整」は、「もし全ての個体の共変量 C がある特定の値(たとえば平均値 $E[C]$)に揃っていた場合における、$T \rightarrow Y$ の効果」を推定していると捉えることができます。

巻末補遺 A2

逆確率重み付け法の考え方

第5章では傾向スコアによるマッチング法による推定の説明をしました。この巻末補遺 A2 では、「割付に着目したバランシング方法」の代表的な考え方のひとつである、逆確率重み付け(Inverse Probability Weighting, IPW)法の考え方を説明します。このIPW法における「(反事実も含めた)サンプル集団の復元」というコンセプトは、統計的因果推論の論理として本質的なもののひとつと言えます。比較のため、4.1節の層別化と標準化で用いたのと同じ(表4.1)、猫へのノミの駆除薬の投薬治療のデータで考えていきます(表A2.1)。

IPW法では、条件付き割付確率 $P(T \mid C)$ に着目します。この確率は「ある共変量セットをもつ個体が、ある処置 T を受ける確率」になります。表A2.1ではそれぞれ、

(1) $P(T=0 \mid C=0)=4/7$　← 短毛種の猫が投薬なしの確率は 4/7
(2) $P(T=1 \mid C=0)=3/7$　← 短毛種の猫が投薬ありの確率は 3/7
(3) $P(T=0 \mid C=1)=1/5$　← 長毛種の猫が投薬なしの確率は 1/5
(4) $P(T=1 \mid C=1)=4/5$　← 長毛種の猫が投薬ありの確率は 4/5

となっており、長毛種 $C=1$ は短毛種 $C=0$ よりも投薬を受ける確率が高くなっています。ここで、異なる処置グループ間での毛の長さ C の分布をバランシングさせるための方法として、「それぞれの共変量と処置の組み合わせをもつ個体について、条件付き割付確率の逆数をかけて重み付けする」のが、IPW法とよばれる手法です。

たとえば、表A2.1では「きたへふ」は12匹中で唯一の「長毛種 $C=1$ かつ投薬なし $T=0$」という共変量 C と処置 T の組み合わせをもちます。このとき、共変量 C で条件付けたその割付 T の確率は $P(T=0 \mid C=1)=1/5$、その逆確率は $1/P(T=0 \mid C=1)=5$ となります。ここで集団(12匹全体)での平均因

表 A2.1　表 4.1 への IPW の追加と IPW を用いた計算の概要

逆数をとる
（稀な割付ほど大きな値）

IPW で Y を重み付ける
（共変量のバランシングが補正される）

共変量の値の条件付きでの
処置割付の確率

IPW

IPW × Y

個体 i	毛の長さ C_i	投薬 T_i	駆除までの日数 Y_i	$P(T=0\|C=0)$	$P(T=1\|C=0)$	$P(T=0\|C=1)$	$P(T=1\|C=1)$	$1/P(T=0\|C=0)$	$1/P(T=0\|C=1)$	$1/P(T=1\|C=0)$	$1/P(T=1\|C=1)$	$Y^{IPW}=Y_i/P(T=0\|C)$	$Y^{IPW}=Y_i/P(T=1\|C)$
ぴかそ	0	1	9		3/7					7/3			9×(7/3)
だり	0	1	8							7/3			8×(7/3)
まちす	0	1	7							7/3			7×(7/3)
まぐりと	0	0	10	4/7				7/4				10×(7/4)	
しゃがる	0	0	11					7/4				11×(7/4)	
みろ	0	0	10					7/4				10×(7/4)	
あんり	0	0	9					7/4				9×(7/4)	
くりむと	1	1	14				4/5				5/4		14×(5/4)
ごっほ	1	1	15								5/4		15×(5/4)
むんく	1	1	14								5/4		14×(5/4)
ぶらつく	1	1	17								5/4		17×(5/4)
きたへふ	1	0	20			1/5			5/1			20×(5/1)	
集計	$P(C=1)$ =5/12	$P(T=1)$ =7/12	$E[Y]$ =12	$\sum[P(T\|C=0)]$ =1		$\sum[P(T\|C=1)]$ =1		$\sum[1/P(T=0\|C)]$ =12		$\sum[1/P(T=1\|C)]$ =12		$\sum[Y^{IPW}\|T=0]$ =170	$\sum[Y^{IPW}\|T=1]$ =131

各処置グループ間での
Y の平均の差は 0
（表4.1参照）

IPWの総和
（重み付け後の個体数の
相当数）

各処置群の
IPW重み付け後
の Y の総和

131 / 12
処置 $T=1$ 群の平均結果
（IPW調整済）

170 / 12
処置 $T=0$ 群の平均結果
（IPW調整済）

各処置群の平均結果
（IPW調整済）の
差をとる

10.92 − 14.17
= −3.25
これが因果効果！

果効果を算出する際に、「きたへふ」の観測値 Y についてその逆確率となる「5」倍の重み付けをする、というのが IPW 法です。

ここで、IPW をかけることの意味は、処置グループ内での C の分布を補正することにあります。図 A2.1 をみながら説明していきます。

まず、「投薬あり $T=1$」の処置グループ 7 匹について見てみましょう。も

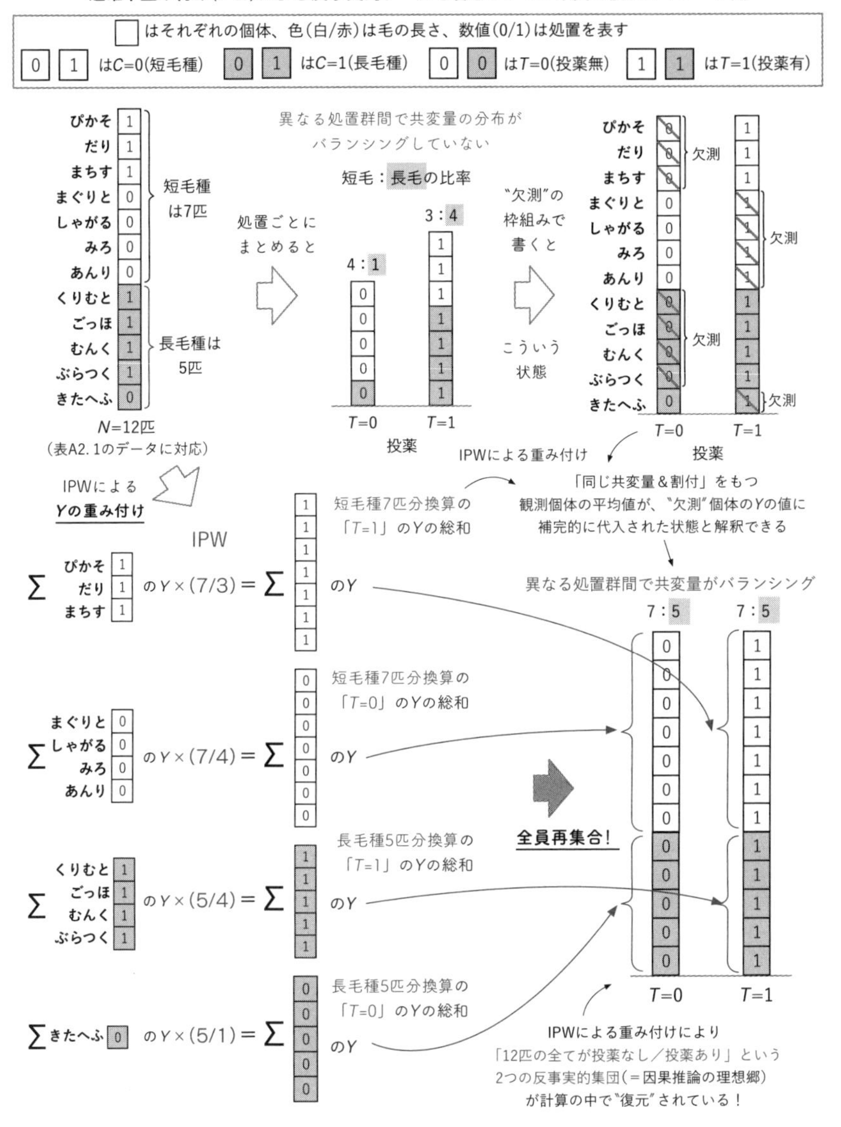

図 A2.1　反事実的集団の“復元”計算としての IPW

もともとのサンプルでは、$T=1$ の処置グループ 7 匹の中で短毛種(白色のセル)は 3 匹であり、長毛種(赤い色のセル)は 4 匹です。ここで、「短毛種 $C=0$ かつ投薬あり $T=1$」の 3 匹(ぴかそ、だり、まちす)に対応する IPW となる「(1/(3/7)=) 7/3 倍の重み」をかけるという計算は、$C=0$ かつ $T=1$ の 3 匹からの Y の値を、「(3×(7/3)=) 7 匹分」のデータの重みになるよう補正することに対応します。別の言い方をすると、仮想的にこのグループの猫の数を「7 匹」に増やす計算をしているとも言えます。一方、「長毛種 $C=1$ かつ投薬あり $T=1$」の 4 匹(くりむと、ごっほ、むんく、ぶらつく)に対応する IPW である「(1/(4/5)=) 5/4 倍の重み」をかけるという計算は、$C=1$ かつ $T=1$ の 4 匹からの Y の値を「(4×(5/4)=) 5 匹分」のデータの重みになるよう補正する(仮想的にこのグループの猫の数を 5 匹に増やす)ことに対応します。

一方、「投薬なし $T=0$」の処置グループ 5 匹についてもみてみると、「短毛種 $C=0$ かつ投薬なし $T=0$」の 4 匹(まぐりと、しゃがる、みろ、あんり)に対応する IPW となる「(1/(4/7)=) 7/4 倍の重み」をかけるという計算は、$C=0$ かつ $T=0$ の 4 匹からの Y の値を「(4×(7/4)=) 7 匹分」のデータの重みになるよう補正する(仮想的にこのグループの猫の数を 7 匹に増やす)ことに対応します。同様に、「長毛種 $C=1$ かつ投薬なし $T=0$」の 1 匹(きたへふ)に対応する IPW である「(1/(1/5)=) 5 倍の重み」をかけるという計算は、$C=1$ かつ $T=0$ の 1 匹からの Y の値を「(1×5=) 5 匹分」のデータの重みになるよう補正する(仮想的にこのグループの猫の数を 5 匹に増やす)ことに対応します。

上記の話をまとめると、

(0) そもそものサンプル集団では、「投薬なし $T=0$」の処置グループにおける短毛種：長毛種の比率は「4：1」、「投薬あり $T=1$」の処置グループにおける短毛種：長毛種の比率は「3：4」である。つまり、異なる処置を受けているグループ間で共変量の分布はバランシングしていない(図 A2.1 の上図 3 つ)。

(1) IPW による重み付けにより、$T=1$ の処置グループについて短毛種 $C=0$ のデータは「7 匹」、長毛種 $C=1$ のデータは「5 匹」へと仮想的に猫の数が増やされる(図 A2.1 左下)。

(2) 同様に、IPW による重み付けにより、$T=0$ の処置グループについても短毛種 $C=0$ のデータは「7 匹」、長毛種 $C=1$ のデータは「5 匹」へと仮想的に猫の数が増やされる(図 A2.1 左下)。

(3) (1)+(2)の重み付けを与えたデータを合算すると、IPW による重み付けにより、「12 匹の全てが投薬なし $T=0$」と「12 匹の全てが投薬あり $T=1$」という 2 つの反事実的集団が存在する状況(=因果推論の理想郷!)が計算の中で“復元”されている(図 A2.1 右下)。

ことになります。つまり、IPW で重み付けた値を集計することにより、異なる処置 T を割付けられたグループの間で C の分布がバランシングされることになります。

ここで、(1)の IPW による重み付けにより“復元”された $T=1$ の処置グループの「12 匹」は、もともとのサンプル集団について「もし 12 匹全ての個体が投薬を受けたら」というときの集団を模したものとなっています。そのため、この IPW 集団(これ以降「IPW による重み付けをされた集団」をこう略します)における $E[Y \mid T=1]$ は、潜在結果における $E[Y^{\mathrm{if}(T=1)}]$ に相当するものと解釈できます。

同様に、(2)の IPW による重み付けにより“復元”された $T=0$ の処置グループの「12 匹」は、もともとのサンプル集団について「もし 12 匹全ての個体が投薬を受けなかったら」というときの集団を模したものとなっており、この IPW 集団における $E[Y \mid T=0]$ は、$E[Y^{\mathrm{if}(T=0)}]$ に相当するものと解釈できます。

つまり、この(1)(2)の IPW 集団での Y の平均値の差($E[Y \mid T=1]-E[Y \mid T=0]$)をとることにより、処置 T による真の平均因果効果($E[Y^{\mathrm{if}(T=1)}]-E[Y^{\mathrm{if}(T=0)}]$)に対応する値が推定できると期待できます。

この平均因果効果の計算の際に、1 つ注意点があります。もともとのサンプル集団は「12 匹」であったのに対し、上記で重み付けされたものを合算したものは「24 匹分」の重み付けに相当する値になっています。これは、IPW による重み付けの計算は、各個体の観測値が得られない“欠測”データに対して、観測値の平均値を補完的に代入するという作業に対応しているためです(図

A2.1 右上)。このデータの補完的代入により、IPW の重み付け後の Y の総和は、「倍」の個体数の Y の総和に相当する状態になっています。そのため、IPW で重み付けした Y の平均をとる際には、実際の匹数で割るのではなく、その増えた分の重みを考慮してさらに割り戻す必要があります。具体的には、IPW 集団での $T=0$ の処置グループの平均結果を計算する際には、$\Sigma[Y^{\mathrm{IPW}} \mid T=0]$ を 6 で割るのではなく、12 で割る必要があります。具体的には表 A2.1 の右側の 2 列から、

$$E[Y^{\mathrm{if}(T=1)}] = \Sigma[Y^{\mathrm{IPW}} \mid T=1]/12 = 131/12 = 10.92$$

← もし全 12 匹が $T=1$ であったときの潜在結果の平均

$$E[Y^{\mathrm{if}(T=0)}] = \Sigma[Y^{\mathrm{IPW}} \mid T=0]/12 = 170/12 = 14.17$$

← もし全 12 匹が $T=0$ であったときの潜在結果の平均

$$E[Y^{\mathrm{if}(T=1)}] - E[Y^{\mathrm{if}(T=0)}] = 10.92 - 14.17 = -3.25$$

← 全 12 匹の潜在結果の処置グループ間の差(平均因果効果)

と計算され、平均因果効果の推定値は −3.25 日となります。ここで、Y^{IPW} は IPW で重み付けされた Y の値を表しています(表 A2.1 の右側の 2 列に対応)。

さて、ここで得られた「−3.25」という値は、4.1 節での層別化と標準化により得られた平均因果効果とまったく同一の値となっています。実は、モデルを用いない場合には、層別化＋標準化による計算と、IPW による計算は同一のものであることが知られています[1)]。ではなぜ同一であるにもかかわらずわざわざ IPW による計算法を説明するのかというと、ここで説明した IPW による計算法は、統計的因果推論の代表的な考え方のひとつであるとともに、傾向スコア法でも多用される手法だからです。表 5.1 のデータに対して傾向スコアの逆数を IPW として用いた計算例は、オンライン補遺 X5 に収載しています。

1) Hernán and Robins [3]の Technical point 2.3 参照。

参考文献

［1］ 相原守夫．診療ガイドラインのためのGRADEシステム 第3版．中外医学社，2018.

［2］ 林岳彦．Evidence-Based Practicesにとって「良いエビデンス」とは何か――統計的因果推論と質的知見の関係を掘り下げる．井頭昌彦(編著)．質的研究アプローチの再検討――人文・社会科学からEBPsまで．303-330，勁草書房，2023.

［3］ M. A. Hernán, J. M. Robins. *Causal inference: What if.* CRC Press, 2023.

［4］ 星野崇宏．調査観察データの統計科学――因果推論・選択バイアス・データ融合．岩波書店，2009.

［5］ K. Imai, G. King, E. A. Stuart. Misunderstanding between experimentalists and observationalists about causal inference. *Journal of Royal Statistical Society Series A (Statistics in Society)* 171(2): 481-502, 2008.

［6］ K. Imai, L. Keele, D. Tingley, T. Yamamoto. Unpacking the Black Box of Causality: Learning about Causal Mechanisms from Experimental and Observational Studies. *American Political Science Review* 105(4): 765-789, 2011.

［7］ G. W. インベンス，D. B. ルービン(著)／星野崇宏，繁桝算男(監訳)．インベンス・ルービン統計的因果推論(上，下)．朝倉書店，2023．原著：G. W. Imbens, D. B. Rubin. *Causal inference for statistics, social, and biomedical sciences: An introduction.* Cambridge University Press, 2015.

［8］ H. Kano, T. I. Hayashi. A framework for implementing evidence in policymaking: Perspectives and phases of evidence evaluation in the science-policy interaction. *Environmental Science and Policy* 116: 86-95, 2021.

［9］ 片野田耕太．受動喫煙の健康影響とその歴史．保健医療科学，69(2): 103-113, 2020.

［10］ C. Kidd, H. Palmeri, A. N. Richard. Rational snacking: Young children's decision-making on the marshmallow task is moderated by beliefs about environmental reliability. *Cognition* 126(1): 109-114, 2013.

［11］ 黒木学，宮川雅巳，川田亮平．条件付き操作変数法の推定精度と操作変数の選択．応用統計学，32(2): 89-100, 2003.

［12］ 黒木学．構造的因果モデルの基礎．共立出版，2017.

［13］ ダグラス・クタッチ(著)／相松慎也(訳)．現代哲学のキーコンセプト 因果性．岩波書店，2019．原著：D. Kutach. *Causation (Key concepts in Philosophy).* Polity, 2014.

［14］ 松王政浩．科学哲学からのメッセージ――因果・実在・価値をめぐる科学との接点．森北出版，2020.

［15］ L. D. McGowan. Sensitivity analysis for unmeasured confounders. *Epidemiologic Methods* 9: 361-375, 2022.

［16］ ウォルター・ミシェル(著)／柴田裕之(訳)．マシュマロ・テスト――成功する子・しな

い子．早川書房，2015．原著：W. Mischel. *The Marshmallow Test: Understanding Self-Control and How To Master It.* Bantam Press, 2014.

［17］ 三浦俊彦．可能世界の哲学――「存在」と「自己」を考える 改訂版．二見書房，2017.

［18］ 米国国立がん研究所(著)／内富庸介(監修)，梶有貴，島津太一(監訳)．ひと目でわかる実装科学――がん対策実践家のためのガイド．保健医療福祉における普及と実装科学研究会，2021.（2023年9月1日取得．https://www.radish-japan.org/resource/isaag/index.html） 原著：National Cancer Institute. *Implementation science at a glance: A guide for cancer control practitioners.* U. S. Department of Health and Human Services.

［19］ 野上志学．デイヴィッド・ルイスの哲学――なぜ世界は複数存在するのか．青土社，2020.

［20］ 小塩真司(編著)．非認知能力――概念・測定と教育の可能性．北大路書房，2021.

［21］ ジューディア・パール，ダナ・マッケンジー(著)／夏目大(訳)．因果推論の科学――「なぜ？」の問いにどう答えるか．文藝春秋，2022．原著：J. Pearl, D. Mackenzie. *The Book of why: The new science of cause and effect.* Penguin Books, 2018.

［22］ 斎藤清二．ナラエビ医療学講座――物語と科学の統合を目指して．北大路書房，2011.

［23］ 斎藤清二．医療におけるナラティブとエビデンス――対立から調和へ 改訂版．遠見書房，2016.

［24］ 斎藤清二．総合臨床心理学原論――サイエンスとアートの融合のために．北大路書房，2018.

［25］ 清水昌平．統計的因果探索．講談社，2017.

［26］ Y. Shoda, W. Mischel, P. K. Peake. Predicting adolescent cognitive and self-regulatory competencies from preschool delay of gratification: Identifying diagnostic conditions. *Developmental Psychology* 26(6): 978-986, 1990.

［27］ エリオット・ソーバー(著)／松王政浩(訳)．科学と証拠――統計の哲学 入門．名古屋大学出版会，2012．原著：E. Sober. *Evidence and Evolution: The Logic Behind the Science.* Cambridge University Press, 2008.

［28］ 高橋将宜．統計的因果推論の理論と実装――潜在的結果変数と欠測データ．共立出版，2022.

［29］ 田中隆一．計量経済学の第一歩――実証分析のススメ．有斐閣，2015.

［30］ 立石裕二．環境問題の科学社会学．世界思想社，2011.

［31］ T. J. VanderWeele. Principles of confounder selection. *European Journal of Epidemiology* 32(3): 211-219, 2019.

［32］ T. J. VanderWeele, P. Ding. Sensitivity analysis in observational research: Introducing the E-Value. *Annuals of Internal Medicine* 167(4): 268-274, 2017.

［33］ T. W. Watts, G. J. Duncan, H. Quan. Revisiting the marshmallow test: A conceptual replication investigating links between early delay of gratification and later outcomes. *Psychological Science* 29(7): 1159-1177, 2018.

［34］ D. J. K. Westreich, C. R. Edwards, S. R. Lesko, E. A. Stuart. Target validity and the hierarchy of study designs. *American Journal of Epidemiology* 188(2): 438-443, 2019.

〔35〕 P. H. Wiedemann, A. Schütz, A. Spangenberg, H. F. Krug. Evidence maps: Communicating risk assessments in societal controversities: The case of engineered nanoparticles. *Risk Analysis* 31(11): 1770–1783, 2011.
〔36〕 安井翔太．効果検証入門――正しい比較のための因果推論／計量経済学の基礎．技術評論社，2020.

あとがき

もしこの本が完成していなかったら、あなたはこの文を目にしていなかっただろう。

本書の執筆には想定よりもかなりの長い年月がかかってしまいました。その原因は、筆者なりのこだわりが悪い方に働き、「(時とともにどんどん膨らんでいく)自分が書きたい内容」と「初学者が読みたいであろう内容」のあいだの現実的な折り合いがつけられず、一つの書籍としての着地点が見つからないまま徒然なるままエンドレスに書き続ける流れに陥ってしまったことが主な原因です。危うく本書はそのまま漂流し、この可能世界においては未観測のままの「反事実的な書物」として終わるところでした。しかし、あなたがこの文を目にしているということは、永遠に続くかと思われた執筆作業は遂に着岸し、本書は完成し最終的に出版にまで至ったということです。(良かった)

なんとか本書を世に出せたので、あとがきに感謝の意を残したいと思います。

まずは、なんといっても、本書を手に取っていただいた読者のみなさまに深く感謝を申し上げます。統計的因果推論をテーマとした多くの類書がある中、この本を手にしていただき大変ありがとうございました。本書の全ての読者のみなさまに幸せな人生が訪れますように。

また、私の「心のふるさと」であるRコミュニティーのみなさまにも感謝を捧げたいと思います。私はもともと生態学の出身でしたが、生態学者としては職を得られず、長年にわたりいろいろな研究分野を転々としてきました。その中でずっと「心のふるさと」であったのが(広い意味での)Rコミュニティーでした。研究者としても、Rコミュニティーの周辺で見聞きした新しい手法を自分の研究に応用することでなんとかここまで生き延びてきました。その意味で、ここまで研究を続けることができたのも、本書を書くことができたのも、全てＲコミュニティーのおかげと言っても過言ではありません。ここではＲコミュニティー関連でお世話になった方々の代表として、生態学分野での統計学・Ｒコミュニティーの草分けである久保拓弥氏、竹中明夫氏、三中信宏氏、粕谷英一氏に感謝を申し上げたいと思います。特に、久保拓弥氏が執筆された『データ解析のための統計モデリング入門』(岩波書店、2012。通称、“みどりぼん”)は私のみならず同年代の多くの生態学者の「メシの種」ともなったエポック・メイキングな書籍であり、本書の執筆における大きな目標の一つが「“みどりぼん”の次に読むべき本を書くこと」であったことを氏への深い感謝とリスペクトとともにここに記しておきます。

本書の内容は、私がこれまでに依頼を受けた講演・講義のための試行錯誤や、私が主催したシンポジウムなどにご登壇いただいた方々の講演などからの影響の中で産まれ育まれてきたものです。それらの機会にお世話になった全ての方々に感謝申し上げます。中でも、黒木学氏、清水昌平氏、大塚淳氏、村澤昌崇氏、中尾走氏、樊怡舟氏、加納寛之氏、井頭昌彦氏には大変お世話になりました。特に黒木学氏には、本書の草稿に対して学術的な内容とともに書籍としてのコンセプト上のブレについても貴重なコメントを頂きました。もし本書の内容に一貫性を感じることがありましたら、それは黒木氏のおかげによるところが大きいです。

岩波書店の辻村希望さんには８年の長きにわたる本書の執筆に伴走いただき、感謝しきりです。書籍としての仕上げの段階では押田連さんに加わっていただきました。また、著者に起因する多数の不備があった中で組版や校正などのプロセスをご担当いただいた方々にも感謝申し上げます。私のような仕事が遅く目を離すとすぐ迷走する上にミスの多い著者のこともずっと見捨てずにいてくださったので、なんとか本書がたくさん売れて恩返しできればと思っています。

本書の表紙絵は漫画家の渡辺ペコさんに描いていただきました。一介の古参ファンにすぎない私の積年の夢を叶えていただいた渡辺ペコさんに深く感謝申し上げます。

また、私の最愛の妻である久美さんと、最愛の息子たち３人、および最愛の猫にゃんたまにも心よりの感謝を伝えたいと思います。家族みんなの存在がなければ、研究も本書の執筆も続けていくことはできなかったと思います。また、生涯において常に温かく見守ってくれた母の昶子と父の一六にも感謝を申し上げます。父の生前に本書を完成できなかったことは大きな悔いとして残っています。

最後に本書を、生後３ヶ月で早世した最愛の娘、あゆみに捧げます。
「きみが今でも元気で暮らしている可能世界」の実在性を、ぼくはいつだって固く信じています。

2024年1月
林 岳彦

索 引

→は こちらを参照 の意

欧 字

ア 行

カ 行

サ　行

タ　行

ナ　行

ハ　行

マ　行

ヤ　行

ラ　行

林 岳彦
1974年長野県生まれ．東北大学大学院理学研究科博士課程修了(理学博士)．テネシー大学，産業技術総合研究所，国立環境研究所でのポスドクを経て，現在，国立環境研究所社会システム領域(経済・政策研究室)主幹研究員．専門は環境リスク学，環境統計学，進化生態学．
共著に，井頭昌彦編著『質的研究アプローチの再検討——人文・社会科学からEBPsまで』(勁草書房，2023)，岩波データサイエンス刊行委員会編『岩波データサイエンス Vol. 3』(岩波書店，2016)など．

はじめての統計的因果推論

2024年2月28日 第1刷発行
2024年8月 6 日 第4刷発行

著 者 林 岳彦(はやし たけひこ)

発行者 坂本政謙

発行所 株式会社 岩波書店
〒101-8002 東京都千代田区一ツ橋 2-5-5
電話案内 03-5210-4000
https://www.iwanami.co.jp/

印刷・精興社 製本・牧製本

ISBN 978-4-00-005842-1 Printed in Japan